建筑施工及暖通工程技术

傅彦秋　贺志清　主编

吉林科学技术出版社

图书在版编目(CIP)数据

建筑施工及暖通工程技术 / 傅彦秋, 贺志清主编. ——长春 : 吉林科学技术出版社, 2023.9

ISBN 978-7-5744-0821-0

Ⅰ. ①建… Ⅱ. ①傅… ②贺… Ⅲ. ①建筑工程—工程施工—研究②建筑工程—采暖设备—工程施工—研建筑工程—通风系统—工程施工—研究 Ⅳ. ①TU74②TU83

中国国家版本馆 CIP 数据核字(2023)第 169771 号

建筑施工及暖通工程技术

主　　编　傅彦秋　贺志清
出 版 人　宛　霞
责任编辑　潘竞翔
封面设计　树人教育
制　　版　树人教育
幅面尺寸　185mm×260mm
开　　本　16
字　　数　220 千字
印　　张　19
印　　数　1–1500 册
版　　次　2023年9月第1版
印　　次　2024年2月第1次印刷

出　　版　吉林科学技术出版社
发　　行　吉林科学技术出版社
地　　址　长春市福祉大路5788号
邮　　编　130118
发行部电话/传真　0431-81629529 81629530 81629531
81629532 81629533 81629534
储运部电话　0431-86059116
编辑部电话　0431-81629518
印　　刷　三河市嵩川印刷有限公司

书　　号　ISBN 978-7-5744-0821-0
定　　价　58.00元

前　言

当前背景下，我国城市化建设能力日益增强，建设速度也在逐渐加快，在一定程度上推动了建筑工程的飞速发展。建筑安装工程在基本建设中占有重要的地位，约占基本建设总投资的 60%左右，完成基本建设的任务，首先要出色地完成建筑安装工程的施工任务。土建工程作为建筑工程的重要组成部分，具有较长的施工周期及较大的施工难度，需要施工企业投入更多的精力。这就要求施工企业在整个施工过程中，根据实际情况，做好钢筋施工、混凝土施工以及深基坑等施工技术的应用，保证工程质量。为了更好的推动我国城市建设的进一步发展，本书从土石方工程、地基与基础工程、建筑主体结构工程、脚手架工程、屋面工程、装饰装修工程等角度对建筑工程施工内容进行了介绍。特别是当前节能减排的发展背景下，建筑工程作为高耗能行业，也需要不断推广先进节能技术及环保建筑材料的应用，从而更好的推动建筑行业实现可持续发展。

与此同时，作为建筑工程设计中不容忽视的重要环节，建筑暖通设计涉及范围较广，需要相关设计人员充分利用流体力学、动力学等专业知识进行全面考虑，对建筑工程中的通风、空调、供暖等设施进行合理设计，同时根据工程实际需求科学的选择相关设备。为了给人们提供更为舒适的居住环境，本书从采暖通风与空调施工基础内容、全水系统、新技术发展主要趋势等角度对暖通工程技术主要内容进行了分析。其中，作为建筑工程未来的主要发展方向，第四代建筑凭借其较好的居住环境等优势得到了相应设计师的广泛关注，本书也对其优势及特点进行了较为深入的分析。

全书共十四章。由山西八建集团有限公司房地产事业部总工程师傅彦秋、山西八建集团房地产事业部副总经理贺志清共同编写；其中，傅彦秋负责编写绪论、第一章至第七章，编写内容约 11 万字；贺志清负责编写第七章至第十四章，编写内容约 11 万字。全书由傅彦秋、贺志清完成统稿。

本书的出版周期较短，时间紧而任务重。受我们的水平所限，必定会有许 多不足之处，望读者谅解、指正。

目 录

绪 论

0.1 建筑施工技术及采暖通风与空调施工技术概述

1. 建筑施工技术

(1) 研究对象

今天的中国已经进入经济发展的快车道。社会主义市场经济体制正在建立与完善,国民经济持续、高速、平稳发展,科教兴国战略方针深入人心。改革开放使中国城乡结构发生了重大的变化,城市化推动了基本设施建设的规模与发展速度。为了适应国家建设需要,发展知识经济、提倡技术创新,高等教育必须培养大量的既懂建筑技术,又了解建筑艺术,重视环境和生态,有着较高人文素质的新型的建筑施工管理和技术人才。建筑安装工程在基本建设中占有重要的地位,约占基本建设总投资的 **60%**左右,完成基本建设的任务,首先要出色地完成建筑安装工程的施工任务。建筑工程的施工是由多个工种工程组成的,包括土石方工程、地基与基础工程、建筑主体结构工程、脚手架工程、屋面工程、装饰装修工程等。根据工程实际情况,每个工种工程又可以采用不同的施工方法、不同的施工技术和机械设备、不同的劳动组合方式进行施工。施工方案选择的依据是施工对象的特点、规模、气候条件、工程地质和水文资源条件、技术和机械设备条件、材料供应状况等。建筑施工技术是研究建筑工程中主要工种工程的施工规律、施工工艺原理和施工方法的学科。即根据工程具体条件,选择合理的施工方案,运用先进的生产技术,达到控制工程造价、缩短工期、保证工程质量、降低工程成本的目的,实现技术与经济的统一。鉴于建筑产品生产的特殊性,建筑工程的高等教育从科学形式到人才培养模式,都与其他行业有区别。建筑施工技术作为一门学科,要求学生了解和掌握建筑工程各工种工程的常规施工工艺、施工技术措施和施工方法;根据不同施工对象的特点拟定合理的、切实可行的施工方案，满足技术经济、工程质量标准和施工工期的要求；掌握常用施工机械和施工工器具的性能并能合理地选用；启发学生在传统工艺的基础上，优化工艺过程，进行技术改造和技术创新；尽可能多地掌握新工艺、新技术、新材料，了解本学科国内外的发展趋势和有关工程技术信息。

（2）产品特点

建筑产品的单一性。现代建筑正向着高技术、智能化方向发展，无论在技术上，还是在艺术上，其复杂性、先进性、工程技术和建筑艺术的高度结合等方面，都是以往时代所不能比拟的。建筑产品既要满足人们的物质要求，又要满足人们的精神需求，建筑产品具有物质和精神的双重属性。建筑产品不仅要满足复杂的使用功能，还具有艺术价值，体现出地域特征、民族风格和文化背景、影响着人们生存的条件和生活的方方面面。反映物质文明和精神文明所达到的程度，体现和反映建筑设计者的水平和技术以及建设者的欣赏能力和专业技能。建筑产品在建筑形式、建筑规模、结构构造、装饰、环境条件和施工条件等方面存在差异。因此，每一幢建筑物都会成为一件独立的、个性化的产品，而与其他的建筑物有所区别，也就是说建筑产品具有生产的单一性（或称建筑产品形式上的多样性）。

建筑产品的固定性。建筑产品都是由自然地面以下的基础和自然地面以上的主体两部分组成。基础承受其全部荷载，并传给地基，同时将主体固定在地面上。任何建筑产品都是在选定的地点建造和使用。一般情况下，它与选定地点的土地不可分割，从建造开始直至拆除均不能移动。所以，建筑产品的建造和使用地点是同一的，即在空间上是固定的。

建筑产品的庞大性。建筑产品为人们提供生活和生产的活动空间，或满足某些其他使用功能。建造一个建筑产品需要大量的建筑材料、制成品、构件和配件。因此一般的建筑产品要占用大量的土地和空间。建筑产品是人类智慧和财富的结晶，是艺术和技术结合的产物。世界上许多著名的建筑物已经成为一座城市的标志，甚至是一个国家的象征。

(3) 施工阶段

施工单位从接受施工任务到工程竣工验收，一般可分为确定施工任务、施工规划、施工准备、组织施工和竣工验收等五个阶段。其先后顺序和内容如下：

确定施工任务阶段。建筑施工企业承接施工任务的方式主要有三种：一是国家或上级主管单位统一安排、直接下达的任务；二是建筑施工企业主动对外承接的任务或是建设单位主动委托的任务；三是参加社会公开投标而中标得到的任务。在市场经济条件下，建筑施工企业和建设单位自行承接和委托的方式较多。实行招标投标的方式承包和发包建筑施工任务，是建筑业和基本建设管理体制改革的一项重要措施。承接施工项目时，施工单位必须同建设单位签订施工合同。施工合同是建设单位与施工单位根据《经济合同法》、《建筑安装工程承包合同条例》以及有关规定而签订的具有法律效力的文件。双方必须严格履行合同，任何一方违约给对方造成经济损失，都要负法律责任并进行赔偿。

施工阶段规划。企业与建设单位签订施工合同后，施工总承包单位在调查研究、分析资料的基础上，拟订施工规划，编制施工组织设计，部署施工力量，安排施工总进度，确定主要工程项目的施工方案，规划整个施工现场，统筹安排，做好全面施工规划，经批准后，组织人员进入现场，与建设单位密切配合，做好施工规划中确定的各项施工准备工作，为建设项目全面正式开工创造条件。

施工准备工作。施工准备工作是建筑施工顺利进行的根本保证。施工准备工作主要包括技术准备、物资准备、劳动组织准备、施工现场准备和场外准备。建立现场管理机构，组织图纸会审，开展技术培训，编制和报批单位工程施工组织设计、施工图预算和施工预算；组织材料、构配件的生产和加工运输，组织施工机具进场，搭设临时建筑物，调遣施工队伍，拆迁原有建筑物，搞好“三通一平”（通水、通电、通道路和平整场地），进行场地勘测和建筑物定位放线等准备工作。完成上述施工准备工作后，施工单位即可向主管部门提交开工报告。

组织施工阶段。组织施工阶段是建筑施工全过程的高潮，是建筑产品的制作、加工和生产过程。它必须在开工报告批准后方可实施。施工单位必须严格按照设计图纸的要求，采用施工组织规定的方法和技术措施，完成全部的单项、单位、分部、分项工程施工任务。这个过程决定了建筑产品的质量、成本以及建筑施工企业的经济效益。因此，在施工中要跟踪检查，实施工程进度、工程质量和工程成本的控制，达到预期的目标。施工过程中，往往有多单位、多专业进行协作，必须加强现场指挥、调度，进行多方面的平衡、协调，全面地统筹、安排，组织均衡、连续的施工作业。

竣工验收阶段。竣工验收、交付使用是建筑施工的最后阶段。在此阶段对工程项目进行全面检查验收，绘制竣工图，将有关建筑物合理使用、维护、改建、扩建的参考文件和资料等提交建设单位保存，入档备查、备用。

2. 采暖通风与空调施工技术

（1）重要意义

在当前城市用地越来越紧张的大背景下，城市中越来越多的建筑采用了高层的设计方式，传统的施工技术使得高层建筑的室内环境温湿度无法得到有效保障，供热通风与空调工程技术作为改善人们居住环境的重要技术，可以利用空调的供热和通风功能来控制和调节高层建筑室内的空气环境，从而满足居住者的需求。此外，施工单位也将供热通风与空调系统的质量作为了招投标的重要筹码。近些年来，建筑行业内部之间的竞争日益严峻，竞争性越来越强，企业如果想要在激烈的竞争中保持不败之地，那么建筑施工单位就需要从各个方面提高和完善自己，从而让开发商能够充分的信任本企业的质量和效益，而通过提高建筑项目施工中供热通风和空调系统的质量，便可以成为建筑施工单位能够充分应用的一个谈判的筹码。建筑施工的企业可以通过组建一支专业技术水平高的空调通风系统团队，并不断加强对员工的各项业务技能的培训，能够按照开发商和业主的需求进行作业施工，让自己在行业内的认可度不断提升，最终得以增强在行业内的竞争力。

（2）研究对象

施工噪声问题。建筑工程内的暖通系统主要依靠各种暖通设备的运行来实现建筑工程内部的热量循环、温度调节。在具体施工过程中，技术人员需要结合整个设备的安装流程、设计要求，来指导施工人员完成各个方面暖通技术设备的调试和安装工作。而部分设备在调试和安装过程中往往会产生较大的噪声，同时，设备在具体运行过程中也会出现较大噪声问题，从而对建筑内部的使用者的体验产生影响。在工程施工建设过程中，如果不能切实做好噪声防控问题，不能够制定严格的降噪措施，会使得周围居民怨声载道，投诉事件不断提升，从而影响到建筑工程的施工周期。

水循环系统运行问题。在建筑工程中央空调施工建设过程中，施工队伍应该将建设施工的重点放在水循环系统的建设和调节方面。在工程建设过程中，如果选择了不合理的循环水系统、施工方法、施工技术不合理，会导致设备投入使用之后会出现多种运行问题。一旦水循环系统出现障碍，系统运行不顺畅的情况下中央空调的制冷系统不能正常发挥其应有的作用，造成建筑工程内通风和制冷效果异常，影响到工程内部温度控制。一般情况下，导致中央空调水循环系统出现问题的主要原因包含了以下几个方面：一种是在施工建设过程中，各个施工方没有进行有效的协调沟通，导致施工建设进度不统一，建设过程中各自为政。一种是在施工建设过程中，各管线敷设存在不合理之处，工程施工现场，管线交叉问题没有得到妥善解决。最后一种是管网自身循环问题，以及气囊数量配置过多。上述多种原因均会导致冷冻系统无法正常发挥其应有功能。此外，在水循环系统运行过程中，如果管道内的杂质没有清洗干净，会使得整个循环系统很容易出现堵塞现象，也会影响到整个水循环系统的安全运行。此外，施工技术人员在进行中央空调运行和调试过程中，经常会出现结露滴水的现象。出现这种情况，主要是因为在管道铺设过程中，计算坡度值和实际施工坡度值存在较大差异，从而导致管道漏水问题严重发生。在进行集水盘安装过程中，如果安装不合理，也会导致管道出现溢水。

其他施工技术问题。在综合性建筑物的供暖通风和空调工程施工建设过程中，就要求技术人员处理好空调设备安装和相关管线的布置情况。大型的建筑工程在施工建设期间,都会预留出一定的吊顶空间。施工技术人员可以根据空调系统的各类管线分布情况,在各管线进行科学分化,妥善安装。同时在施工建设过程中,还应该进一步明确施工图纸的标注,如果施工图中的相关数据出现标注不清晰的情况,将会对后续的管道工程施工产生影响,管线之间安装铺设也会出现冲突。在施工建设过程中,为了有效减少施工图纸不合理,对整个工程建设造成的影响,需要提前做好工程图纸交底工作,在图纸中明确各个管道和线路的分布情况,标注好数据。在施工建设过程中,先安装好管线,再进行其他项目施工。

0.2 建筑施工技术及采暖通风与空调施工技术发展简介

随着国民经济水平的不断提高,我国工业化和城市化发展速度也在日益提高,相应给建筑行业带来了能耗水平过高的问题。通过建筑能耗和总能耗计算出来的数据可以发现,总能耗之中,建筑能耗占据着百分之三十到五十。对于现代化建筑行业来说,其发展方向的必经之路就是实现建筑工业化,作为人们开展社会活动与经济活动的重要基础保障,就需要各施工企业将现代化技术手段应用到建筑施工建设当中,全方位的提高施工的手段和水平,保证工程质量、加快工程的速度、减少工作人员的工作强度和提高施工技术的方面来着手,达成现代化的机电安装,走工业化的道路。

1. 建筑施工技术发展简介

经过多年发展,我国在建筑施工技术上取得非凡进展,目前我国建筑施工技术已达国际先进水平, 这从 **2020** 年新冠疫情中的方舱医院建设可见一斑。当前我国要在标准化、工厂化的成套技术的基础上,在吸取传统建筑业生产方式的基础上,逐步实现工业化。作为现代建筑业的发展方向,以及满足提高劳动生产率和加快建设速度提高经济效益和社会效益的要求,要采用先进的技术、工艺和设备,以科技为先导,不断优化资源配置,提高建筑标准水平,实行科学管理,逐步提高建筑工业化水平。

(1) 基础工程施工技术

混凝土灌注桩技术:混凝土灌注桩适用于任何土层、承载力大、对周围环境影响小的建筑工程,目前已施工的混凝土灌注桩桩径达 3.5m、孔深达 105m。在灌注桩施工中,国内建筑业还应用了后压浆技术,也就是成桩后通过预埋的注浆管,用一定压力将水泥浆压入桩底和桩侧,使之对桩侧底泥皮、桩身和桩端底沉渣、桩周底土层生充填胶结、加筋、固化效应。灌注桩施工中采用后压浆技术后,可以减少桩体积 40%,成本降低效果非常明显。在振动和锤击沉管灌注桩基础上,研究了新的桩型,如新工艺的沉管桩、沉管扩底桩、直径 500 毫米以上的大直径沉管桩等。先张法预应力混凝土管桩逐步扩大应用范围,为了防止由于起吊不当、偏打、打桩应力过高、挤土、超静水压力等原因而造成的施工裂缝,研究出了有效的措施。

(2)混凝土、钢筋工程施工技术

预应力混凝土技术:新Ⅲ级钢筋和低松弛高强度钢绞线的推广,以及开发研究的新型预应力锚夹具的应用, 都为推广预应力混凝土创造了条件。目前大跨度预应力框架和高层建筑大开间的无粘结预应力楼板应用较为普遍,高层建筑大开间的无粘结预应力楼板应用能减少板厚、减低高度、减轻建筑物自重,优越性非常显着。在构筑物中如压力管道、水池、贮罐、核电站、电视塔等,预应力混凝土技术应用更为普遍,比如天津电视塔采用了最长束达 310m 的竖向预应力筋,其预应力束长度为国内之最。

钢筋技术:在粗钢筋连接技术方面,除了广泛应用的电渣压力焊外,还有机械连接。机械连接不受钢筋化学成分、可焊性及气候影响,质量稳定,无明火,操作简单,施工速度快。尤其是直螺纹连接,可确保接头强度不低于母材强度,连接套筒通用Ⅱ、Ⅲ级钢筋。该技术目前正在国内广泛的推广应用。对于钢筋直螺纹连接,在具体施工中标准接头的连接时,首先把装好连接套筒的一端钢筋拧到被连接钢筋, 使套筒外露的丝扣不超 1 个完整扣,连接即告完成。对于加长丝头型接头,先将锁紧螺母及标准套筒按顺序全部拧在加长丝头钢筋一,将待接钢筋的标准丝头靠紧,再将套筒拧回到标准丝头,并用板手拧紧,再将销紧螺母与标准套筒拧紧锁定,连接即告完成。对于接头检验时,当接头连接完成,由质检人员分批检验。按如下方式进行检验:目测接头两端外露螺纹长度相等,且不超过一个完整丝,每 300

个接头为一,每批抽验一,要求钢筋连接质量100%合格。

(3)高层建筑

建筑是城市的固有标志,高层建筑更是城市发展的标志,时代的步伐在推动着建筑越来越高。高层建筑的施工技术也在不断地革新着,科学技术的进步,建筑结构理论的创新,以及新材料、新设备、新工艺、新方法的大量涌现,推动了高层建筑的发展。在高层建筑施工中,基础工程施工在工期、造价和劳动消耗方面都占有很大的比重,因此在高层建筑基础工程施工中,结合我国具体情况积极采用新的工艺、新设备,对加快工程施工进度、降低工程造价和缩短工程施工工期具有重要的作用。

新型建材的性能和功用各不相同,生产新型建材产品的原材料及工艺方法也各不相同。就其发展情况而言,有的品种重在花色,花色品种层出不穷,如装饰装修材料;有的品种重在功能,如保温材料;有的则通过深加工衍生出多个品种,如新型建筑板材等。以新型建筑板材为例,目前新型建筑板材有几十个品种,其中纸面石膏板、玻璃纤维增强水泥(GRC)板、无石棉硅钙板是目前我国生产量最大、应用最普遍的三种新型建筑板材。

2.采暖通风与空调施工技术发展简介

随着国民经济的快速持续发展,作为支柱产业之一的建筑业也得到迅猛发展。而作为建筑业的重要组成部份的暖通空调业,其新产品、新技术、新材料更是层出不穷。暖通空调业发展所遵循的原则,概括起来就是:节能、环保、可持续发展,保证建筑环境的卫生与安全,适应国家的能源结构调整战略,贯彻热、冷计量政策,创造不同地域特点的暖通空调发展技术。具体的可概括为以下十二个方面:

(1)供暖技术

分户热计量的实施(收费办法探讨及实施);供暖系统改造;低温地板辐射供暖;新型散热器应用、开发;区域供热供冷、冷热电联供技术;分布式冷热电联供技术。

(2)通风技术

夏热冬冷地区住宅通风;传染病医院病房通风;手术室等生物洁净空

间的空调洁净技术;商场、地铁等公共空间的通风;工业通风。

(3) 室内环境质量

热舒适环境(尤其是适合中国人群特点的研究及应用);室内空气品质(室内建筑装饰材料、设备散发污染物规律研究,评价方法等);通风空调气流组织与室内空气品质。

(4) 燃气空调

燃气热泵;使用燃气的冷热电三联供;燃气蒸汽联合循环。

(5) 蓄能技术

蓄冷空调;低温送风技术;水蓄冷技术;蓄热供暖(蓄热电锅炉等)。

(6) 公共建筑 HVAC

体育馆、剧院、商场、商用办公综合楼等的供暖空调通风技术;建筑防排烟设计。

(7) 可持续发展能源技术与暖通空调

可再生能源利用(太阳能、自然通风、夜间通风冷却等,光伏技术等);热回收技术与设备;建筑本体节能(包括保温隔热措施、相变材料墙体、节能窗技术等);被动式建筑。

(8) 节能环保设备的开发

利用低位热能和水源、土壤热源的热泵;高能效设备(冷热源、风机水泵、末端设备、控制装置)。

(9) 空调通风系统和设计进展

分散式个别空调;变风量、变水量系统;置换通风及相关系统研究和应用;住宅空调方式;新风利用(如独立新风系统、新风空调机等)、蒸发冷却技术应用。

(10) 模拟与分析技术、智能控制

暖通空调能耗模拟、能量分析(气象参数统计分析、软件应用开发等);CFD 应用;建筑自动化技术;暖通空调与智能建筑。

(11) 施工安装和运行管理

施工安装技术;交工调试;运行节能;空调通风系统清洗、过滤、灭菌等。

(12) 制冷技术

空调相关制冷技术研究应用进展;新型制冷型、天然制冷剂、含氯氟烃制冷剂替代物;新型制冷循环(CO_2跨临界循环等)。

第一章　土方工程施工技术

土方工程是建筑工程施工中主要工种工程之一，包括一切土方的挖梆、填筑、运输以及排水、降水等方面。土方工程的工程量大、施工条件复杂，且受环境影比较大，因此在组织土方工程开工之前，施工企业需要做好必要的准备工作，确保工程的有序进行。

通常情况下，土方工程施工过程主要包括以下几个方面：(1)工程施工前，对原土地坪组织测量并与设计标高比较，根据现场实际情况尚需要回填土，尽量不考虑土方外运而就地回填消化。(2)工作面按要求确定：挖地槽时按垫层宽度每边各增加工作面 30cm。(3)土方的灰线一般为上口线，土方灰线放出后经监理部门和其它相关的部门复核后方准开挖。(4)土方外运根据现场的情况及时与建设单位、监理单位办理证明手续。(5)土方开挖顺序一般按从一侧向另一侧，依次开挖。土方开挖时，测量工作应跟踪进行，在开挖中，对挖出的边坡由人工清理。确保土方开挖深度符合设计要求。土方开挖中，设专人监视土方的边坡变化，一有险情，人员撤离，进行边坡加固。(6)土方开挖前，应考虑土方开挖对周边环境的影响。一方面应明确地下管线的布置，便于其它工种配合施工；另一方面应明确地下障碍物的分布情况，及时做好施工准备。(7)土方开挖及清理结束后及时验收隐蔽。避免地基土裸露时间过长。严禁扰动地基土。

在施工过程中，应在质量及安全方面做好管理工作，主要包括(1)挖土采用机械、人工结合的方式进行，堆场应选择对下道工序周边施工影响较小处。(2)施工要有充足的光照度，特别在挖土场地和主要通道上要设置大功率照明灯具。(3)如开挖后发现局部地段土质情况与地质资料严重不符时，必须立即和建设单位、设计单位及监理人员到现场研究后，按新的设计方案处理。开挖时遇不明物体，应及时通知业主、监理，同时采取有效手段保护好现场，做好纪录和签证工作。(4)严格执行“挖土工程安全技术交底”

中的各项规定，并组织现场人员认真学习，严格遵守。(5)遵守“施工工地六大纪律”，进出施工现场人员一律戴好安全帽。(6)土方工程开挖前，须请业主主持召开相关部门参加会议，审核挖土方案。挖土前，须将挖土时间、行走路线等情况通报业主，使其做好充分准备。

第1节 场地平整及控制放线施工

1. 总体概述

场地平整是将需进行建设范围内的自然地面，通过机械挖填或人工平整改造成为设计所需的平面，以利于现场平面布置和文明施工；平整场地要考虑满足总体规划、生产施工工艺、交通运输和场地排水等要求，并尽量使土方挖填平衡，减少运土量和重复挖运。场地平整是整个工程建设的基础，它的质量好坏，将直接关系到变电工程施工和运行过程中的整体安全。通常情况下，场地平整总体施工顺序是：做施工便道→平整场地路段做好排水工程→爆破开挖土石混合料→做填方路段试验路段→分层填筑→压路机碾压→检测压实度及其它。首先需要施工企业在施工前做好施工调查，核对设计文件，导线复测、水准复核等各项前提准备工作，引设临时水准点，放好边桩，做好土工试验工作。工程一进场首先进行便道施工，采用土石混合粒进行填筑，面层采用泥结碎石，以便施工机械能早日进入施工场地。为了确保运到平整场地上的填料粒径合格，在宕口配备碎石机进行破碎。接下去利用初选的压实机械对计划使用的各种填料进行试验段填筑，找出机型、填料、层厚、碾压遍数之间的相互关系，绘制与设计指标相关的规律曲线，确定标准化施工工艺，报监理工程师批准后指导施工。施工过程中如填料、压实机械发生变化时，必须重新做压实工艺试验。试验路段做完后就开始进行正式填筑，平整场地填筑采用水平分层进行，严格控制填筑厚度及宕渣粒径。

土石方施工严格按照“三阶段、四区段、八流程”标准化施工，土石方除部分挖方区段必须采用爆破外，其余全部采用机械施工作业。优化匹配挖掘机(装载机)、自卸汽车、推土机、振动压路机，组成挖、装、运、卸(弃)、铺、平、压、检一条龙的机械化流水施工作业。填筑按信息化组织施工，通过对施工资料、试验测量数据的分析，作为施工组织、土石方调配、匹配机械及确定工艺参数的依据，使施工控制与质量检验处于有效控制和优化状态。附属工程（挡土墙、边沟）以人力施工为主，配备相应的专业施工机械统一安排施工。施工安排上以确保质量和工期为重点，尽量避免施工干扰。质量控制以工序管理为中心，以工作质量保工序质量，以工序质量保工程质量。

2. 主要分项工程施工方法

(1) 填料选择与鉴定

在填料选择过程中，需严格按规定进行鉴定，确定各种填料做的最佳密度、最佳级配、最大干容重及其它物理力学性质，根据鉴定结果确定施工方案。

(2) 基底处理

根据施工时原地面和土石的实际情况，按设计文件及施工规范要求进行清理、平整或碾压，使基底土层的强度和密实度达到设计标准。伐树、挖根、除草皮、清除（种植）表土。地面横坡在 1:10~1:5 之间时，地基土层经检验符合规范和设计要求，可在压实后直接筑。在基床厚度范围内不得有软弱土夹层，否则要按设计要求采取地基改良和采取加固措施。同时要进行基底密实度检查，确保基底平整压实，经质量检查工程师会同监理工程师现场检测核实合格签字后进行分层填筑。

(3) 分层填筑

根据填土高度及试验段确定的分层厚度和压实参数计算出计划分层数，绘出分层施工图，向现场施工人员进行技术交底。其中，宕渣填筑应严格控制粒径 25cm，厚度控制 30cm 以下。为保证摊铺的平整度，节省平整时间，在卸料时要控制卸土密度，根据自卸车的容量计算出卸车间隔，并呈梅花形卸铺均匀。用性质不同的填料填筑时，每一水平层的全宽要用一种材料填筑，避免各种填料混杂填筑。

(4) 摊铺平整

填筑区段完成一段后，在前方继续填筑的同时，后侧用推土机进行摊铺初平。当一个区段填筑、初平全部完成后即以平地机或人工精平,做到填铺面在纵向和横向平顺均匀，保证压路机轮表面能均匀接触地面进行碾压,达到较好的碾压效果。

(5) 机械碾压

碾压前,由技术人员进行检查确认填土厚度、平整度符合要求后方可进行。压路机司机要严格按照填料的密度标准及根据试验段确定的压实参数进行碾压。先静压后振动再静压。压实度试验不合格时要重新压实再做试验,直到合格为止。

(6) 检验签证

经自检压实度、平整度、密实度合格后,及时填写工程检查表和分项工程检验评定表,经质检工程师和监理工程师签证后进行下道工序施工。

(7) 修整

表面的修整,可用机械配合人工切土或补土,并配合压路机械碾压,使其表面没有松散、软弹、翻浆及不平整现象。达到设计标高后,进行细修整使其表面光洁浮土,之后放出边线。

第2节 基坑支护及降水施工

1. 基坑工程施工特点

对基坑工程来说,不仅涉及到现场施工作业人员进行基础施工和地下工程相关操作，还需要相关技术人员对土体变形与支护结构进行科学分析。作为影响建筑工程质量的关键环节,其目的通常是确保地下结构的稳定性以及基坑周边环境的安全性。当前阶段,随着我国规划建设用地的不断减少,基坑工程施工特点相应也发生了改变,主要包括以下几个方面:

(1) 基坑深度不断增加

我国地大物博的自然资源条件为国民经济的良好发展奠定了坚实的基础,然而差异较为明显的地质结构也给各区域建筑行业的发展带来了一定阻碍。现阶段,随着土地资源的不断减少,为了提高土地利用效率,满足人们开展社会活动与经济活动的需求,越来越多的高层建筑及超高层建筑出现在工程项目中,在一定程度上导致基坑深度不断增加,特别是对于经济发展水平较高的区域,建筑工程也在不断向地下发展。

(2)施工条件不断恶化

基坑工程通常属于地下施工,极易受到管线分布、地质结构、水文资源等外部环境因素的影响。当前阶段,随着科技水平与信息化技术的发展,以及人们对于高水平生活的需求,基坑工程施工环境也在日益复杂,不仅需要相关技术人员对土体结构等进行较为准确的勘查,还需要对管线分布情况等进行较为全面的分析,最大程度的避免对人们的日常工作和生活带来不利影响。

(3)支护方法不断丰富

随着建筑工程复杂程度的不断增加,传统的基坑支护方法已经无法满足工程需求;随着科技水平与自动化技术的飞速发展,越来越多的基坑施工技术出现在现代化建筑工程项目中,从而推动了支护方法的不断发展,为施工企业相关技术人员提供了更多的选择。这就要求施工企业全面分析基坑工程特点,科学、合理的选择相应的施工技术,提升工程质量。

2.影响基坑支护施工技术应用的主要因素

众所周知,建筑工程通常具有较为复杂的施工流程,且各施工环节之间具有较为紧密的联系。基坑的挖掘与支护作为工程项目建设的基础工作,对于确保施工质量满足工程要求具有十分重要的意义。当前阶段,影响基坑支护施工技术应用的因素主要包括以下几个方面:

(1)施工方案的选择

良好的施工方案是基坑支护工程得以顺利实施的前提条件,一旦没有根据工程实际情况对施工方案进行完善与优化,从而导致在具体的施工过程中出现临时性突发状况,不仅会对施工技术的应用产生直接影响,还会对整体的施工方案产生较为不利的影响。随着基坑支护技术应用范围的不断增加,就需要施工企业现场施工作业人员做好安全防护,最大程度的避免安全事故的发生。

(2)地下水位的变化

基坑支护通常处于地下环境，为了更好的保证支护的稳定性，通常需要施工企业在施工准备阶段安排相关技术人员对工程所在地的地质结构、水文资源等进行较为全面的了解，同时对地下水位的变化情况进行详细记录，并提出相应的应对措施，避免地下水导致渗漏等质量问题的发生，影响基坑支护工程质量，确保建筑工程的稳定性。

（3）建筑材料的影响

基坑支护的稳定性与建筑材料具有较为紧密的联系，通常情况下，我国施工企业会利用混凝土、钢筋等原材料来进行相应的施工。众所周知，混凝土极易受到温度、湿度等环境因素的影响而发生物理、化学等方面的变化，从而影响使用性能。这就要求施工企业相关技术人员在应用钢筋、混凝土等建筑材料的过程中对其质量进行检验，同时严格按照施工规范及标准进行具体操作，从而更好的保证工程质量。

（4）施工工艺的应用

对于基坑支护工程来说，施工工艺的合理选择与应用是确保其质量满足工程要求的重要因素。如上文所述，基坑支护工程质量的影响因素较多，不仅有着较为复杂的施工流程，还与外部环境因素有着较为紧密的联系，一旦出现不合理的施工工艺应用，极有可能导致基坑施工质量无法满足工程要求。与此同时，对于基坑支护施工工艺本身来说，需要现场施工作业人员严格按照相关规范及标准进行操作，最大程度的避免不规范操作等问题的发生，从而给施工企业带来经济损失。

3. 降水施工要点

（1）降水方法选择

如基坑排水技术水平要求不高，可选择明沟排水，不单独应用于高水位地区基坑边坡支护；如对基坑排水要求较高，则应选择人工截渗降排水。轻型井点降水适用于基坑面积不大，降低水位不深的场合，适用于需要降低 3~6m 水位深度的情况。电渗井点法可适用于渗透系数小的细颗粒土，如粘土、亚粘土、淤泥质土等，并与轻型井点或喷射井点结合应用，由轻型井点或喷射井点降低水位深度。深井井点降水可用于砂砾层等渗透系数大且透水层厚的施工环境，深井井点降水排水量大、降水深度大、降水范围大，得到了广泛应用。

（2）降水设置要点

排水设施布置的原则为不影响基坑工程的整体施工，根据土质等情况合理选择坡度，并根据大致排水量计算排水沟的宽度和深度。合理选择抽水泵，防止抽出过多砂石，影响基坑的稳定性。判断停止降水的时机，考虑结构物是否可被淹没或可防淹没，并验算结构物底板强度和结构物整体重量是否可承受抗地下水上升的浮力。降水过程中须对地下水位进行监测，避免降水过大，导致结构不均匀沉降。

（3）降水施工要点

基坑宽度小于 6m 时可沿基坑长边方向在地下水上游单侧布置线性井点，大于 6m 应两侧或环状布置。降水井运行一段时间后会形成地下水降水漏斗，根据降水漏斗坡度，划定受降水影响的地下水位范围，并注意其上的建筑物/构筑物地下水位宜降到基坑底高程以下 0.5~1m，保持基坑开挖期间处于干燥状态，保证边坡稳定性与施工便捷性。根据地下水深度和基坑深度合理布置井点间距，在确保降水效果的同时，避免过量排水。

第 3 节　基坑开挖施工

与其他基础工程相比，基坑工程是一项兼具专业性与系统性的综合性学科，通常需要施工企业相关技术人员以较为严谨的科学态度来进行具体的施工作业。现阶段，随着我国城市化建设速度的不断加快，人们对高质量生活向往的日益增强，节能环保理念的持续推广，提高基坑施工技术应用水平逐渐成为施工企业在激烈的竞争中占据一席之地的重要手段。为了更好的保证建筑工程的施工质量满足工程要求，为业主提供更为安全的居住环境，就需要相关技术人员不断吸收国内外先进的施工经验，并结合自身特点进行完善，从而更好的推动基坑工程的良好发展。

1. 基坑开挖主要方式

（1）放坡挖土法

放坡挖土法通常是指直接分层放坡开挖，其施工作业空间大，工期短。放坡挖土法一般用于无支护土方开挖，多为空旷环境，较少用于城市中；若基坑开挖深度不大，周围环境允许，经验算能确保土坡的稳定性时，也可采用放坡挖土。

（2）中心岛式挖土法

中心岛式挖土法具有挖土和运土速度快等优点，但由于需要首先挖去基坑四周的土，支护结构受荷时间长，在软粘土中时间效应显著，有可能增大支护结构的变形量，对于支护结构受力不利。中心岛式挖土法一般用于有支护土方开挖，通常为具有较大空间情况下的大型基坑土方开挖。

（3）盆式挖土法

盆式挖土法施工时，一般先开挖基坑中间部分的土方，周围四边预留土坡，土坡最后挖除。采用盆式挖土法可以使周边的土坡对围护墙有支撑作用，有利于减少围护墙的变形，但其缺点是大量的土方不能直接外运。盆式挖土法一般用于有支护土方开挖，通常为基坑面积较大，支撑或拉锚作业困难且无法放坡的基坑。

2. 基坑开挖施工要点

（1）基坑开挖时应遵循"土方分层开挖、垫层随挖随浇"的原则，其中在有支护的基坑开挖时应遵循"开槽支撑、先撑后挖、分层开挖、严禁超挖"的原则。

（2）基坑开挖前，应检查周边现场环境，清除安全隐患，施工中密切观察、观测施工环境的不安全因素，及时做好认真检查安全防护措施。

（3）多台挖掘机在同一作业面机械开挖，挖掘机间距应大于 10m；多台挖掘机械在不同台阶同时开挖，应验算边坡稳定，上下台阶挖掘机前后应相距 30m 以上，且挖掘机离下部边坡有一定的安全距离，以防造成翻车事故。

（4）基坑开挖时须结合边坡修护，在开挖一定深度后，应先修整好相应的土方开挖边坡，再进行下一层挖土。

（5）基坑开挖至坑底标高以上 200~300mm 时应暂停挖土，并进行人工修土,同时,施工时应严格执行开挖程序,且土方开挖的顺序、方法必须与设计工况一致,严禁超挖,以确保施工安全。

(6) 无法采用机械时应采用人工挖土,并适当放慢挖机的开挖速度,使人工挖土尽量能跟上挖机的速度,同时二者须错开时间和地点,以确保挖土安全,挖出的土方应及时装满运出。

(7) 夜间施工要合理安排施工项目,防止土方超挖,且施工现场要根据需要设置照明设施,并在危险地段设置红灯警示标志。

(8) 若为雨季施工,则应根据施工现场情况,对因雨易翻浆地段优先安排施工。而在地下水丰富及地形低洼处等不良地段,应在优先施工的同时集中人力、机具,采取分段突击的方法,完成一段再开一段,切忌在全线大挖大填。

第 4 节　基坑开挖危大工程安全管理

1. 基坑开挖危大工程发展现状及存在问题

市场化经济的发展为各施工企业之间的竞争营造了更为公平、公开、公正的环境,相应推动了我国建筑行业的规范发展。与此同时,随着我国信息化技术的飞速发展,越来越多的施工企业开始学习国内外先进的施工技术,并在不断的实践中进行完善与优化,进一步提升了基坑工程的施工质量。然而,由于建筑工程规模及复杂程度的不断增加,当前阶段还存在一系列亟待完善的问题,主要包括以下几个方面:

(1) 施工流程不规范

规范的施工流程是基坑工程得以顺利进行的重要保障。然而,由于基坑施工技术的应用较为复杂,很多施工企业为了加快施工进度,往往忽视了对于施工现场的管理,从而导致一系列不规范操作的发生。比如在边坡施工过程中,由于现场施工作业人员的操作不规范,导致开挖高度出现明显的不一致问题,影响边坡平整度;比如在混凝土灌注过程中,现场施工作业人员没有按照相关规范及标准进行沉渣的清除,从而导致施工质量不满足工程要求;比如对于地质结构较为特殊的施工区域,没有按照要求进行预处理，也没有按照规定设置排水装置，从而导致基坑施工过程中出现明显位移。

(2) 施工技术不配套

基坑工程不仅需要相关技术人员具有较为专业的知识水平，还需要现场施工作业人员具有较为丰富的施工经验。因此，为了更好的保证施工质量，施工企业通常会安排技术水平较高的专业团队进行施工作业。通常情况下，各施工环节会由不同的施工团队进行，从而提高施工效率。这就要求现场施工作业人员进行合理配合，避免交叉作业的情况出现，影响施工进度的同时，给工程质量带来不利影响。

(3) 喷射厚度不合理

现阶段，混凝土喷射施工凭借其较为简单的施工流程在基坑工程中得到了较为广泛的应用。然而，由于混凝土本身极易受到温度、湿度等环境因素的影响而发生使用性能的改变，一旦其质量无法满足工程要求，将导致喷射厚度不合理的问题发生。倘若在后续的养护过程中没有采取有效措施进行弥补，极有可能影响建筑稳定性。

(4) 成孔注浆不到位

对于基坑工程来说，通常需要按照要求设置钻孔深度。然而，现阶段，很多施工企业忽视了相关工作的进行，从而导致在具体的施工过程中出现出渣不尽的现象，从而影响注浆等后续施工的进行。

2. 建筑工程施工中基坑支护施工技术管理要点

建筑工程施工中基坑支护施工技术的应用水平不仅与现场施工作业人员的专业技术能力有关，还与施工企业管理模式与方法的采用具有较为紧密的联系。这就要求相关技术人员不断提高基坑支护施工技术的应用水平，相关管理人员不断吸收国内外先进的管理方式，更好的保障基坑支护工程施工质量的同时，最大程度的帮助施工企业实现经济效益。当前阶段，我国建筑工程施工中基坑支护施工技术管理要点主要包括以下几个方面：

(1) 施工准备阶段

对于基坑支护工程来说，在施工准备阶段做好各项管理工作是确保工程项目建设顺利进行的前提条件，主要包括以下几方面内容：

施工设计。设计图纸是现场施工作业人员进行具体操作的主要依据，对于基坑支护工程建设来说，就需要相关设计人员严格按照相关规范及标准进行具体工作，确保设计方案合理性的同时，提高工程质量。因此，对于施工企业来说，应安排相关技术人员对工程所在地实际情况进行全面勘查后，对基坑支护各项参数进行较为精准的计算，同时根据工程所在地的实际情况进行施工流程的设置，最大程度的保证支护工程的稳定性。

方案编制。对于建筑工程来说，科学的施工方案是确保现场施工有序进行的重要保障，特别是对于基坑支护工程来说，为了更好的优化管理模式，就需要相关管理人员根据工程实际需求，对施工方案的安全性及合理性进行严格审查，最大程度的保证现场施工作业人员的人身安全，更好的推动基坑支护工程的顺利进行。

土方开挖。在进行基坑开挖前，需要施工企业安排相关技术人员对工程所在地的管线分布情况进行较为全面的了解，同时对重要管道做好相应的防护措施，避免对周围住户产生较大的影响。与此同时，对于施工现场的临时道路，需相关管理人员根据工程实际需要及周围交通情况进行合理设置，进行加固的同时设置相应的排水管，避免在恶劣天气的影响下发生积水等问题。

沟通交流。当设计图纸绘制完成后，施工企业需安排相关技术人员与设计人员进行技术交底，确保设计方案合理性的同时根据工程实际情况对其进行优化与完善，避免后期施工过程中出现不必要的矛盾。与此同时，相关管理人员还需安排专业人员对设计方案进行经济性分析，降低施工成本，确保施工企业可以实现预期收益。

(2) 施工阶段

基坑支护工程是一项兼具专业性与系统性的综合性工程，不仅需要相关技术人员采取合理的施工工艺确保工程质量，还需要相关管理人员加强施工阶段的有序管理，做好施工监测的同时，对施工技术的应用进行不断优化，从而更好的推动我国建筑行业的稳定发展。因此，在具体的施工过程

中,就需要相关管理人员做好以下几方面技术管理工作:

排水技术管理。如上文所述,基坑支护工程极易受到地下水的影响而引发质量问题,这就要求施工企业在具体的施工过程中做好排水工作。比如对于流量较小的地下水,可以通过相应的排水措施进行处理;对于流量较大的地下水,则需要先对其水位进行降低,再采取有效措施对基坑支护工程进行保护。

信息技术管理。随着我国计算机技术的飞速发展,越来越多的施工企业开始利用先进的信息化技术提高自身管理水平。因此,对于基坑支护工程来说,可以通过大数据平台的建设,将施工过程中的各项参数进行收集,从而更好的帮助相关技术人员对整体施工情况进行了解,避免安全事故的发生。

四周地面防护。基坑支护工程的稳定性与工程所在地的地质结构具有较为紧密的联系,这就要求施工企业相关技术人员做好四周地面的防护工作,从而更好的对支护结构进行保护,提升基坑支护工程的稳定性,避免出现受力不均的问题,导致建筑在使用过程中出现不均沉降的现象,影响建筑使用寿命的同时给业主的居住安全带来威胁。

第二章　地基与基础施工技术

通常情况下,在进行建筑工程主体部分施工前,需要根据建筑楼层及规模等因素在地下较深的位置进行地基基础的施工。由于地下结构较为隐蔽,且具有较为复杂的地质特征、水文分布等,因此,在地基基础施工过程中极易由于勘查不完全等问题发生突发状况,一旦没有采取合理的措施进行解决,有可能引发重大安全事故。除此之外,作为建筑稳定性与安全性的重要保障,一旦基础结构设计不合理,在地震等恶劣环境的影响下极有可能导致建筑本体发生倾斜、倒塌等质量问题,给业主带来不可估量的损失。由此可见,地基基础结构设计在建筑工程整个阶段都具有十分重要的意义,需要相关设计人员根据工程实际情况,合理的选择建筑材料,同时根据建筑的整体受力情况,科学的进行结构设计,综合考虑多方面因素并进行专业评审后才可进行后续施工作业,从而更好的保证建筑工程质量,为我国建筑行业的良好发展提供有力支撑。现阶段,随着我国建筑工程数量及规模的不断增大,由地基基础工程所引发的房屋倒塌等安全事故时有发生,造成了大量人力、物力、财力等方面的损失。分析其施工特点主要包括以下几个方面:

困难性。对于房屋建筑工程来说,局部的质量问题可以通过后期修补进行调整,来保证工程质量。与之不同,地基基础工程是地下工程,即使发现问题,现场施工作业人员也无法及时采取措施进行弥补。除此之外,由于地基所承担的是整个建筑的载荷情况,就算是微小的调整也会对建筑整体结构产生一定影响,从而造成安全隐患。因此,对于地基基础工程来说,整个施工过程具有一定的复杂性。

潜在性。建筑工程通常施工周期长,施工流程复杂,且各个施工环节之间具有较为紧密的联系。地基基础工程也不例外,因此,很多存在的施工问题只有在下一个施工环节开始或完成后才可发现,从而带来一定的隐蔽性与潜在性,相应也为工程验收提出了更为细致的要求。

重要性。地基基础工程作为房屋建筑质量的重要保障,不仅是后续施工流程顺利进行的前提条件，也是房屋建筑能否顺利验收的决定性因素。倘若前期没有良好的夯实基础，则会导致施工后期出现重大的安全事故。一方面,无论是位置选择、勘查设计、参数测量,还是后续的施工过程,对地基基础工程进行修复都具有较大的困难,不仅需要建筑企业耗费大量的资金进行弥补,还需要对整个建筑工程进行检验与修复;另一方面,地基基础工程作为房屋建筑的根基,一旦出现质量问题,将会以极大的速度引起整个建筑工程的损坏,其突发性与随机性将造成重大安全事故的发生。因此,确保其施工质量就显得尤为重要。

复杂性。我国幅员辽阔的地理特征导致各地域之间存在较为明显的地质结构差异,且随着天气情况、气候条件等外部环境因素的变化,土地质量也会随之改变，相应为建筑行业的地基基础工程施工带来了一定的挑战。相关技术人员不仅需要在施工前期对地质结构、水文情况等进行较为全面的勘查,还需要采取合理的措施避免受到泥石流等自然灾害的影响。这些因素为地基基础工程的施工带来了较大的复杂性。常见的地基处理方法如表所示:

表 2-1 常见地基处理方法

序号	分类	处理方法	适用范围
1	碾压及夯实	机械碾压、震动夯实	碎石土、砂土、杂填土
2	换土垫层	砂石垫层、灰土垫层	软弱土地基
3	排水固结	砂井预压、降水预压、真空预压	软弱土层、泥碳土
4	振密挤密	振冲挤密、砂桩、爆破挤密	松砂、粉土、黄土
5	置换及拌入	振冲、置换、搅拌、注浆	粘性土、粉砂、细砂
6	加筋	合成财力加筋、锚固	软土地基、砂土地基
7	其他	灌浆、冻结、托换、纠偏	根据实际情况选择

第一节　人工换填施工

软弱土地基挖除换填土应根据土质情况和换土深度,按设计范围将软土全部或分段清除,整平底部,再比照路堤相应部位规定的填料、压实标准和工艺进行回填。换填法根据现场实际情况,可以采用挖掘机辅以人工进行施工。换填深度内的软弱土层,再由人工将软土挖除到基底承载力满足设计要求为止,自卸汽车运输换填料,后倾法卸料,推土机摊铺,平地机平整,压路机碾压,分层填筑,直至达到设计标高。

1. 施工流程

(1) 施工准备

复核设计文件。熟悉施工设计图,踏勘现场,复核设计文件。

现场调查。沿线施工调查,确定经济运距内的换填材料(砂砾、碎石、碎石土、砂性土)及弃土场。

取样试验。选用级配优良的砂砾、级配碎石或对未经扰动的碎石土、砂性土进行代表性取样,通过土工试验确定相应换填材料的液限、塑限、塑性指数、最佳含水量、最大干密度、CBR 值等是否符合设计及规范要求。

试验段。通过开挖换填试验段,确定以下各项换填材料的松铺系数及标准施工方法,为施工提供真实、可靠、准确的依据。主要包括:计算换填材料的松铺系数以及按照标准施工方法进行具体施工作业;选择填料摊铺方法和适用机具;根据工程需求选择填料含水量的控制方法;整平和整形的合适机具和方法;压实机械的选择和组合,压实的顺序、速度和遍数;挖掘、运输、摊铺和碾压机械的协调和配合;密实度的检查方法。

开工准备。软基开挖前应进行场地清理,清除换填范围内的树木,灌木丛及构筑物;开挖前应于开挖线四周作好截水沟。施工期间应修建临时排水设施;临时排水设施应与设计排水系统结合,基坑水不得排入农田、耕地,污染自然水源,也不得引起淤积和冲刷。

测量放样。施工放样,定出桩位,确定换填开挖区域及换填深度。

(2) 施工操作要点

测量放样。施工前，应根据现场复核后的施工图进行放线测量确定换填开挖范围和换填深度。

排水疏干。采用挖掘机或人工开挖纵、横向排水沟降低换填区域的地下水位便于挖运软土。

挖除软土。根据换填长度决定开挖顺序：长度在 100m 以下时，开挖由一端向另一端进行；长度在 100m 以上时，开挖从中部往两端进行。挖除软土采用挖掘机配合人工清基，测量人员及时测量开挖基底高程，当距基底标高 10~500px 时，用人工挖除整平至设计标高，防止超挖现象发生。软弱土层挖除干净后，将底部平整，底部起伏较大时，设置宽度不小于 1m 的台阶或缓于 1:5 的缓坡；若基底处于平坦地带，施工前应采取集水井抽水法作为排水措施，尽量将基坑积水排除干净，按照要求挖除全部软土。不允许回填过程中有软土搀杂或有水碾压造成弹簧或缺陷地基。软土底部的开挖宽度不得小于路堤宽度加放坡宽度。将软土运至指定的弃土场堆放，以防止对周边环境造成污染。

基底碾压。软土挖除后，用平地机进行整平，压路机对基底进行碾压，确保基底压实度或承载力符合设计及规范的要求(例如：压实度达到最大干密度的 90%、地基承载力达到 150kPa)。

填筑换填材料。运距在 1km 内的挖运渗水材料采用铲运机施工，运距在 1km 外的挖运渗水材料采用挖掘机配合自卸汽车施工。

平整压实。采用水平分层填筑，按照基坑横断面全宽分成水平层次，逐层向上填筑。摊铺作业采用推土机粗平、平地机精平，从换填基坑最低处开始分层平行摊铺，松铺层的厚度按路堤试验段得出的数据确定。一般碎石土、渗水土最大松铺厚度不大于 300mm，砂砾、级配碎石的最大松铺厚度不大于 250mm。渗水材料摊铺平整后快速检测施工含水量控制在最佳含水量的-2%~2%再碾压，若含水量偏大时，晾晒至符合要求再碾压；若含水量偏小时，洒水至达到要求再碾压。振动压路机碾压时，行驶速度用慢速，最大速度不超过 4km/h。碾压时先静压一遍，先慢后快，振动频率先弱后强，直线段由两侧向中间，曲线段由弯道内侧向外侧纵向进退错行碾压，行与行轮迹重叠为轮宽度的1/2,横向同层接头处重叠0.4~0.5m,前后相邻两区段纵向重叠1.0~1.5m,上下两层填筑接头处错开3m,达到无漏压,无死角,确保碾压均匀。

质量检验。每层碾压完毕,可用灌砂法、环刀法、水袋法、核子密度仪检测压实密度或用水平仪进行沉降观测,确保达到设计及规范的相应压实要求后再进行下一层填筑,直至回填到原地面顶。

场地清理。文明施工,做到工完料清、场地净。

(3) 主要机具设备

根据工程量,结合现场实际合理配备一定数量的挖掘机、装载机、铲运机、推土机、平地机、压路机、自卸车。

(4) 劳动力组织

每个作业点配备工程技术人员1人、测量人员2人、安全员1人、领工员1人、根据需要配备普工若干名以及相应数量的工程机械操作手、自卸车驾驶员。

2. 质量要求及质量控制措施

(1) 质量要求

严格按照相关质量要求进行压实度检测和沉降观测，确保换填质量满足设计及规范要求。确保换填面积和深度满足设计或现场实际需要。非适用性材料(软土)务必挖除干净。确保换填基坑排水良好,基底晾晒干燥后达到设计及规范要求的地基承载力指标或压实度。采用的换填材料满足设计及规范要求。严格按照试验段总结的施工参数控制填料层厚以及施工含水量。填筑层顶面平整、密实、排水良好,压实度、沉降量满足设计及规范要求。

(2) 质量通病的处理

开挖至基底设计标高后,若基底承载力不满足设计及规范要求,须办理工程变更设计,根据施工现场实际情况确定最终换填基底标高。

若填筑层压实度不满足设计及规范要求时,须及时检查压实层厚或调整施工含水量、严格碾压工序。

若地基或填筑层沉降量偏大,须控制填筑速率。

3. 施工安全及环保措施

(1) 施工安全

换填基坑开挖应视土质、湿度、挖深及坑顶载荷情况设放安全边坡。基坑开挖深度超过 5m 或有地下水等情况时,应经过专项计算坑壁稳定性,按《基坑支护技术》规定采取安全技术措施设置坑壁支护体系方可进行基坑开挖作业。坑内挖出的弃土,应边挖边运;坑顶暂时堆放的弃方应距离坑边沿至少 0.8m 以外,且堆高不能超过 1.5m。挖基作业中如发生险情,应立即报告施工负责人,并组织人员抢险加固基坑支撑维护设施,当险情加剧危及到人机安全时,则应立即组织人、机撤离基坑至安全地点。基坑渗水要及时排除,不能有积水浸泡。挖基作业应设置人员进出基坑的走道或爬梯,严禁施工人员乘坐吊斗、皮带运输机或攀爬基坑围护支撑杆件进出。基坑开挖中所设置的各种固壁围护支撑体系,作业中严禁碰撞,当发现松动、变形时,应及时加固。夜间作业及用电设备的投入,应按《施工现场临时用电安全技术规程》要求作好安全供用电管理工作。在人口密集地区或交通要道旁进行挖基作业,基坑四周必须设置安全隔挡及警示标志,严防闲杂人员接近和过往车辆闯入。施工机械在作业时,应设有明显的安全警告标志,并派专人指挥。警告标志作到规范、适用、位置显著,利于机手观察。指挥人员应熟悉业务,指挥信号应规范,指挥位置既方便机手观察又能满足站位安全的要求。机械在坡、坎处作业时应遵守安全技术操作规程,严防倾翻。人机配合作业时,必须交替、协调作业。严禁在机械作业范围内,人机同时作业。

(2) 环保措施

挖除后的非适用性材料(软土)必须运往监理工程师指定的弃土场堆放、平整,并做好弃土场的防护、排水以及植被恢复工作。安排洒水车及时养护施工便道,减少扬尘污染。临时排水设施应与设计排水系统结合,基坑水不得排入农田、耕地,防止污染自然水源,也不得引起淤积和冲刷。精心组织、合理安排,避免在人口密集地区夜间施工,以防噪音扰民。

第二节 复合地基施工

复合地基是指天然地基在地基处理过程中部分土体得到加强或被置换,或在天然地基中设置加筋材料。加固区是由基体(天然地基土体或被改良的天然地基土体)和增强体两部分组成的人工地基。在荷载作用下,基体和增强体共同承担荷载。根据地基中增强体方向又可分为水平向增强体复合地基和竖向增强体复合地基(桩体复合地基)。复合地基通常由桩(增强体)、桩间土(基体)和褥垫层组成。

1. 施工准备

认真核对施工现场地质情况,防止施工时振动破坏;按设计要地求布置桩位,绘出布桩平面图,标出打桩顺序和注明桩位编号,具体施工注意事项应详加说明;对现场及邻近的地下管线、地上建筑物等应事前进行清理;搞好现场测量工作, 水准控制点及平面控制点应按测规规定引至现场,以控制桩的调程及位置;完毕施工现场"三通一平"工作,保证机械进场。长螺旋钻机、混凝土输送泵、混凝土输送管路等设备应经检查、维修,保证浇筑过程顺利进行。检查电源、线路,并做好照明准备工作。配齐所有管理人员和施工人员,并对所有人员进行安全交底提前准备施工所需砂石、水泥及其它材料及所有材料的实验报告、混凝土配合比报告等。

2. 施工要求

(1) 施工时应按设计配合配制混合料,在搅拌机中加工搅拌,加量由混合料坍落度控制, 长螺旋钻孔, 管内泵压混合料成桩施工的坍落度为160mm~200mm,振动沉管灌注成桩的坍落度宜为30mm~50mm,振动沉管灌注成桩后桩顶浮浆厚度不宜超出200mm。

(2) 长螺旋钻孔,管内泵压混合料成桩施工在钻设计深度后,应准确掌握提拔钻杆的时间,混合料泵送量应与拔管速度相配合,以保证管内有一定高度的配合料,遇到饱和砂土或饱和粉土层,不得停泵待料,沉管灌注成桩施工拔管速度应按均匀线速度控制, 拔管线速度应控制在1.2m/min~l.5m/min之间,如遇淤泥或淤泥质土,速度应尽可能放慢。

（3）桩顶标高应超出设计桩顶标高不少于 0.5m。施工中桩顶标高应高出设计桩顶标高，留有保护长度。成桩时桩顶不可能正好与设计标高完全一致，一般要高出桩顶设计标高一段长度，桩顶一般由于混合料自重压力小或由于浮浆的影响，靠桩顶一段桩体强度较差，同时已打桩尚未硬结时，施打新桩可能导致已打桩受到振动挤压，混合料上涌使桩缩小，增大混合料表面的高度即增加了自重压力，可提高抵抗周围土挤压的能力。

（4）成桩过程中抽样作混合料试块，每台机械 1d 应做一组（3 块）试块（边长为 150mm 的立方体），标准养护为 28d，测定其立方体抗压强度。

（5）沉管灌注成桩在施工过程中应观测新施工桩对已施工桩的影响，当发现桩断裂并脱开时，必须对工程桩逐桩静压，静压时间一般为 3min，静压荷载为保证使断桩接起来为准。

（6）复合地基的基坑可采用人工或机械、人工联合开挖。机械、人工联合开挖时，预留人工开挖厚度应由现场试开挖确定，以保证机械开挖造成桩的断裂部位不低于基础底面标高，且桩间土不受扰动。

（7）褥垫层铺设宜采用静力压实法，当基础底面下桩间土的含水量较小时，也可采用动力压实法，褥垫夯实后的厚度与虚铺厚度的比值不得大于 0.9。

（8）复合地基检测必须在桩体强度满足试验荷载条件时进行，一般宜在施工结束 14d~28d 后进行。

（9）复合地基承载力宜用单桩复合地基载荷试验确定，试验数量不应少于 3 个试验点，抽取总桩数的 0.5%~1%，进行低应变动力检测桩身结构完整性。

（10）施工中桩长允许偏差为 100mm，桩径允许偏差为 20mm，垂直度允许偏差为 1%。对满堂布桩基础，桩位允许偏差为 0.5 倍桩径；对条形基础，垂直于轴线方向的桩位允许偏差为 0.25 倍桩径；顺轴线方向的桩位允许偏差为 0.3 倍桩径；对单排布桩桩位允许偏差不得大于 60mm。

3. 注意事项

（1）了解场地工程地质条件和水文条件

根据土层特点，制定详细的施工组织计划，对钻头和活门的结构进行改进。钻头结构应考虑适应硬土层钻进的需要。

(2) 掌握机械设备的性能参数

了解混凝土泵的泵送速度和泵送效率，混凝土输送管的尺寸，钻机卷扬机的提升速度情况。

(3) 做好施工前的准备工作

施工人员的合理配备；施工现场各工序间的衔接和配合；施工现场和搅拌站间的协调；场地平整。

(4) 做好标识，确保成孔深度不小于设计桩长；同时还要考虑施工工作面的标高的差异，核对实测地面与设计原地面的差异，做相应增减。

(5) 保证混凝土的质量

除保证强度外，施工过程中应保证混凝土具有良好的和易性。

(6) 加强泵机与钻机司机间的配合

保证灌注过程中无提空现象。确保桩身不出现空洞、夹砂浆、夹泥断桩。严格执行标准化作业，先泵混凝土后拔管。拔管过程中始终保证钻头埋入混凝土，即始终保证钻杆内有混凝土。

(7) 控制好提拔钻杆时间

当钻孔达到预定的深度以后，开始泵送混凝土，待钻杆芯管及输送软、硬管内混凝土连续时开始提拔。禁止在泵送混凝土前提钻杆。要经常检查排气孔，确保泵送混凝土时畅通。

第3节　桩基础施工

在建筑工程上桩基础是重要的组成部分，同时也是整个地面建筑的基础，在桩基础施工过程中，由于针对不同的区域以及外界因素的影响，桩基础的施工方式主要分为三种：挖孔灌注桩、钻孔压浆灌注桩、人工挖孔灌注桩等等，对于每一种的桩基础每种施工方式来说，每一种施工方式都有其各自的特点。注重对施工技术的方法的采用，与此同时还需要对整个施工环节的各个方面进行考虑，进而使得在施工的各个方面应对所出现问题进行及时处理,得到有效遏制。

桩基础的适用范围很广,但秉着经济、便于施工的原则,一般是在天然地基承载力(包括竖向、水平)不足、且简单加固后也不能满足要求的情况下选择桩基础，通过桩基础把荷载力传送到承载力能够满足要求的地层中。在桩基础在建筑工程适用范围中,施工方需要注意的是,地基周围不允许有过大沉降和不均匀沉降的高层建筑或其他重要建筑物;对与周围建筑来说,烟囱以及输电塔等高耸高结构建筑物都要采取小心的态势,宜采用桩基以承受较大的上拔力和水平力这样的方式来防止对于一些较大建筑物的倾斜作用;应合理控制好基础沉降和沉降速率;对于较大一部分的软弱地基来说,需要在施工前做好测试工作。而对于软弱土厚度较厚时,由于一些桩端无法达到较好的深度,我们应当考虑桩基的沉降等问题,通过有效的将荷载量传到桩基一下的软弱层,进而使得桩基更好的稳固,对于在建筑工程实践中,桩基础的工作是在地基勘察、方案、设计下进行的,作以对于施工来说地基勘察、方案、设计才是真正的保障,同时这也是建筑施工中必须遵循的原则。

1. 挖孔灌注桩基础施工方式

挖孔灌注桩的基础施工是最普遍的形式之一,最主要的特征就是利用机械施工的部分很少,绝大部分的施工是以人工为主的。对于这种桩基础具体施工方法有:测量放线定位,埋设钢护筒;平整施工场地;砌筑井台,设置排水沟并设置除渣通道;安装提升设备;桩孔开挖、排水、孔壁支护;钢筋笼的加工与吊装;关注水下混凝土;凿出桩头,进行检测。在整个施工的过程中,需要的不仅仅是在现场的勘查,更需要是专业人员对施工前的工地的成孔试验以及土质、水文等相关情况的分析,会同设计、勘测单位共同对设计方案进行讨论,等待最后的建筑方案形成并验收通过后,进而才能制订行之有效的挖孔灌注桩基础施工方法,进而开始建筑的全面施工。

2. 钻孔压浆灌注桩基础施工方式

钻孔压浆灌注桩基础施工需要做到的是:施工前对泥浆的配制,因为对于钻孔压浆灌注桩基础来说，泥浆是整个施工安全质量的关键所在;其次就是对钻孔的护筒埋设工作,在埋设护筒的工作中,护筒周围应当充满夯实土层的,这一步的主要是防止护筒在冒水过程中的孔口坍塌等施工中所不安全的事故,因此在整个钻空过程中一定要随时注意校对钻机的平整度以及钻杆的垂直度防止在过程中地基的不稳定的影响,这一步的实施关乎到灌注桩顺利施工;在钻进过程中需要对于不同的地层和地质进行成孔施工研究和实验,进而针对不同的情况进行相应的技术参数制定,更多的因素都要考虑进去;最后还要对泥浆指标进行检查,适当的对泥浆或净化进行补充和调整,让最后的清孔钻孔灌注桩工作得以更好的进行;对于清孔来说一般需要分二次进行,终孔清孔和钢筋安装后的二次清孔,不宜采用测绳测定孔深,当孔深符合设计要求时即为终孔。

3. 人工挖孔灌注桩基础施工方式

对于现如今的人工挖孔灌注桩基础的施工方式来说,与挖孔灌注桩基础施工方式有一定的详尽之处,但一些方面却大相径庭,主要工作就是施工前的准备、人工挖桩、混凝灌注、工程验收四步。对于人工挖孔灌注桩基础施工中需要注意的是对于整个的施工的材料有一定的质量保证,对于不符合要求的材料来说禁止使用,对于在施工过程中的放线工作时要在规定的范围内操作,所用的仪器也要经过校准,必须精确。混凝土灌注要注意精确计算混凝土的用量,以免过多导致浪费,且对环境产生不良的影响。最后在施工过程中按规范要求做好对工程的检验工作。设备显示数据不得造假、任意改动。在整个工作过程中需要做到收集资料,随后要在整个施工过程的质量管理工作,而对于安全措施灌注桩孔的施工来说,施工方与监理方都要做到质量工程的验收工作以及钢筋笼的制作与质量验收,最后一步便是整个过程中的重点混凝土灌注施工。

对于采用人工挖孔灌注桩这样的桩基础方式来说，具有一定的优越性,机器简单,操作方便对于施工场地的占有面积要求不高,而对于周围建筑物又有影响、质量可靠的特性,又可以可用于高层建筑、公用建筑、水工建筑做桩基,作支承、抗滑、挡土之用,所以在实际施工过程中,施工方为了全面展开施工,缩短工期,施工预算低等等情况下选择这样的方式来进行建筑工程施工工作。

第4节 独立基础及条基施工

桩基础一般是用在高层建筑，或地基承载力较低或很低的土层上，因地基承载力很小，不能满足建筑物荷载要求，故采用桩基础。柱下独立桩基础是柱建在独立的桩承台上，桩承台下面是桩（桩的长度、根数由设计计算得出）。条形基础就是条状基础，砖墙下的基础是条形基础的一种，框架结构柱下如果独立基础承载力不够，也采用柱下条形基础，一般是钢筋混凝土条形基础，条形基础有两种：一种是带梁的，一种是无梁的，条形基础又叫带形基础。

1. 独立基础施工

施工工艺：清理基坑→混凝土垫层→钢筋绑扎→相关专业施工→清理→支模板→清理→混凝土搅拌→混凝土浇筑→混凝土振捣→混凝土找平→混凝土养护→模板拆除

（1）清理及垫层浇灌

地基验槽完成后，清除表层浮土及扰动土，不留积水，立即进行垫层混凝土施工，垫层混凝土必须振捣密实，表面平整，严禁晾晒基土。

（2）钢筋绑扎

垫层浇灌完成后，混凝土达到1.2MPa后，表面弹线进行钢筋绑扎，钢筋绑扎不允许漏扣，柱插筋弯钩部分必须与底板筋成45°绑扎，连接点处必须全部绑扎，距底板5cm处绑扎第一个箍筋，距基础顶5cm处绑扎最后一道箍筋，作为标高控制筋及定位筋，柱插筋最上部再绑扎一道定位筋，上下箍筋及定位箍筋绑扎完成后将柱插筋调整到位并用井字木架临时固定，然后绑扎剩余箍筋，保证柱插筋不变形走样，两道定位筋在基础混凝土浇完后，必须进行更换。钢筋绑扎好后底面及侧面搁置保护层塑料垫块，厚度为设计保护层厚度，垫块间距不得大于100mm(视设计钢筋直径确定)，以防出现露筋的质量通病。注意对钢筋的成品保护，不得任意碰撞钢筋，造成钢筋移位。

（3）模板

钢筋绑扎及相关专业施工完成后立即进行模板安装,模板采用小钢模或木模,利用架子管或木方加固。锥形基础坡度<30°时,采用斜模板支护,利用螺栓与底板钢筋拉紧,防止上浮模板上部设透气及振捣孔,坡度≤30°时,利用钢丝网(间距 30cm)防止混凝土下坠,上口设井字木控制钢筋位置。不得用重物冲击模板,不准在吊帮的模板上搭设脚手架,保证模板的牢固和严密。

（4）清理

清除模板内的木屑、泥土等杂物,木模浇水湿润,堵严板缝及孔洞。

（5）混凝土浇筑

混凝土应分层连续进行,间歇时间不超过混凝土初凝时间,一般不超过 2h,为保证钢筋位置正确,先浇一层 5~10cm 厚混凝土固定钢筋。台阶型基础每一台阶高度整体浇捣,每浇完一台阶停顿 0.5h 待其下沉,再浇上一层。分层下料,每层厚度为振动棒的有效振动长度。防止由于下料过厚、振捣不实或漏振、吊帮的根部砂浆涌出等原因造成蜂窝、麻面或孔洞。

（6）混凝土振捣

采用插入式振捣器，插人的间距不大于振捣器作用部分长度的 1.25 倍。上层振捣棒插人下层 3~5cm。尽量避免碰撞预埋件、预埋螺栓,防止预埋件移位。

（7）混凝土找平

混凝土浇筑后,表面比较大的混凝土,使用平板振捣器振一遍,然后用刮杆刮平,再用木抹子搓平。收面前必须校核混凝土表面标高,不符合要求处立即整改。

（8）混凝土浇筑

浇筑混凝土时,经常观察模板、支架、钢筋、螺栓、预留孔洞和管有无走动情况,一经发现有变形、走动或位移时,立即停止浇筑,并及时修整和加固模板,然后再继续浇筑。

（9）混凝土养护

已浇筑完的混凝土,应在 12h 左右覆盖和浇水。一般常温养护不得少于 7d,特种混凝土养护不得少于 14d。养护设专人检查落实,防止由于养护不及时,造成混凝土表面裂缝。

(10)模板拆除

侧面模板在混凝土强度能保证其棱角不因拆模板而受损坏时方可拆模,拆模前设专人检查混凝土强度,拆除时采用撬棍从一侧顺序拆除,不得采用大锤砸或撬棍乱撬,以免造成混凝土棱角破坏。

2. 条形基础施工

基槽开挖→浇垫层→扎条形基础钢筋→立条形基础模板→浇条形基础砼→砌砖基→扎地圈梁钢筋和构造柱插筋→立地圈梁模板→浇地圈梁砼→拆地圈梁模→基础填土→安装预应力空心板

(1)基槽挖土及运土

基槽挖土采用反铲挖掘机开挖,人工辅助修坡修底,挖土顺序应沿房屋纵向,由一端逐步后退开挖,挖出的土方用汽车立即全部拉出场外。基槽开挖尺寸要考虑两侧比基础宽度各多300mm,作为基础侧面支模的位置,基础挖至设计深度,要跟随检查土质情况,如与设计土质要求不符,应立即采取加深措施,加深段应挖成台阶段,各阶段长与高之比要大于2,对加深部分,采用何种材料回填,应与监理和设计商定处理,基槽开挖完成后,应立即进行地基验槽,并组织浇捣垫层,防止基槽受雨水浸泡。

(2)垫层施工

垫层施工要控制好厚度、宽度和表面平整,先用竹桩在槽底每隔1m钉一个竹桩,控制桩顶为垫层面标高,垫层砼摊平后,应用平板振动器振实,并利用刮尺平整。

(3)条形基底钢筋

条形基底钢筋绑扎前,应在基底垫层上用粉笔画好受力钢筋的间距,在转角和T形、十字形交接处,受力钢筋应重叠布设。沿基底宽度的受力筋应放置在底部,沿纵向的分布筋放在上面,受力筋弯钩朝上,绑扎完成后应垫好35mm厚的垫块。钢筋绑扎后,立即请监理共同进行隐蔽验收。

(4)条基模板安装

条基模板采用胶合模板,支撑采用松方木,模板整条安装后,要拉线调直，两侧与基槽土避顶牢。

（5）浇筑条基砼

条基砼采用商品砼，浇捣砼要根据炼化厂的作息时间安排劳力和进度时间，每个基础拟安排两个小组，分别由两端向中间合拢，保证在规定时间浇捣完。在现场设两个装砼铁斗，商品砼进入工地，由搅拌车倒入斗内，斗底设闸门，人力板车运到浇捣地点，这样可加快搅拌车运输次数。

在进行砼的振捣过程中，混凝土振捣采用插入式振动器垂直振捣，操作要做到快插慢拔，插点要均匀排列，逐点移动进行，在振捣过程中，宜将振棒上下略为抽动以使上下振捣均匀。砼分层浇筑时，每层厚度应不超过振动棒长的 1.25 倍，在振捣上一层时，应插入下层 3~5cm，以加强两层砼之间的接触。同时在振捣上层砼时，要在下层砼初凝之前进行。不得形成自然施工缝，应掌握好振捣时间。一般每点振捣时间为 20s~30s，使用高频振动器时，最短不应少于 10s，以砼表面不显着下沉，不出现气泡，表面泛出灰浆为准，保证砼的密实度。振动器插点要均匀排列，可采用并列或交错式的次秩序移动，以免漏振。砼在振捣过程中，振动棒不得触动钢筋。

（6）砌砖基

砖头应选用耐腐蚀的青砖，其强度应符合要求。砌筑砂浆应为 MU7.5 水泥砂浆。采用一顺一丁砌法，灰缝控制 10mm 左右，要求接槎留在中间，做成台阶接头。砖基在砌到顶上的三皮时，应按间隔 1m 留一个 120×120mm 的洞眼，作为上面基础地圈梁支模用，在地圈梁模板拆除后，及时把洞眼补掉。

（7）回填土

回填土材料土质要符合要求。回填土要分层，每个开间内填土高度一致，杜绝一次倒满，夯实时相邻开间尽量同时进行，避免填土对基础墙产生侧压力。

第 5 节　筏形及箱形基础施工

桩筏基础是指当受地质或施工等条件限制，单桩的承载力不很高，而不得不满堂布桩或局部满堂布桩才足以支承建筑荷载时，通过整块钢筋混凝土板把柱、墙（筒）集中荷载分配给桩。沿袭浅基础的习惯将这块板称为筏，故称这类基础为桩筏基础。桩箱基础与桩筏基础类似。它不仅仅是一块板，而是有底板、顶板、外墙和若干纵墙、内隔墙构成的空箱结构。通过这个结构把上部荷载分配给桩。由于其刚度很大，具有调整各桩受力和沉降的良好性能，因此在软弱地基上建造高层建筑时较多采用这种基础形式。从定义上看，桩箱基础、桩筏基础具有相同的工作原理，只是箱基的刚度较筏基的刚度大。因而，桩箱基础具有更好的调整各桩受力和沉降的良好性能。由于桩箱、桩筏基础是由桩基、箱基（筏基）两种基础组成的一种混合基础，因而它兼有两种基础的优点。所以可以说，桩箱（筏）基础是一种可以在适合桩基的地质条件下建造任何结构形式的高层建筑的“万能式桩基”。其施工要点主要包括以下几个方面：

1. 土方开挖。基坑土方开挖应注意保持基坑底土的原状结构，当采用机械开挖时，基坑底面以上 20~30cm 厚的土层，应采用人工清除，避免超挖或破坏基土；如局部有软弱土层或超挖，应进行换填，并夯实；基坑挖好后不能立即进行下一道工序，应在基底以上留置 150~200mm 一层不挖，待下道工序施工时再挖至施工基坑底标高，以免基土被扰动。

2. 筏板基础施工，可根据结构情况和施工具体条件及要求，采用以下两种方法之一。先在垫层上绑扎底板、梁的钢筋和上部柱插筋，先浇筑底板混凝土，待达到 25%以上强度后，再在底板上支梁侧模板，浇筑完梁部分混凝土；采取底板和梁钢筋、模板一次同时支好，梁侧模板用混凝土支墩或钢支脚支承，并固定牢固，混凝土一次连续浇筑完成。

3. 箱形基础施工。

箱形基础底板、内外墙和顶板的支模、钢筋绑扎和混凝土浇筑，可采取分块进行，其施工缝的留设，外墙水平施工缝应在底板面上部 300~500mm 范围内和无梁顶板下部 30~50mm 处，并应做成企口型式；有严格防水要求时，应在企口中部设镀锌钢板止水带，外墙的垂直施工缝宜用凹缝，内墙的水平和垂直施工缝多采用平缝，内墙与外墙之间可留垂直缝，在继续浇筑混凝土前必须清除杂物，将表面冲洗洁净，注意接浆质量，然后浇筑混凝土。

底板混凝土浇筑，一般应在底板钢筋和墙壁钢筋全部绑扎完毕，柱子插筋就位后进行，可沿长方向分 2~3 个区，由一端向另一端推进，当底面积大或底板呈正方形，宜分段分组浇筑，当底板厚度小于 50cm，可不分层，采用斜面赶浆法浇筑，表面及时整平；当底板厚度等于或大于 50cm，宜水平分层和斜面分层浇筑，每层厚 25~30cm，同时应注意各区、组搭接处的振捣，防止漏振，每层应在水泥初凝时间内浇筑完成，以保证混凝土的整体性和强度，提高抗裂性。

墙体浇筑应在墙全部钢筋绑扎完，包括顶板插筋、预埋铁件、各种穿墙管道敷设完毕，模板尺寸正确，支撑牢固安全，经检查无误后进行。一般先浇外墙，后浇内墙，或内外墙同时浇筑，外墙浇筑可采取分层分段循环浇筑法，即将外墙沿周边分成若干段，绕周长循环转圈进行，周而复始，直至外墙体浇筑完成。当周边较长，工程量较大，亦可采取分层分段一次浇筑法，即由 2~6 个浇筑小组从一点开始，混凝土分层浇筑，每两组相对应向后延伸浇筑，直至同边闭合。箱形基础混凝土浇筑完后，要加强覆盖，并浇水养护。

4. 施工缝设置要求

当箱形基础和筏形基础长度超过 40m 时，宜设置施工缝，缝宽不宜小于 80cm，施工缝处钢筋必须贯通；当主楼与裙房采用整体基础，且主楼基础与裙房基础之间采用后浇带时，后浇带的处理方法与施工缝相同。

5. 材料要求

基础混凝土应采用同一品种水泥、掺和料、外加剂和同一配合比。大体积混凝土可采用掺和料和外加剂改善混凝土和易性，减少水泥用量，降低水化热，其用量应通过试验确定。

6. 大体积混凝土浇注要求

大体积混凝土宜采用斜面式薄层浇捣，利用自然流淌形成斜坡，并应采取有效措施防止混凝土将钢筋推离施工位置；大体积混凝土必须进行二次抹面工作,减少表面收缩裂缝;混凝土的泌水宜采用抽水机抽吸或在侧模上开设泌水孔排除;在已浇筑的混凝土强度达到 1.2MPa 以上,方可在其上行人或进行下道工序施工。

7. 基础施工完毕后,基坑应及时回填。回填前应清除基坑中的杂物;回填应在相对的两侧或四周同时均匀进行,并分层夯实。

箱型基础是由钢筋混凝土的底板、顶板、外墙和内隔墙组成的有一定高度的整体空间结构,适用于软弱地基上的高层、重型或对不均匀沉降有严格要求的建筑物。与筏形基础相比,箱型基础有更大的抗弯刚度,只能产生大致均匀的沉降或整体倾斜,从而基本上消除了因地基变形而使建筑物开裂的可能性。筏型基础是把柱下独立基础或者条形基础全部用联系梁联系起来,下面再整体浇注底板。一般说来地基承载力不均匀或者地基软弱的时候用筏板型基础。而且筏板型基础埋深比较浅,甚至可以做不埋深式基础。可见,箱型与筏形施工工艺要点与要求对建筑基础施工质量具有非常重要的作用。

第 6 节 基础结构防水施工

1. 施工准备

(1)材料准备:地下室底板和外墙采用钢筋混凝土自防水和两层自粘聚合物改性沥青防水卷材,顶板采用一层长纤聚氨酯胎基耐根穿刺改性沥青防水卷材和一层自粘聚合物改性沥青防水卷材,进场产品应带有出厂合格证、防伪标志。材料分批进场,材料进场后由建设单位、监理单位、施工单位三方共同抽样复试,保证材料符合要求。

(2)现场准备:施工面的水泥砂浆找平面压实、抹光,坚实平整,无明水,以保证材料粘贴牢固。

(3)人员准备:施工人员必须持证上岗,各部位人员需要量详见劳动力配置计划。

(4)技术准备:提前编制《地下防水工程施工方案》;现场施工员施工前进行技术交底,及时组织现场施工操作人员进行针对现场的说明及指导

（重点如阴阳角做法、附加层做法、搭接做法等细部构造）。

（5）基层处理：垫层要求原浆压光，局部不平整处用 1:2 水泥砂浆进行找平，同时将四周砖墙平面和立面的阴阳角做成 R=5cm 圆弧型，要求找平层压实抹光、牢固、不起砂、干净平整、无明水、无裂纹松动和凹凸不平孔洞等缺陷。对于残留的砂浆块或突起物应用铲刀削平，不允许有砂眼和起砂现象及黏土砂粒等污物。

（6）天气要求：卷材防水层正常施工温度范围为+5~+35℃，冷贴法施工温度不宜底于 5℃，热熔法施工温度不宜底于 －10℃。雨天、大风天气（5 级及以上）不得进行防水卷材铺贴。

2. 地下室卷材防水施工要点

（1）卷材防水施工工艺流程

清理基层→涂刷基层处理剂→卷材附加层铺贴→定位、弹线、试铺→铺贴卷材→收头处理、节点密封→清理、检查、修整→验收→保护层施工

（2）四周砌 240 砖胎模

在混凝土垫层上距地下结构外皮 50mm（防水找平层+防水层+防水保护层）处放施工线，进行砖胎模砌筑。结构外墙防水层外侧用 1:3 水泥砂浆砌筑永久性 240 砖保护墙，高度与底板上表面平，水泥砂浆抹面后再做防水，将防水甩头至砖墙外，然后再砌筑两皮砖做临时性保护墙。永久性保护墙内表面用 1:2.5 水泥砂浆抹面，临时性保护墙用石灰砂浆砌筑，并用石灰砂浆抹面。

（3）清理基层：基层表面采用铲刀和扫帚将突出物等异物清除，并将尘土杂物清理干净，如有油污等用有机溶剂、钢丝刷等清除。基层应保持干燥，如有渗水部位应用水不漏堵漏灵封堵。一般要求基层含水率不大于 9%，其检测方法是用 $1m^2$ 卷材平坦铺盖在基层上，静置 3~4h 后，掀开卷材基层表面及卷材表面均无水珠，即可施工。所有防水基层阴阳角均应做成 r = 5cm 的圆弧。

（4）基层处理剂的涂刷

涂刷或喷涂基层处理剂前要检查找平层的质量和干燥程度并加以清

扫,符合要求后才可进行,在大面积涂布前,应用毛刷对屋面节点、周边、拐角等部位先行处理。合成高分子卷材采用的基层处理剂的一般施工操作与冷底子油基本相同。基层处理剂的品种要视卷材而定,不可错用。此外施工时除应掌握其产品说明书的技术要求,还应注意下列问题:

① 施工时应将已配制好的或分桶包装的各组分按配合比搅拌均匀。

② 一次喷、涂的面积,根据基层处理剂干燥时间的长短和施工进度的快慢确定。面积过大,来不及铺贴卷材,时间过长易被风沙尘土污染或露水打湿;面积过小,影响下道工序的进行,拖延工期。

③ 基层处理剂涂刷后宜在当天铺完防水层,但也要根据情况灵活确定。如多雨季节、工期紧张的情况下,可先涂好全部基层处理剂后再铺贴卷材,这样可防止雨水渗入找平层,而且基层处理剂干燥后的表面水分蒸发较快。

④ 当喷、涂两遍基层处理剂时,第二遍喷、涂应在第一遍干燥后进行。等最后一遍基层处理剂干燥后,才能铺贴卷材。一般气候条件下基层处理剂干燥时间为 1h 左右。

(5) 细部附加层增强处理

对于阴阳角等部位应做增强附加层处理,要求附加层宽度不小于 500mm。方法是先按细部形状将卷材剪好,压实铺牢,附加增强层卷材应及时粘贴,因此加热前要先做好试贴,以提高粘贴速度,附加增强层部位较小时,宜采用手持汽油喷枪进行粘贴。

(6) 定位、弹线、试铺

在已处理好的基层表面,距离长向一侧保护墙 600mm 弹出 1 条基准线,第一条粉线与第二条粉线之间的距离为一副卷材宽度,即 900mm,以后粉线同第三条一样,按照所选卷材的宽度留出搭接缝尺寸,依次弹出,以便按此基准线进行卷材铺贴施工。

将卷材卷成圆筒状,将一端固定在预定部位,沿所弹粉线展开摊铺。摊铺时卷材应自然摊开,不得拉伸,严禁皱折现象出现。每铺展 1 卷卷材后,都应立即用干净的长把滚刷从卷材一端开始横向用力滚压 1 遍,以排除与基层间的空气，然后再用外包橡胶的铁辊滚压1遍，使其粘结牢固。地下室卷材铺贴先铺平面，后铺立面，交接处应交叉搭接。

（7）防水卷材的施工

各种胶粘剂的性能和施工环境不同，有的可以在涂刷后立即粘贴卷材，有的得待溶剂挥发一部分后才能粘贴卷材，尤以后者居多，因此要控制好胶粘剂涂刷与卷材铺贴的间隔时间。一般要求基层及卷材上涂刷的胶粘剂达到表干程度，其间隔时间与胶粘剂性能及气温、湿度、风力等因素有关，通常为10~30min，施工时可凭经验确定，用指触不粘手时即可开始粘贴卷材。间隔时间的控制是冷粘贴施工的难点，这对粘结力和粘结的可靠性影响甚大。

卷材铺贴时应对准已弹好的粉线，并且在铺贴好的卷材上弹出搭接宽度线，以便第二幅卷材铺贴时，能以此为准进行铺贴。平面上铺贴卷材时，一般可采用以下两种方法进行。一种是抬铺法，在涂布好胶粘剂的卷材两端各安排1人，拉直卷材，中间根据卷材的长度安排1~4人，同时将卷材沿长向对折，使涂布胶粘剂的一面向外，抬起卷材，将一边对准搭接缝处的粉线，再翻开上半部卷材铺在基层上，同时拉开卷材使之平服。操作过程中，对折、抬起卷材、对粉线、翻平卷材等工序，几人均应同时进行。

另一种是滚铺法，将涂布完胶粘剂并达到要求干燥度的卷材用50~100mm的塑料管或原来用来装运卷材的筒芯重新成卷，使涂布胶粘剂的一面朝外，成卷时两端要平整，不应出现笋状，以保证铺贴时能对齐粉线，并要注意防止砂子、灰尘等杂物粘在卷材表面。成卷后用1根30×1500mm的钢管穿人中心的塑料管或筒芯内，由两人分别持钢管两端，抬起卷材的端头，对准粉线，固定在已铺好的卷材顶端搭接部位或基层面上，抬卷材两人同时匀速向前，展开卷材，并随时注意将卷材边缘对准粉线，同时应使卷材铺贴平整，直到铺完一幅卷材。铺贴合成高分子卷材要尽量保持其松弛状态，但不能有皱折。

每铺完一幅卷材，应立即用干净而松软的长柄压辊从卷材一端顺卷材横向顺序滚压一遍，彻底排除卷材粘结层间的空气。排除空气后，平面部位卷材可用外包橡胶的大压辊滚压(一般重 30~40kg),使其粘贴牢固。滚压应从中间向两侧边移动,做到排汽彻底。平面立面交接处,则先粘贴好平面,经过转角,由下往上粘贴卷材,粘贴时切勿拉紧,要轻轻沿转角压紧压实,再往上粘贴,同时排出空气,最后用手持压辊滚压密实,滚压时要从上往下进行。

卷材铺好与基层压粘后,应将搭接部位的结合面清除干净,可用棉纱沾少量汽油擦洗。然后采用油漆刷均匀涂刷接缝胶粘剂,不得出现露底、堆积现象。涂胶量可按产品说明书控制,待胶粘剂表面干燥后(指触不粘)即可进行粘合。粘合时应从一端开始,边压合边驱除空气,不许有气泡和皱折现象,然后用手持压辊顺边认真仔细辊压一遍,使其粘结牢固。3 层重叠处最不易压严,要用密封材料预先加以填封,否则将会成为渗水通道。搭接缝采用密封粘胶带时,应对搭接部位的结合面清除干净,掀开隔离纸,先将一端粘住,平顺地边掀隔离纸边粘胶带于一个搭接面上,然后用手持压辊顺边认真仔细滚压一遍,使其粘结牢固。搭接缝全部粘贴后,缝口要用密封材料封严,密封时用刮刀沿缝刮涂,不能留有缺口,密封宽度不应小于 10mm。用单面粘胶带封口时,可直接顺接缝粘压密封。

(8) 卷材铺贴方向

底板基层平整,无坡度,对卷材铺贴方向无具体要求,以尽量减少搭接为原则,且应以先远后近的顺序进行。

(9) 基础底板立面卷材铺贴：待垫层施工完毕后，先在底板外侧砌筑 240 砖胎模,砖胎模与基础反梁高齐平,墙内侧抹灰找平后,将垫层防水层粘贴至墙顶,用砖压实,然后做防水保护层。在正式铺贴卷材之前,先在立墙与平面交接处做附加层处理,附加层宽度不小于 500mm,立面和平面各铺 250mm,铺贴卷材应先铺平面,后铺立面,交接处应交叉搭接。从底面折向立面的卷材与永久件保护墙的接触部位应采用空铺法施工。为避免防水保护层空鼓开裂,应在防水层上用胶灰拉毛或粘粗砂。主体超出永久性保护墙后,接茬搭接砖胎膜以上卷材,热熔翻贴在主体墙上。

第三章　建筑主体结构施工技术

众所周知,建筑工程通常施工周期长,施工过程繁杂,且极易受到天气变化、气候条件等外部环境因素的影响,在一定程度上对于施工质量及施工技术提出了更高的要求。与此同时,建筑工程施工环节联系紧密,确保每一个施工流程的施工质量都是必不可少的，倘若其中一个环节出现差错，都有可能导致整个建筑主体出现诸如裂缝等质量问题，不仅会造成返工、复工的问题,增大施工成本,还会影响施工企业的业界口碑,造成很大的不利因素。

当前背景下,我国城市化建设能力日益增强,建设速度也在逐渐加快,从而导致可规划的建设用地越来越少,使得高层建筑逐渐成为未来建筑行业的重要组成部分。钢筋混凝土作为现阶段建筑工程的主要施工技术之一,在一定程度上提高了施工效率以及建筑安全性,其低廉的施工成本更是保证了建筑企业的经济收益。然而,随着建筑企业日益增多,工程项目的竞争程度也在不断加大,相应也为建筑企业优化升级施工技术,降低施工成本提出了更高的要求。

第 1 节　模板工程施工

1. 模板工程施工工艺

按配板图与施工方案循序拼装,保证模板系统的整体稳定。配件必须装插牢固。支柱和斜撑下的支承面平整垫实,并有足够的受压面积。支撑件应着力于外主楞。预埋件与预留孔洞必须位置准确,安设牢固。基础模板必须支拉牢固,防止变形,侧模斜撑的底部应加设垫木。柱子模板的底面应找平,下端应与事先做好的定位基准靠紧垫平,在柱上继续安装模板时,模板应有可靠的支承点,其平直度应进行校正。楼板模板支模时,先完成一个格构的水平支撑及斜撑安装。再逐渐向外扩展,以保持支撑系统的稳定性。柱与梁板同时施工时，应先支设墙柱模板，调整固定后，再在其上架设梁板模板。多层建筑中，上下层对应的模板支柱应设置在同一竖向中心线上。于模板安装的起拱，支模的方法，焊接钢筋骨架的安装、顶埋件和须留孔洞的允许偏差、预组装模板安装的允许偏差、以及预制构件模板安装的允许偏差等事项均需按照现行国家标准《混凝土结构工程施工质量验收规范》GB50204-2002 的相应规定办理。模板工程安装完毕，必须经检查验收后，方可进行下道工序。混凝土的浇筑必须按照现行国家标准《混凝土结构工程施工质量验收规范》的有关规定办理。拆除模板的时间必须按照现行国家标准《混凝土结构工程施工质量验收规范的有关规定办理。

2. 模板支撑施工技术要点

在钢筋混凝土结构施工过程中，首先要做好模板支护工作，根据工程需要架设梁板结构的同时，根据工程实际情况选择合适的模板支撑，以此保证其承接效果可以满足工程需求。其次在对其进行维护时，要注意湿润养护，避免混凝土发生结构或性能上的改变。同时在对模板进行拆除时，要在混凝土表面涂刷必要的保护液，最大程度的避免出现裂缝。

基础模板施工技术。准确的测量是施工得以顺利实施的前提条件，也是提高建筑结构稳定性以及施工效果的有力保障。对于基础模板施工过程，建筑企业应全面勘查施工现场的实际情况，确保测量准确度的同时提高测量精度。比如在放线过程中，可充分利用全站仪等现代化设备，从轴线、控制线等方面进行差异化测量，确保测量结果的准确性。与此同时，为了最大程度的避免测量过程中由于不稳定所导致的测量误差，施工企业要对控制网格的稳定性定期进行复核，并安排相关负责人进行复线。除此之外，虽然仪器设备的应用在一定程度提高了测量的准确性与工作效率，但也存在一定误差，因此，施工企业应定期对其测量精度进行检测，减小误差，提高模板施工效率。

主体结构模板施工技术。模板施工是混凝土施工的基础过程，在实际工程中，需要现场施工作业人员，按照施工设计图，对模板安装稳定性与平整性进行检查,确保安装效果,避免施工过程中发生断裂等质量问题,更好的保证后续混凝土施工的顺利进行。因此,在施工过程中要注意以下几方面问题:一是应根据模板的实际用途合理设定内外长度,通常情况下,与外侧模板相比内测模板长度较小;二是在施工过程中,模板与墙体之间的距离要最大程度的减小，同时利用海绵等材料避免模板和墙体之间发生碰撞;三是在开始浇筑前,要确保模板本身的整洁性,根据工程实际情况进行合理修正;四是为了保证模板位置的准确性,需在模板内侧安装短钢筋头;五是在应用吊装墙模技术过程中,建筑企业应根据工程实际情况对模板与墙体之间的距离进行合理设计与修订,避免对墙体效果产生影响。

模板拆除施工技术。在进行模板拆除施工时,首先应避免对框架结构主体造成损害,并确保施工过程的安全性。这就要求建筑企业严格规范拆除施工流程,并在相关专业人员的知道下完成相关操作。

3. 模板工程施工流程

(1) 投点放线:用经纬仪引测建筑物的边柱或墙轴线,并以该轴线为起点,引出其他各条轴线,然后根据施工图墨线弹出模板的内边线及水平 300 检查线,以便于模板的安装和校正。

(2) 标高测量：根据模板实际的要求用水准仪把建筑物水平标高直接引测到模板安装位置。在无法直接引测时,可采取间接引测的方法,即用水准仪将水平标高先引测到过度引测点，作为上层结构构件模板的基准点,用来测量和复核其标高位置。

(3) 找平:模板承垫底部应预先找平,以保证模板位置正确,防止模板底部漏浆。常用的找平方法是沿模板内边线用 1:3 水泥砂浆抹找平层,另外,在外墙、外柱部位,继续安装模板前,要设置模板承垫条带,并用仪器校正,使其平直。

(4) 设置模板定位基准:采用钢筋定位,即根据构件断面尺寸切割一定长度的钢筋,绑扎在主筋上,以保证钢筋与模板位置的准确。

(5) 材料准备:木方刨直,所有进场木方均需刨直使用,且规格大小一致。支撑杆要整理,有破损大范围裂缝,弯曲度较大的支撑杆均需替换。

4. 模板的支设方法

（1）方柱模板

第一段四面模板就位组拼，校正调整好对角线，并用柱箍固定。然后以第一段模板为基准，用同样方法组拼第二段模板，直到柱全高。各段组拼时，其水平接头和竖向接头连接牢靠，在安装到一定高度时，要设支撑或进行拉结，以防倾倒。并用支撑校正模板垂直度。安装顺序如下：搭设架子→第一段模板安装就位→检查对角线，垂直度和位置→安装柱箍→第二、三段模板及柱箍安装→安装有梁口的柱模板→全面检查校正→整体固定。柱模板全部安装后，再进行一次全面检查，合格后与相邻柱群或四周支架临时拉结固定。

柱模与梁连接处的处理方法是：保证柱模的长度符合模数，不符合部分放到节点部位处理；支设的柱模，其标高、位置要准确、支设应牢固。柱模根部要用水泥砂浆堵严，防止跑浆。柱模的浇筑口和清扫口，在配模时应一并考虑留出。梁、柱模板分两次支设时，在柱子混凝土达到拆模强度时，最上一段柱模先保留不拆，以便于与梁模板连接。

（2）梁模板

复核梁底标高校正轴线位置无误后，搭设和调平梁模支架(包括安装水平拉杆和剪刀撑)，在横楞上铺放梁底板固定，安装并固定两侧模板。按设计要求起拱(跨度等于或大于 4m 时，起拱 0.3%，悬挑构件按悬臂长度的 0.6%起拱)。安装顺序如下：复核梁底标高校正轴线位置→搭设梁模支架→安装梁模底板→安装两侧梁模→按规范要求起拱→复核梁模尺寸，位置→与相临梁模连接固定。

梁口与柱头模板的连接特别重要，一般可采用角模拼接或用方木、木条镶拼。起拱应在铺设梁底之前进行。模板支柱纵横方向的水平拉杆按间距不大于 2m 设置。

（3）楼板模板

安装顺序如下：搭设支架及拉杆→安装纵横楞→调平柱顶标高→铺设模板块→检查模板平整度并调平。

楼板模板安装注意事项:单块就位组拼时,每个跨从四周先用阴角模板与墙、梁模板连接,然后向中央铺设。模板块较大时,应增加纵横楞。检查模板的尺寸、对角线、平整度以及预埋件和预留孔洞的位置。安装就位后,立即与梁模板连接。于 1.2N/m2)方可拆除,承重模板应按《混凝土结构工程施工及验收规范》的有关规定和本组织设计中的相关规定安排拆除。模板拆除的顺序和方法,应按照配板设计的规定进行,遵守先支后拆、后支先拆、先非承重部位、后承重部位以及自上而下的原则,拆模时,严禁用大锤和撬棍硬砸硬撬。

对于柱模来说,先拆除楞、柱箍等连接、支撑件,再由上而下逐步拆除。对于梁、楼板模板来说,应先拆梁侧模,再拆楼板底模,最后拆除梁底模。其顺序如下:拆除部分水平拉杆→拆除梁连接件及侧模。

第 2 节　钢筋与钢筋连接施工

钢筋是混凝土结构中的主要受力材料之一，是混凝土结构的骨架,对混凝土结构的内在质量起着决定性的作用。必须对钢筋的质量严格控制,钢筋进场必须有材质合格证明书,并取样送检,化验合格后方可使用。钢筋规格比较多,也比较繁杂,要求我们从钢筋的制作到绑扎必须认真细致密切配合,做到既要满足绑扎需要,又要减少现场积压。

1. 钢筋加工

各种构件的钢筋在施工前均由工程技术人员按图纸要求做出下料表,经技术负责人审核后下发到工地,方可进行下料,各种成品钢筋必须严格做到按规格堆放整齐,并挂牌标识。

钢筋切断:用机械式钢筋切断机,确保钢筋的断面垂直钢筋轴线,无马蹄形或翘曲现象,以便于连接或焊接。

弯曲成型:此步是下料的重点,先划弯曲点位置线,再用机械成型,下料中应细致耐心,达到以下质量要求:

(1) 钢筋加工的形状、尺寸必须符合设计要求;

(2) 所有的钢筋表面应洁净、无损伤、无局部曲折。无油渍、漆污和铁锈等。

(3) 调直钢筋时,冷拉率应符合设计和施工操作规程。

(4) 钢筋末端做 180°弯钩,其弯曲直径不应小于钢筋直径的 2.5 倍,平直部分长度不宜小于钢筋直径的 3 倍。钢筋末端作 90°或 135°弯曲时,钢筋的弯曲直径不宜小于钢筋直径的 4 倍。弯起钢筋中间部位弯折处的弯曲直径不应小于钢筋直径的 5 倍。

(5) 箍筋末端应作 135°弯钩,弯钩形式应符合设计要求。

(6) 各弯曲部位不得有裂纹。

(7) 弯曲成型的钢筋中,受力钢筋顺长度方向全长净尺寸允许偏差为±10mm;弯起钢筋的弯折位置允许偏差为±20mm。

2. 钢筋绑扎

众所周知,钢筋是建筑工程中最常使用的材料,需要施工单位根据工程实际情况选择合理的钢筋类型,并对其作用效果进行优化。总体而言,应注意以下四方面内容:一是在施工开始前,需对钢筋型号进行检查,确保钢筋规格满足工程实际要求;二是在对钢筋进行绑扎工作时,需要避免随意移动现象的发生,同时规范施工内容,保证该项工作可以满足工程预期效果;三是在对钢筋进行焊接前,需要相关工作人员对焊接范围及焊接设备进行良好掌控,控制焊接温度;四是当建筑物处于 22 层以下时,为了更好的避免出现弯曲或者下垂问题,需要建筑企业在完成相关工作后,再进行应力钢筋的切割。

钢筋绑扎是钢筋混凝土结构施工过程的关键环节,其施工工艺标准如表所示,这就要求建筑企业严格控制绑扎质量。首先应保证施工过程中所应用的钢筋材料符合工程要求,同时进行定期抽查,避免施工现场出现不合格材料;其次在进行钢筋加工时,要全面掌控成品质量,并要求相关技术人员严格按照国家相关规范进行操作,确保钢筋质量符合工程要求;与此同时,由于施工现场通常环境较为恶劣,这就要求建筑企业严格控制钢筋尺寸,避免出现交叉。

表 2-2-1 钢筋绑扎工程施工工艺标准

项目		允许偏差	检验方法
绑扎钢筋网	长、宽	±10	钢尺检查
	网眼尺寸	±20	钢尺量连续三档,取最大值
绑扎钢筋骨架	长	±10	钢尺检查
	宽、高	±5	钢尺检查
受力钢筋	间距	±10	钢尺量两端,中间各一点取最大值
	排距	±5	钢尺检查
	基础	±10	钢尺检查
	梁	±5	钢尺检查
	板、壳	±3	钢尺检查
绑扎钢筋、横向钢筋间距		±20	
钢筋弯起点位置		20	
预埋件	中心线位置	5	钢尺检查
	水平高差	+3,0	钢尺检查

3. 钢筋与钢筋连接

钢筋连接方式主要有绑扎搭接、机械连接、焊接和套管灌浆连接 4 种。下面介绍各钢筋连接方式的施工要点,以供借鉴。

(1) 绑扎搭接

应根据图纸要求的间距计算好每根柱箍筋数量,并先将箍筋套在下层伸出的搭接筋上,然后立柱子钢筋。在搭接长度内,钢筋的绑扣应不少于 3 个,且绑扣应向柱内,以便于箍筋向上移动。基础底板采用双层钢筋网时,应在上层钢筋网下设置钢筋撑脚或混凝土撑脚,以保证钢筋位置正确。若柱主筋采用光圆钢筋搭接时,角部弯钩应与模板成 45 度,中间钢筋的弯钩应与模板成度角。现浇柱与基础连接用的插筋连接时,其箍筋应比柱筋小一个直径,以便连接。同时,插筋位置须固定牢靠,以免造成柱轴线偏移。有抗震要求的地区,柱箍筋端头应弯成 135 度,平直长度不小于 10d(d 为箍筋直径)。其中,若箍筋采用 90 度搭接,搭接处应焊接,焊缝长度单面焊焊缝不小于 10d。

（2）机械连接

钢筋下料应使用砂轮切割机切断钢筋，切口面应与钢筋轴线垂直，不许有马蹄形和翘曲，严禁用剪断机剪断或用气割切割下料。直螺纹丝头加工时，应在定心夹钳内夹卡钢筋，且钢筋的轴向装卡位与滚压头端面平齐，误差应不大于 4mm。连接套丝扣质量检验合格后，应在两端用塑料密封盖保护，且钢筋套丝后立即戴上塑料保护帽，以确保丝扣不被损坏。钢筋连接半成品应按规格分类堆放整齐，并做好标志，妥善保管。

（3）焊接

钢筋焊接施工前，应清除钢筋、钢板焊接部位及钢筋与电极接触处表面上的锈斑、油污、杂物等；若钢筋端部有弯折、扭曲时，应予以矫直或切除。采用电渣压力焊时，焊机的上、下钳口应保持同心，且钢筋焊接端头要对正压紧并保持垂直，同时向罐内倒焊剂时严禁将焊剂从罐内一侧倾倒。在焊接钢筋与预埋件 T 形接头时应采用埋弧压力焊，也可采用电弧焊或穿孔塞焊，但焊接电流不宜大，以防烧伤钢筋。电阻点焊的压入深度应根据不同钢筋选取，热轧钢筋点焊时，应为较小钢筋直径的 25%~45%；冷轧带肋钢筋点焊时，应为较小钢筋直径的 25%~40%。气压焊可焊接横向、竖向等任意方向的钢筋，但施工时应注意，被焊的钢筋间直径差不得大于 7mm。

（4）套管灌浆连接

施工时，应用钢筋位置检验模板检测，且钢筋位置偏差不应大于 3mm，若钢筋不正可用钢管套住掰正。分仓距离过小易造成灌浆时密封舱内压力过大将座浆料长裂或挤出，分仓距离过大可能会造成密封舱内浆料不密实，因此分仓距离宜为 1.5~2m。采用电动灌浆泵灌浆时，一般单仓长度不超过 1m。在经过实体灌浆试验确定可行后可延长，但不宜超过 3m。套筒排浆孔成柱状流出砂浆后，立即用橡皮塞封堵，如一次对多个接头灌浆时，应依次封堵已排出水泥砂浆的灌浆或排浆孔，直至封堵完所有接头的排浆孔。

第 3 节　混凝土浇筑施工

在混凝土的施工作业中，浇筑环节是最为重要的一个环节。前期开展的大部分工作都是为了能够保障浇筑作业能够有效开展且能够更好地达到相关标准要求。从施工企业和相关管理部分的角度来说,要想提升浇筑环节的施工质量与施工效率,前期准备工作的作用不可忽视。在开展具体工作时,对基础模块的质量开展细致的核查,对工程的主体结构开展细致的分析工作,进而明确各环节施工的具体参数,只有这样才能使浇筑施工环节有一个具体的指标参数。进而在开展一些后续工作时,相关人员就可以根据这些具体的参数来选择最为合理的浇筑技术和混凝土配置设备以及振捣设备。

1. 混凝土浇筑主要施工方法

(1) 浇筑前应对模板浇水湿润,墙、柱模板的清扫口应在清除杂物及积水后再封闭。

(2) 混凝土自吊斗口下落的自由倾落高度不得超过 2m,如超过 2m 时必须采取措施。

(3) 浇筑竖向结构混凝土时,如浇筑高度超过 3m 时,应采用串筒、导管、溜槽或在模板侧面开门子洞(生口)。

(4) 浇筑混凝土时应分段分层进行,每层浇筑高度应根据结构特点、钢筋疏密决定。一般分层高度为插入式振动器作用部分长度 1.25 倍,平板振动的分层厚度为 200mm。

(5) 使用插入式振动器应快插慢拔,插点均匀排列,逐点移动,按顺序进行,不得遗漏,做到均匀振实。移动间距不大于振动棒作用半径的 1.5 倍(一般为 300~400mm)。振捣上一层时应插入下层混凝面 50mm,以消除两层间的接缝。平板振动器的移动间距应能保证振动器的平板覆盖已振实部分边缘。

(6) 浇筑混凝土应连续进行。如必须间歇其间歇时间应尽量缩短,并应在前层混凝土初凝之前,将次层混凝土浇筑完毕。间歇的最长时间应按所有水泥品及混凝土初凝条件确定一般超过 2 小时应按施工缝处理。

(7) 浇筑混凝土时应派专人经常观察模板钢筋、预留孔洞、预埋件、插筋等有无位移变形或堵塞情况,发现问题应立即浇灌并应在浇筑的混凝土初凝前修整完毕。

2. 柱、墙凝凝土浇筑

(1) 柱、墙浇筑前，或新浇混浇土与下层混凝土结合处，应在底面上均匀浇筑 50 mm 厚与混凝土配比相同的水泥砂浆。砂浆应用铁铲入模，不应用料斗直接倒入模内。

(2) 柱墙混凝土应分层浇筑振捣，每层浇筑厚度控制在 500mm 左右。混凝土下料点应分散布置循环推进，连续进行。

(3) 浇筑墙体洞口时，要使洞口两侧混凝土高度大体一致。砼振捣要均匀密实，特别是墙厚较小、门窗洞口结构加筋与连接错钢筋较密的部份，应采用 Φ25 振动棒，其它墙梁部位采用 Φ50 振动棒，考虑到墙窗洞下砼封模后无法直接振捣，可事先将窗洞下口留成活口，待砼浇至该位置并振捣实后再行封模和加固。振捣蛋时振动棒应距洞边 300 mm 以上，并双两侧同时振捣，以防止洞口变形。大洞口下部模板应开口并补充振捣。

(4) 构造柱砼应分层浇筑，同时每分层厚度不得超过 300mm。

(5) 施工缝设置：墙体宜设在门窗洞口过梁跨中 1/3 范围内。墙体其它部分的垂直缝留设应施工方案确定。柱子水平缝留置于主梁下面。

3. 混凝土浇筑关键技术

(1) 全面分层

在混凝土浇筑过程中，采用全面分层的技术是至关重要的，需要体现出一定的层次感，在这种分层浇筑方式进行的过程中，要对结构平面的尺寸进行严格地控制，由两端向中间，然后在由中间向两端。

(2) 分段分层

当采用全面分层方案时，浇筑强度很大，现场混凝土搅拌机、运输机不能满足施工要求时，可采用分段分层方案。浇筑混凝土时，混凝土从底层开始浇筑，进行一定距离后再浇筑第二层，如此依次向前浇筑以上各层。分段分层浇筑方案适用于厚度不太大而面积或长度较大的结构。

(3) 余面分层

适用于结构的长度超过厚度 3 倍的情况。混凝土一次浇筑到顶，由于混凝土自然形成斜面,斜面坡度为1:3,施工时混凝土振捣工作应从浇筑层下端开始,逐渐上移,以保证混凝土施工质量。大体积混凝土结构截面大,易使混凝土产生结构裂缝。结构裂缝的主要原因是降温和收缩。任一降温差包含水化热引起的温差和收缩当量,又都可以分解为均匀降温差和非均匀降温差两类。前者产生外约束力,它成为贯穿性裂缝的主要原因;后者引起自约束力,形成表面裂缝;只有同时控制好这两类降温差,才能减小和避免裂缝的产生。

因此,在浇筑大体积混凝土时,必须采取如下适当措施:尽量使混凝土具有较大的抗裂能力,即抗拉强度大,线膨胀系数小。为此选用低热硅酸盐水泥并加入粉煤灰和外加的减水剂,引气剂、缓凝、早强等多种添加剂,尽量减少水泥的用量和每立方米混凝土的用水量，一般采用中粗砂和大粒径、级配良好的石子,在气温较高时,可在砂、石块场上搭设简易遮阳装置或覆盖草包等隔热材料,采用低温水或冰水拌制混凝土;扩大浇筑面和散热面,减少浇筑层厚度和浇筑速度,必要时在混凝土内部埋设冷却水管,用循环水来降低混凝土温度。

第4节　砌块填充墙施工

墙体按照结构受力情况不同,有承重墙、非承重墙之分。凡分隔内部空间其重量由楼板或梁承受的墙基本都是承重墙,框架结构中分隔内部空间填充在柱子之间的墙是非承重填充墙;短肢剪力墙结构间的墙体也为非承重填充墙。非承重填充墙一般采用轻质墙体材料。具体的施工工艺主要包括以下几个方面:

1. 基层清理

在砌筑砌体前应对墙进行清理，将基层上的浮灰打扫洁净并浇水湿润,块材的湿润程度应符合规范及施工规定。

2. 施工放线

放出每一楼层的轴线,墙身控制线和门窗洞的位置线。在框架柱上弹出标高控制线以及控制门窗的标高及窗台高度,施工放线完毕后,应通过验收合格后方能进行墙体施工。

3. 墙体拉结钢筋

（1）墙体拉结钢筋有多种留置方式，目前重要采用预埋钢板再焊接拉结筋、用碰撞螺栓固定先焊在铁板上旳预留拉结筋以及采用植筋方式埋设拉结筋等方式。

（2）采用焊接方式连接拉结筋，单面搭接焊旳焊缝长度应不小于等于10d，双面搭接焊旳焊缝长度应不小于等于5d。焊接不应有边，气孔等质量缺陷，并进行焊接质量检查验收。

（3）采用植筋方式埋设拉结筋，埋设旳拉结筋位置较为精确，操作简朴不伤构造，但应通过抗拔试验。

4. 构造柱钢筋

在填充墙施工前应先将构造柱钢筋绑扎完毕，构造柱竖向钢筋与原构造上预留插孔旳搭接绑扎长度应满足设施规定。

5. 力皮数杆、排砖

（1）在皮数杆上框柱、墙上排出砌块旳皮数及灰缝厚度，并标出窗、洞、及墙梁等构造标高。

（2）根据要砌筑旳墙体长度，高度试排砖，摆出门，窗及洞口旳位置。

（3）外墙壁第一皮砖撂底时，横墙应排丁砖，梁及梁垫旳下面一皮砖，窗台台阶水平面上一皮应用丁砖砌筑。

6. 填充墙砌筑

（1）拌制砂浆

砂浆配合比应用重量比，计量精度为：水泥正负2%，砂及掺和料正负5%，砂应计入其含水量对配料旳影响。宜用机械搅拌，投料次序为砂-水泥-掺合料-水，搅拌时间不少于2min。砂浆应随伴随用，水泥或水泥混合砂浆一般在拌合后3-4h内用完，气温在30°以上时，应在2-3h内用完。

（2）砖或砌块应提前1-2d浇水湿润；湿润程度以到达水浸润砖体深度15mm为宜，含水率为5%-10%。不适宜在砌筑时临时浇水，严禁干砖上墙，严禁在砌筑后向墙体浇水。蒸压加气混凝土砌块因含水率不小于35%，只能在砌筑时洒水湿润。

（3）砌筑墙体

砌筑蒸压加气混凝土砌块和轻骨料混凝土小型空心砌块填充墙时，墙底部应砌 200mm 高烧结一般砖，多孔砖，或一般混凝土空心砌块或浇注 200mm 高混凝土坎台，混凝土强度等级宜为 C20。填充墙砌筑必须内外搭接，上下错缝，灰缝平直，砂浆饱满。操作过程中要常常进行自检，如有偏差，应随时纠正，严禁事后用撞砖纠正。填充墙砌筑时，除构造柱旳部位外，墙体旳转角处和交接处应同步砌筑，严禁无可靠措施旳内外墙分砌施工。填充墙砌体旳灰缝厚度和宽度应对旳。空心砖，轻骨料混凝土小型空心砌块旳砌体灰缝应为 8-12mm，蒸压加气混凝土砌块砌体旳水平灰缝厚度，竖向灰缝宽度分别为 15mm 和 20mm. 墙体一般不留搓，如必须留置临时间断处，应砌成斜搓，斜搓长度不应不不小于高度旳 2/3；施工时不能留成斜搓旳，除转角处外，可于墙中引出直凸搓（抗震设防区不得留直搓）。直搓墙体每间隔高度≤500mm，应在灰缝中加设拉结钢筋，拉结筋数量按 120mm 墙厚放一根圆 6 旳钢筋，埋入长度从墙旳留搓处算起，两边均不应不不小于 500mm，末端应有 90°弯钩；拉结筋不得穿过烟道和出气管。砌体接搓时，必须将接搓时旳表面清理洁净，浇水湿润，并应填实砂浆，保持灰缝平直。木砖预埋：木砖通过防腐处理，木纹应与钉子垂直，埋设数量按洞口高度确定；洞口高度≤2m，每边放 2 块，高度在 2-3m 时，每边放 3-4 块。预埋木砖旳部位一般在洞口上下四皮砖处开始，中间均匀分布或按设计预埋。设计墙体上有预埋，预留旳构造，应随砌随留，随复核，保证位置对旳构造合理。不得在已砌筑好旳墙体中打洞；墙体砌筑中，不得搁置脚手架。凡穿过砌块旳水管，应严格防止渗水，漏水。在墙体内敷设暗管时，只能垂直埋设，不得水平开槽，敷设应在墙体砂浆到达强度后进行。混凝土空心砌块预埋管应提前专门作有预埋槽旳砌块，不得在墙上开槽。加气混凝土砌块切锯时应用专用工具，不得用斧子或瓦刀任意砍劈，洞口两侧应选用规则整洁旳砌块砌筑。

7. 构造柱，圈梁

（1）有抗震规定旳砌体填充墙按设计规定应设置构造柱、圈梁、构造柱旳宽度由设计确定，厚度一般与墙壁等厚，圈梁宽度与墙等宽，高度不应不不小于 120mm。圈梁、构造柱旳插筋宜优先预埋在构造混凝土构件中或后植筋，预留长符合设计规定，构造柱施工时按规定应留设马牙搓，马牙搓宜先退后进，进退尺寸不不不小于 60mm，高度不适宜超过 300mm，当设计无规定期，构造柱应设置在填充墙旳转角处、T 形交接处或端部；当墙长不小于 5m 时，应间隔设置。圈梁宜设在填充墙高度中部。

（2）支设构造柱，圈梁模板时，宜采用对拉栓式夹具，为了防止模板与砖墙接缝处漏浆，宜用双面胶条粘接，构造柱模板根部应留垃圾打扫孔。

（3）在浇灌构造柱、圈梁混凝土前，必须向柱或梁内砌体和模板浇水湿润，并将模板内旳落地灰清除洁净，先注入适量水泥砂浆，在浇灌混凝土，振捣时，振捣器应防止触碰墙体，严禁通过墙体传振。

第 5 节　预制装配隔墙板施工

我国的经济发展飞速，在以往的发展过程中，国民经济主要依靠自然资源的支撑，没有重视到关于自然领域的可持续发展，近几年来，粗犷型经济发展模式已经不适用当下技术革新的现状，随着政府经济上的宏观调控和相关文件的出台，各行各业越来越重视可持续发展道路的推进，因此在建筑行业中，也要对以往的建筑施工方式进行适应时代的改变，这样才能使建筑施工行业保持先进性，避免被时代淘汰。在这种大环境下，装配式施工技术出现了，装配式施工技术特点在于施工速度和效率很高等一系列优势，因此得到了行业内广泛的关注。

1. 隔墙板安装施工技术

蒸压轻质混凝土（Autoclaved Lightweight Concrete）即 ALC，属于高性能蒸压加气混凝土的一类。在 ALC 的原料组成中，比较常见的是石灰、粉煤灰和水泥等，通过高压蒸汽养护操作后，形成多气孔混凝土成型板材。一般而言，ALC 板既可以用作屋面板，又可以用作墙体材料，性能优良，值得推广和普及。施工流程主要包括：墙体定位、放线→备料→安装管卡→涂刷专用粘结剂→板材就位安装→调整→固定管卡→勾缝、修补→清理墙面→报验。

样板先行:每个施工班组进场后施工前必须先按技术交底的要求做出样板墙、样板间,在选定样板间内做出蒸压加气混凝土板隔墙板端。样板墙完成后由工长组织项目技术、质检、班组长进行验收检查,发现问题立即纠正解决,验收合格并经监理和建设单位共同验收达标后,才可以组织人员进行施工。样板引路,以点带面,提高一次成活质量,减少不必要的返工和浪费,从而达到预控的目的。

放线:墙体施工前放线人员应根据建筑图放出墙体边线、控制线、门窗洞口(门窗洞口尺寸为建筑图中所标门洞口尺寸)位置线及柱边线。放线完毕后需报项目部测量室进行验收复核,并经监理验收通过后方可进行下一道工序的施工。

安装管卡:对于内隔墙且留门洞口的工程来说,板材均竖向安装。局部墙没有洞口,按照顺序安装板材。在安装第一片板材时,必须在板材上方80mm的地方钉入一只管卡,管卡示意图如下,如板材与柱或外墙连接,还要在板材靠结构一侧上下端举办端1/3处各增加一个U型卡,如果两个U型卡之间的距离大于1500mm,还需在中间部位另增加一只。

涂刷专用粘结剂:第二片板材安装时,需要板材接缝处涂刷专用粘结剂,专用粘结剂需随配随用,配置的粘结剂应在说明书要求时间内用完。确保墙板拼接式板缝缝宽小于10mm,在安装过程中,应以缝隙间挤出砂浆为宜。如若墙体粘缝强度不够,就不能对其进行碰撞,以免产生震动现象,造成松脱。

板材就位安装:板材安装采用电动卷扬机吊装方式,扶起板材后,将木楔垫入板材的上下端。对次梁梁底等突出部位需使用专用切割工具对板材进行切割。

调整:基于安装控制线,采取调节木楔的方式,对半片的垂直度和平面安装位置进行适量调节,有效控制因对板材的直接驳动而造成的板材损伤,将片板调节至合适的位置。

固定管卡:第一片板材调整合格后,用锚栓将管卡固定在结构上。靠下一片板材一侧的管卡,应顺安装方向固定在墙体上部的楼(梁)底上。板材安装后上下端应流缝隙 20-30mm。将第一片板材固定好,就可以安装第二篇板材。从第二片板材起,只在靠近下一片板材一侧的 80mm 处安装一只管卡,用同样的方法接板,并对板片作调整,相邻两片板材之间应靠紧。用 2m 靠尺检查平整度,用线锤和 2m 靠尺吊垂直度,用橡皮锤调整直至合格后,用射钉枪固定管卡。以此类推顺序安装。

勾缝、修补:一面墙板材安装好后,全面检查墙体平整度、垂直度。并对板面和边棱损坏处用修补粉进行修补,其颜色、质感宜与板材产品一致,性能应匹配。

2. 预制装配式隔墙板施工质量控制要点

在安装施工开始前,要先检查构件的质量、型号和数量等,并疏整扶直所有连接筋、预埋件和板外插筋,将浮浆清理掉,清理干净预制板墙的安装面。在对基面墙板表面预留插筋进行检查时,要确保位置偏移量小于±10mm。根据坐标,用经纬仪定出横、纵轴方向各一条;栋设标准水平点 1-2 个,控制预制墙板的标高准确性。基于控制水平线和控制轴线,依次放出墙板的横、纵轴线、门洞口位置线、墙板两侧边线和节点线等。在安装好预制墙板后,在墙板顶部抄平弹线、铺找平灰饼。在对预制墙板进行吊装时,保证起吊就位垂直平稳,水平面和吊具绳的夹角大于 60 度,使用缓冲块的方式,以此保护墙板下边缘角部,避免破损现象的出现。在浇筑商品混凝土前,必须清理干净楼板表面和墙体构件内部空腔,此外还要用水将墙板内表面进行湿润处理。在浇筑施工前,一定要进行分层浇筑振捣,使用 Φ30mm 的微型振捣棒振捣商品混凝土。还要确保墙体预制板和现浇商品混凝土充分粘结。在浇灌商品混凝土时,必须重点把握商品混凝土对钢筋的覆盖情况和正确浇筑位置。在预制构件接结节点和接缝完成浇筑后,在规定时间内要完成清理和刮平操作。拆除装配固定件后,在确保商品混凝土达到相应强度后,才能将装配支撑拆除掉。

第6节　钢结构框架施工

1. 钢结构施工工艺流程

施工准备→原材料采、验、进厂→下料→制作→检验校正→预拼装→除锈→刷防锈漆一道→成品检验编号→构件运输→预埋件复验→钢柱吊装→钢梁吊装→檩条、支撑系统安装→主体初验→刷面漆→屋面板安装→墙面板安装→门窗安装→验收

2. 构件制作

（1）钢材、钢铸件的品种、规格、性能等应符合现行国家产品标准和设计要求。进口钢材产品的质量应符合设计和合同规定标准的要求。焊接材料的品种、规格、性能等应符合现行国家产品标准和设计要求。

（2）钢结构连接用高强度大六角头螺栓连接副、扭剪型高强度螺栓连接副、钢网架用高强度螺栓、普通螺栓、铆钉、自攻钉、拉铆钉、射钉、铆栓(机械型和化学式剂型）、地脚铆栓等紧固标准件及螺母、垫圈等标准配件，其品种、规格、性能等应符合现行国家产品标准和设计要求。高强度大六角头螺栓连接副和扭剪型高强度螺栓连接副出厂时应分别随箱带有扭矩系数和紧固轴力（预拉力)的检验报告。

（3）焊工必须经考试合格并取得合格证书。持证焊工必须在其考试合格项目及其认可范围内施焊。构件不能直接置于地上，要垫高200以上，平稳地放在支座上，支座间地距离，应不使构件产生残余变形为限。

（4）构件地堆放位置，应考虑到现场安装的顺序。

3. 钢框架结构安装施工工艺

主要抓好测量定位工作和节点连接（焊接和栓接）工作。

（1）测量

为了能满足结构安装的精度，又能满足工程的施工进度，测量仪器的选择和测量方案的简便可靠至关重要。

① 基础检查、放线、标高块设置。由于涉及到土建与钢框架结构之间的关系，因此它们之间的测量工具必须统一并经标定。a. 基础的复校定位应

使用轴线控制点和测量轴线的基准点，基础检查埋设应符合 GBJ205-83 规定的标准。b. 处理基础表面杂物，在基础表面弹出柱列纵横轴线。c. 标高块调定后，由土建施工单位在柱底范围内根据标高灌筑砼。

② 对土建移交的控制点、轴线进行复测，及时修正。

③ 测量放线。对所需的控制线进行测放，并将其引出保证通视。

④ 在安装前对钢构件应按有关规定进行外形尺寸的检测。

⑤ 纵、横向轴线测量根据全站仪确定定位点，控制点采用经纬仪放轴线。

⑥ 标高测量根据总包提供标高控制点，采用水准仪测试水平标高。核对好钢尺、经纬仪、水平仪及其它测量工具后，首先根据设计图纸的位置确定好梁和柱的位置，然后放出钢框架结构安装位置线及辅助线，用色泽鲜艳、牢固的颜色标出。

（2）焊接

焊工：选派经考试合格电焊工进行现场焊接工作。

焊接工艺：焊接质量的好坏直接影响装配质量，因此在构件安装时，要严格控制焊接处的间隙，错边等误差，经安装装配后的焊接节点须经专人检查合格后才能交焊工施焊。

焊接前的准备工作：装配好的焊接节点经专人检查合格后交于焊工施焊；检查焊接位置的脚手搭设是否安全可靠；清理焊接坡口区；将经烘焙的焊条用保温筒带至现场焊接地点。

（3）焊接工作

为避免焊接变形，焊接时采用对称焊接；焊接过程中逐道焊缝清渣，除飞溅物，发现缺陷及时用角向砂轮打磨，除去缺陷；焊接工作结束，将焊缝区及焊接工作位置场地清理干净，转移到下一焊接节点。

（4）焊后检查

待焊缝冷却后，进行焊缝外观检查，并在 24 小时后对完全坡口熔透焊缝进行超声波探伤检查。焊缝外观质量要求：焊缝中不得有裂缝；焊缝金属与母材间完全熔合，所有坡口均被填满；焊缝不应溢瘤。无损探伤检查：对一级（二级）焊缝进行 100%（20%）超声波探伤。

第7节　冬雨季结构施工

1. 冬季结构施工

（1）组织措施

进行冬季施工的工程项目，在入冬前应该组织专人编制冬季施工方案。编制的原则是：确保工程质量；经济合理，使增加的费用为最少，所需的热源和材料有可靠的来源，并尽量减少能源消耗；确实能缩短工期。冬季施工方案应包括以下内容：施工程序；施工方法；现场布置；设备、材料能源、工具的供应计划；安全防火措施；测温制度和质量检查制度。方案确定后，要组织有关人员学习，并向班组进行交底。进入冬季施工前，对测温保温人员，专门组织技术业务培训，学习本工作范围内的有关知识，明确职责，经考试合格后，方准上岗工作。与当地气象台、站保持联系，及时收听天气预报，防止寒流突然袭击。安排专人测量施工期间的室外气温，砂浆、混凝土温度并做好记录。凡是进行冬季施工的工程项目，必须复核施工图纸，查对是否能适应冬季施工要求。否则应通过图纸会审解决。

（2）施工准备措施

成立冬季施工领导小组，落实具体责任人，明确责任。从技术、质量、安全、材料、机械设备、文明施工等方面为冬季施工的顺利进行提供有力的保障。入冬前针对所涉及到的分部分项工程编制好冬季施工方案，制定行之有效的冬季施工管理措施，确保冬季施工期间的工程质量。进入冬季施工前，组织技术业务培训，学习有关规定，明确职责。方案及措施确定后组织有关人员学习，并向各施工班组进行交底。做好现场测温记录，及时接收天气预报，以便提前做好大风、大雪及寒流等恶劣天气袭击的预防工作。根据工程需求提前组织冬季施工所用材料及机械备件的进场，为冬季施工的顺利展开提供物质上的保障。施工现场所有外露水管均先加保温套管，然后用玻璃丝布包裹保温，防止水管冻裂。

（3）钢筋工程冬期施工

钢筋的冷拉和冷弯：钢筋冷拉温度不宜低于−20℃。钢筋冷拉设备仪表和液压工作系统油液应根据环境温度选用,并应在使用温度条件下进行配套校验。当温度低于-20℃时,严禁对低合金Ⅱ、Ⅲ级钢筋进行冷弯操作,以避免在钢筋弯点处发生强化,造成钢筋脆断。

(4) 模板工程冬期施工

遇冰雪天气应在使用前将模板表面的冰雪清扫干净。严格控制拆摸时间以保证砼质量。

(5) 砼工程冬期施工

拌制混凝土所采用的骨料应清洁,不得含有冰、雪、冻块及其它易冻裂物质。采用商品砼时,根据路程及散热情况对罐车进行保温,确保入模温度不低于5℃。

(6) 混凝土浇筑及养护

混凝土浇筑前,清除模板和钢筋上的冰雪和污垢。为加强养护保温,砼浇筑完毕后,在砼表面铺设一层塑料布,并加盖阻燃草帘子进行砼养护。检查苫盖情况,阻燃草帘子必须苫盖严密。按要求进行测温并做好记录,检查砼表面避免受冻及边角脱落现象的出现,施工缝处有无受冻痕迹,排水是否及时,检查同条件养护试块的养护条件是否与施工现场结构养护条件相一致。掺防冻剂的混凝土在强度未达到规范规定前每隔2h测量一次,达到受冻临界强度以后每隔6h测量一次。

2. 雨季结构施工

(1) 雨期施工准备措施

雨期施工前认真组织有关人员分析雨期施工生产计划,根据雨期施工项目编制雨期施工措施,所需材料要在雨期施工前准备好。成立防汛领导小组,制定防汛计划和紧急预防措施,包括现场和周边居民区。夜间设专职的值班人员,保证昼夜有人值班并做好值班记录,同时要设置天气预报员负责收听和发布天气情况。组织相关人员进行一次全面检查施工现场的准备工作,包括临时设施、临电、机械设备防雨、防护等项工作,检查施工现场的排水设施,疏通各种排水渠道,清理雨水排水口,保证雨天通畅。安排专人收听气象台的天气预报,作好气象预报的记录工作,发现有暴雨或大风天气时，及时向项目防汛领导小组汇报，项目领导亲自到现场值班，并组织各施工队安排专人值班，按照雨季施工技术措施进行防汛的准备工作，并且检查各项准备工作的落实情况。

雷雨期间的设备管理，尤其塔吊的管理，派专人负责检查塔吊防雷接地及运转情况，严格执行大型机械管理的有关规定；雨期要重点做好基坑的防护，制定基坑防护措施。雨期做好防雨材料的准备，尤其在浇注混凝土时准备足够的塑料薄膜，以应付突发天气的变化，做到万无一失，保证混凝土的质量。派人经常检查地面排水系统，如有堵塞，及时进行处理。遇上八级以上大风时，全部施工人员提前撤离施工现场，对施工现场内的临建等要先作好加固措施。雨季施工期间，劳动力进行统筹安排，晴天先室外后室内，雨天施工室内，尽量避免因雨水影响而产生的窝工现象。雷雨期间项目部每天通过黑板报定时发布气象资料，使全体职工了解信息，以便安排工作和生活，并采取相应的措施。定时对现有水沟进行疏通。准备抽水泵作应急抢险，出现水情及时处理。

（2）钢筋工程施工措施

钢筋加工区设置 240mm×300mm 间距 2 米的混凝土条板，钢筋成品放置于条板上以避免污垢或泥土的污染。绝对不允许钢筋存放在积水中。钢筋加工区搭设钢筋棚，加工出的成品垫高存放，不得直接放在地上，以防雨天泥土污染成品钢筋。尤其是刚焊出的钢筋，绝对禁止放在雨中或水中冷却，大风雨天气焊接终止进行。现场焊接，选在无风雨天气进行，刚焊出的钢筋禁止雨淋，以防止改变钢筋受力性能。焊接施工避开阴雨天气，否则用石棉瓦遮挡，避开雨水直淋钢筋焊区。

（3）在绑扎钢筋中，有时遇到阴雨天气，一般情况不影响钢筋绑扎施工，但工人在上下班或搬运钢筋时，鞋上沾的泥土易污染钢筋网片，采取以下措施：一是钢筋上的泥土，用钢丝刷，配合自来水冲洗干净；二是工人在进入钢筋绑扎区前清理干净鞋底或干净的鞋进行施工。

（4）模板工程施工措施

模板拼装后尽快浇筑混凝土，防止模板遇雨变形。若模板拼装后不能及时浇筑混凝土，又被雨水淋过，则浇筑混凝土前重新检查、加固模板和支撑。模板平放在平整的的混凝土地面上，下部垫以 100×100mm 木方，间距 50mm，上部覆盖塑料薄膜防雨浇淋变形。绝对禁止模板浸泡水中。

（5）混凝土工程施工措施：

沿基坑周边设挡水台，防止地面水流入基坑内；沿基底周边设集水井及盲沟，下雨时用潜水泵抽水。混凝土施工尽量避免在雨天进行。大雨和暴雨不得浇筑混凝土，新浇混凝土覆盖，以防雨水冲刷。防水混凝土严禁雨天施工。雨期施工，在浇筑板、墙混凝土时，可根据实际情况调整坍落度。浇筑板、柱混凝土时，可适当减小坍落度。梁板浇筑时沿次梁方向浇筑，此时如遇雨而停止施工，可将施工缝留在次梁和板上，从而保证主梁的整体性。混凝土车在遇下雨时加防水盖，以防止雨水进入混凝土内。如果在浇筑混凝土时遇雨，及时用塑料布遮盖，防止淋雨。如果混凝土在浇筑过程中或浇筑后终凝前遇雨，导致表面受到破坏，该将这部分混凝土及时清除至密实层，然后再进行修补。

（6）脚手架工程施工措施：

雨季施工期间要特别注意架子搭设的质量和安全要求，经常进行检查，发现问题及时整改。立杆下设通长木方，架子设扫地杆，斜撑以及剪刀撑，并与建筑物拉结牢固。上人马道的坡度要适当，脚手板上要绑扎防滑条。风暴雨后要及时检查脚手架的安全情况，如有问题，及时纠正。

第 8 节 主体结构沉降观测施工

沉降观测即根据建筑物设置的观测点与固定（永久性水准点）的测点进行观测，测其沉降程度用数据表达，凡三层以上建筑、构筑物设计要求设置观测点，人工、土地基（砂基础）等，均应设置沉陷观测，施工中应按期或按层进度进行观测和记录直至竣工。随着工业与民用建筑业的发展，各种复杂而大型的工程建筑物日益增多，工程建筑物的兴建，改变了地面原有的状态，并且对于建筑物的地基施加了一定的压力，这就必然会引起地基及周围地层的变形。为了保证建（构）筑物的正常使用寿命和建（构）筑物的安全性，并为以后的勘察设计施工提供可靠的资料及相应的沉降参数，建(构)筑物沉降观测的必要性和重要性愈加明显。现行规范也规定，高层建筑物、高耸构筑物、重要古建筑物及连续生产设施基础、动力设备基础、滑坡监测等均要进行沉降观测。特别在高层建筑物施工过程中，应用沉降观测加强过程监控，指导合理的施工工序，预防在施工过程中出现不均匀沉降，及时反馈信息，为勘察设计施工部门提供详尽的一手资料，避免因沉降原因造成建筑物主体结构的破坏或产生影响结构使用功能的裂缝，造成巨大的经济损失。

1. 沉降观测要求

建筑物沉降观测应测定建筑物及地基的沉降量、沉降差及沉降速度并计算基础倾斜、局部倾斜、相对弯曲及构件倾斜。沉降观测点的布设应能全面反映建筑物及地基变形特征，并顾及地质情况及建筑结构特点。点位宜选设在下列位置：

(1) 建筑物的四角、大转角处及沿外墙每 10~15m 处或每隔 2~3 根柱基上。

(2) 高低层建筑物、新旧建筑物、纵横墙等交接处的两侧。

(3) 建筑物裂缝和沉降缝两侧、基础埋深相差悬殊处、人工地基与天然地基接壤处、不同结构的分界处及填挖方分界处。

(4) 宽度大于等于 15m 或小于 15m 而地质复杂以及膨胀土地区的建筑物，在承重内隔墙中部设内墙点，在室内地面中心及四周设地面点。

(5) 邻近堆置重物处、受振动有显著影响的部位及基础下的暗浜(沟)处。

(6) 框架结构建筑物的每个或部分柱基上或沿纵横轴线设点。

(7) 片筏基础、箱形基础底板或接近基础的结构部分之四角处及其中部位置。

(8) 重型设备基础和动力设置基础的四角、基础型式或埋深改变处以及地质条件变化处两侧。

(9) 电视塔、烟囱、水塔、油罐、炼油塔、高炉等高耸建筑物，沿周边在与基础轴线相交的对称位置上布点，点数不少于 4 个。

2. 沉降观测时间

沉降观测的周期和观测时间应按下列要求并结合实际情况确定：

（1）建筑物施工阶段的观测，应随施工进度及时进行。一般建筑可在基础完工后或地下室砌完后开始观测，大型、高层建筑可在基础垫层或基础底部完成后开始观测。观测次数与间隔时间应视地基与加荷情况而定，民用建筑可每加高 1~5 层观测一次，工业建筑可按不同施工阶段（如回填基坑、安装柱子和屋架、砌筑墙体、设备安装等）分别进行观测。如建筑物均匀增高，应至少在增加荷载的 25%、50%、75%和 100% 时各测一次。施工过程中如暂停工，在停工时及重新开工时应各观测一次。停工期间可每隔 2~3 个月观测一次。

（2）建筑物使用阶段的观测次数，应视地基土类型和沉降速度大小而定。除有特殊要求者外，可在第一年观测 3~4 次，第二年观测 2~3 次，第三年后每年 1 次，直至稳定为止。

（3）在观测过程中，如有基础附近地面荷载突然增减、基础四周大量积水、长时间连续降雨等情况，均应及时增加观测次数。当建筑物突然发生大量沉降、不均匀沉降或严重裂缝时，应立即进行逐日或几天一次的连续观测。

（4）沉降是否进入稳定阶段应由沉降量与时间关系曲线判定。对一级工程，若最后三个周期观测中每周期沉降量不大于倍测量中误差可认为已进入稳定阶段。对其它等级观测工程，若沉降速度小于 0.01~0.04mm/d 可认为已进入稳定阶段，具体取值宜根据各地区地基土的压缩性确定。

3. 沉降观测步骤

（1）建立水准控制网

根据工程的特点布局、现场的环境条件制订测量施测方案，由建设单位提供的水准控制点(或城市精密导线点)根据工程的测量施测方案和布网原则的要求建立水准控制网。要求：一般高层建筑物周围要布置三个以上水准点，水准点的间距不大于 100 米；在场区内任何地方架设仪器至少观测到两个水准点,并且场区内各水准点构成闭合图形,以便闭合检校;各水准点要设在建筑物开挖、地面沉降和震动区范围之外,水准点的埋深要符合二等水准测量的要求(大于米)根据工程特点,建立合理的水准控制网,与基准点联测,平差计算出各水准点的高程。

(2)建立固定的观测路线

由场区水准控制网,依据沉降观测点的埋设要求或图纸设计的沉降观测点布点图,确定沉降观测点的位置。在控制点与沉降观测点之间建立固定的观测路线,并在架设仪器站点与转点处作好标记桩,保证各次观测均沿着统一路线。

(3)沉降观测

根据编制的工程施测方案及确定的观测周期,首次观测应在观测点稳固后及时进行。一般高层建筑物有一或数层地下结构,首次观测应从基础开始,在基础的纵横轴线上(基础局边)按设计好的位置埋设沉降观测点(临时的),等临时观测点稳固好,进行首次观测。首次观测的沉降观测点高程值是以后各次观测用以比较的基础,其精度要求非常高,施测时一般用 N2 或 N3 级精密水准仪。并且要求每个观测点首次高程应在同期观测两次后决定。随着结构每升高一层,临时观测点移上一层并进行观测,再按规定埋设永久观测点(为便于观测可将永久观测点设于+500mm)。然后每施工一层就复测一次,直至竣工。

(4)将各次观测记录整理检查无误后,进行平差计算,求出各次每个观测点的高程值。从而确定出沉降量。根据各观测周期平差计算的沉降量,列统计表,进行汇总。绘制各观测点的下沉曲线。首先建立下沉曲线坐标,横坐标为时间坐标,纵坐标上半部为荷载值,下半部为各沉降观测周期的沉降量。将统计表中各观测点对应的观测周期所测得沉降量画于坐标中,并将相应的荷载值也画于坐标中,连线,就得到对应于荷载值的沉降曲线。根据沉降量统计表和沉降曲线图,我们可以预测建筑物的沉降趋势,将建筑物的沉降情况及时的反馈到有关主管部门,正确地指导施工。特别座在沉陷性较大的地基上重要建筑物的不均匀沉降的观测显得更为重要。对沉降观测的成果分析,我们还可以找出同一地区类似结构形式建筑物影响其沉降的主要因素，指导施工单位编好施工组织设计正确指导施工大有裨益，同样也为勘察设计单位提供宝贵的一手资料,设计出更完善的施工图纸。

（5）观测中的注意事项:严格按测量规范的要求施测。前后视观测最好用同一水平尺。各次观测必须按照固定的观测路线进行。观测时要避免阳光直射,且各观测环境基本一致。成像清晰、稳定时再读数。随时观测,随时检核计算,观测时要一气呵成。在雨季前后要联测,检查水准点的标高是否有变动。将各次所观测沉降情况及时反馈有关部门,当建筑物每天(24h)连续沉降量超过 1mm 时应停止施工,会同有关部门采取应急措施。

第四章　脚手架工程施工技术

第 1 节 传统钢管扣件脚手架施工

1. 施工要点

建筑施工用的扣件式钢管脚手架搭设的基本要求是:横平竖直;整齐清晰;图形一致;平竖通顺;连接牢固;受荷安全;有安全操作空间;不变形;不摇晃。

扣件式钢管脚手架搭设的施工顺序如下:首步脚手架的步高为 **2000mm**;离底部 **200mm** 处设置一道大、小横杆此道大、小横杆称为地杆或地龙,以保持脚手架底部的整体性。底部的立柱应间隔交叉用不同长度的钢管,将相邻立柱的对接接头位于不同高度上,使立柱受荷的薄弱截面错开。脚手架搭设时先立立柱,立柱架设先立里侧立柱,后立外侧立柱,立立柱时要临时固定。临时固定方法可与建筑物结构临时连接,也可设临时斜撑。架设脚手架时切勿单独一人操作,要防止脚手架倒塌伤人。立柱立好后,即架设大、小横杆。当第一步的大、小横杆架设完毕后,即在其上铺设脚手板,做好固定件,以方便操作者上去架设第二步脚手架。同时,在立柱的外侧的规定位置及时设置剪刀撑,以防止脚手架纵向倾倒。剪刀撑的设置应与脚手架的向上架设同步进行。脚手架的小横杆,上下步应交叉设置于立柱的不同侧面使立柱在受荷时偏心减少。立柱接杆、扶手接长应用对接扣件,不宜采用旋转扣件。剪刀撑的纵向接长应采用旋转扣件。剪刀撑和斜撑与立杆和大横杆的连接应采用旋转扣件。剪刀撑的纵向接长应采用旋转扣件,不宜采用对接扣件。所有扣件的紧固是否符合要求,可用力矩板手实测,过小则扣件容易滑移;过大则会引起扣件的铸铁件断裂。在安装扣件时,所有扣件的开口必须向外,这样可以防止闭口缝的螺栓钩挂操作者的衣裤,影响操作和造成伤亡事故。在搭设脚手架时,每完成一步都要及时校正立柱的垂直度和大、小横杆的标高和水平度,使脚手架的步距、横距、纵距上下始终保持一致。建筑工用脚手架;随着结构进度分段搭设,在每段脚手架搭设完毕后应进行验收,验收合格并办妥验收手续方可使用。

2. 检查方法

操作者应在脚手架分段搭设完成后先进行自检;再经专职人员、搭设者、使用者共同检查验收;经验合格后办妥脚手架验收手续;在脚手架醒目处挂上脚手架验收的合格标牌;方可投入使用。脚手架验收合格的标牌上应注明脚手架验收合格的范围长度、宽度和步数、验收者、搭设者和验收日期;还要写明此部分脚手架的保养者。在验收扣件式钢管脚手架时;要特别注意检查扣件的紧固程度;因为扣件式钢管脚手架的承载力和稳定性基本上是由扣件的紧固决定;因此必须重视脚手架的保养和整修。为了做好脚手架的保养和整修工作; 对扣件式钢管脚手架必须设置专职的保养工;负责日常检查、保养和定期的检查与整修。日常的检查和保养必须每日进行一次;定期的维护保养一般每月进行一次;如遇强风或雷雨季节应增加检查次数;在每次强风、雷雨过后都要认真检查整修后方可使用。

3. 保养内容

(1) 检查脚手架的基础有无局部不均匀下沉; 排水是否畅通; 有无积水;脚手架底部有无堆放杂物。

(2) 检查脚手架的整体和局部的垂直偏差; 特别要注意脚手架的转角处和断口处的垂直度;如发现垂直度有异常现象;应及时加固和消除隐患。

(3) 各类扣件的涂油和紧固..检查扣件时先检查扣件的外观;而后将扣件上的螺栓逆时针方向松几牙螺纹;再涂油紧固螺栓至规定的力距范围。

(4) 检查脚手架板有否松动、悬挑;如用竹笆作脚手板;还要检查四角是否用铁丝扎牢;如发现问题应及时纠正。

(5) 与建筑物连接的检查;检查连接件是否齐全和完好;有无松动、移动;如因装饰施工需要移动连接件时;应通知保养工;由保养工搬动;并按规定在邻近位置补足连接。

(6) 要对外包安全网、外挑安全网、安全隔离设施、外侧挡板、栏杆、登高设施和接地防雷等安全设施进行检查;保证这些安全设施完整、牢固;能正常发挥安全作用。如果有损坏者要及时调换;如有松动应及时紧固;如发现松动和开口要及时连通。

(7) 如脚手架有开口、断口和出入口;应对该部位进行重点检查;使这些部位始终符合安全规定。

(8) 检查脚手架的荷载情况;使其不超过设计荷载;如有超载应及时卸荷至设计荷载。还要检查脚手架上堆物是否处于安全位置和稳定状态;如发现有处于不安全位置和不稳定状态应及时纠正。此外;还要逐日清除脚手板或竹笆板上的垃圾。扣件式钢管脚手架在使用完毕后就应立即拆除。在拆除前要做好以下工作:

① 完成外墙装饰面墙面饰面、门窗及墙面其他装饰的最后整修和清洁工作;其质量已符合规定要求;并经验收。对脚手架进行安全检查;确认脚手架不存在严重隐患。如存在影响拆除脚手架安全的隐患;应先对脚手架进行整修和加固;以保证脚手架在拆除过程中不发生危险。

② 对参与脚手架拆除的操作人员、管理人员和检查、监护人员进行施工方案、安全、质量和外装饰保护等措施的交底..交底的内容应包括拆除范围、数量、时间和拆除顺序、方法、物件垂直运输设备的数量;脚手架上的水平运输、人员组织;指挥联络的方法和用语;拆除的安全措施和警戒区域。如果在夜间施工还要有照明和安全用电等内容。交底要有记录;双方均应在交底书上签字。参与拆除脚手架人员的职责要明确;并要明确相互间的关系;要有工作制度和必要的奖惩办法。外脚手架的拆除一般严禁在垂直方向上同时作业;因此要事先做好其他垂直方向工作的安排;故上一条规定的工作必须在全部完成后;方可开始拆除外脚手架;决不允许下部在脚手架上做外墙面的整修清洁工作;上面就进行脚手架拆除;更不允许下部做外饰面和上部拆除脚手架同时进行。拆除脚手架时要特别加强出入口处的管理。拆除脚手架时;下部的出入口必须停止使用。对此除监护人员特别要注意外;还应在出入口处设置明显的停用标志和围栏;此装置必须内外双面都设置。在拆除的脚手架周围;于坠落范围四周设置明显“禁止入内”

的标志;并有专人监护;以保证在拆脚手架时无其他人员入内。对于拆除脚手架用的垂直运输设备要事先检查和试车;使之符合安全使用的要求。并对操作人员和使用人员交底;规定联络用语和方法;明确职责;以保证脚手架拆除时其垂直运输设备能安全运转。建筑物的外墙门窗都要关紧;并对可能遭到碰撞处给予必要的保护。建筑物如设有临时外挑物;必须在拆除脚手架前拆除。上述一些工作经检查符合要求后;并确认建筑施工再也不需用脚手架时就可进行脚手架的拆除。脚手架的拆除应从上往下;水平方向一步拆完再拆下一步。在拆除脚手架时;应先清除脚手板或竹笆板的垃圾杂物;消除时严禁高空向下抛掷;大块的装入容器内由垂直运输设备向下运送;能用扫帚集中的要集中装入容器运下;无法清扫的可从脚手架内侧向下倾倒;此时要对墙面及门窗加以保护;防止沾污和损坏墙的饰面和门窗。随着脚手架的向下拆除;对墙的饰面、对窗及其他墙面装饰及时做好清洁和保护工作。对脚手架的连接处饰面的修补应与脚手架的拆除同步进行;饰面修补经检查认定合格;并做好清洁和保护工作后方可继续向下拆除脚手架。

第2节 全钢外爬架施工

新型爬架优点主要包括以下几个方面:

防护到位:全钢附着式升降脚架的度般为4~5倍楼层,这一度刚好覆盖结构施工时支模绑筋和拆模板支承的施工范围,解决了挂架遇到阳台、窗洞和框架结构时拆模拆支承无防护的问题。

节省材料、节省人工:无论建筑物多少层,附着式脚手架从地面或者较低的楼层开始一次性组装4~5倍楼层高的脚手架,然后只需进行升降操作,中间不需倒运材料。

适用范围广泛:适用于剪力墙、框剪、框架、筒仓、悬挑大阳台等结构,并且不受建筑层高变化的影响,既能单片升降,又能分片或整体升降,可以采用电动葫芦提升,以适应不同用户要求。

保证工期:全钢附着式升降脚手架独立升降,可节省塔吊的吊次;升降爬架爬升到顶后即可进行下降操作进行装修，屋面工程和装修工程可同时进行，不必象吊篮要等到屋面强度符合要求以后才能安装进行装修作业。

升降爬架结构科学、安全可靠：整个架体具有足够的强度和刚度。竖向主框架、升降爬架架体水平梁架节点杆件的轴线汇交于一点，支座手里明确合理。

1. 安装平台之前的安全措施

首次安装爬架需要对底部双排架进行拉结，水平间距 4.5m，竖直间距 3m，搭设爬架之前需要在地面拉设警戒线，警戒线距离建筑外边线 15-20m，并派专人进行值守，其它无关人员不得入内。连墙构造设置的注意事项：

(1)确保杆件间的连接可靠。扣件必须拧紧，垫木必须夹持稳固、避免脱出。(2)装设连墙件时，应保持立杆的垂直度要求，避免拉固时产生变形。(3)当连墙件轴向荷载的计算值大于 6KN 时，应增设扣件以加强其抗滑动能力。特别是在遇有强风袭来之前，应检查和加固连墙措施，以保架子安全。(4)连墙构造中的连墙杆或拉筋应垂直于墙面设置，并呈水平位置或稍向脚手架的一端倾斜，但不容许向上翘起。爬架搭设属于高空作业，操作人员必须带好安全帽、正确佩戴安全带。并按照安装技术要求严格执行。

2. 场地大小和机械设备需求：爬架采用逐层组装，确保任何时间段爬架防护都超出结构面至少 1.8m，爬架材料分批进场，遍进场遍组装，不需要提供地面组拼场地，对场地需求小。爬架组装期间，需要塔吊等机械设备的配合，爬架导轨需要用塔吊吊着安装，卸料平台等材料也需要用塔吊转运。安装期间需要和塔吊及其他班组积极配合协商，以免影响爬架的安装进度。

3. 安装步骤为：搭设平台架并做水平调整→铺设龙骨板→安装下节导轨、竖龙骨、辅助竖龙骨→加辅助支撑杆及斜拉杆→水平钢性拉结→安装第二道龙骨板→安装第一道安全立网→安装第一道附墙件并卸荷→安装中节导轨、竖龙骨、辅助竖龙骨→连续组拼架体直到安装完 2 层各组架为止→连续组拼架体直到安装完 3 层各组架为止→连续组拼架体直到安装完4层各组架为止→连续组拼架体直到安装完5层各组架为止→铺设电源线→安装提升设备(进入运行阶段)。

4. 上下承重梁连接螺栓用8.8级高强螺栓,其余部位连接螺栓均为4.8级。

第3节 外挂吊篮施工

1. 外挂吊篮施工注意事项

为了安全、有效的利用外挂吊篮进行施工,应注意如下事项:必须具有出厂合格证、出厂检验报告、使用说明书。安装完毕后,未经检测合格严禁使用。要有专职安全技术人员在现场,且吊篮要每周维保一次。维保时要通知建安公司及监理公司相关人员到场,维保记录要及时报建安公司备查。每个吊篮限载两人,严禁超载使用。安全锁要检测合格后方可使用。安全钢丝绳与工作钢丝绳的型号、规格应相同,且要符合相关标准。对于出现严重扭曲、弯折、压扁、绳心挤出、断股等现象的钢丝绳严禁使用。安全绳要是锦纶绳,绳径不小于16mm,一定要固定在具有足够强度的建筑物结构上。安全带应是坠落悬挂型,自锁器的规格要与安全绳的绳径相匹配,并且要正确使用。严禁使用破损的自锁器。

上行程限位、止挡装置要按规范要求安装,并要保证处于安全有效状态。紧急开关要手动设置,不能自动恢复,并且该线路要独立于其他各控制线路,要有明显标记。吊篮在运行过程中,下方严禁站人,要有专人监控,并设置警戒线。吊篮不用时要放下来,严禁悬空。严禁从窗口攀爬。吊篮移位后要检测,合格后通知相关单位进行联合验收,通过后方可继续使用。操作人员要进行专业培训后方可上岗,要有培训、安全操作技术交底记录。安装及使用过程中一定要按相关规范要求严格执行。严禁违规、违章操作。严禁酒后作业。上班严禁穿拖鞋,要戴好安全帽、安全带。

2. 安装流程

吊篮整机主要由五部分组成①悬挂机构、②悬吊平台、③提升装置、④安全装置、⑤电气系统。

① 悬挂机构:架设于建筑物屋面上,由两套独立的钢结构架及钢丝绳组成。钢结构架由钢结构件通过螺栓或销子连接而成。每套悬挂钢结构架的前梁分别悬垂两根钢丝绳,一根为提升机用工作钢丝绳,一根为安全锁用钢丝绳。钢丝绳系吊篮专用镀锌钢丝绳,强度高,耐锈蚀性能好。钢丝绳使用过程中,按《起重机械用钢丝绳检验和报废实用规范》GB5972 的有关规定,对钢丝绳的磨损、锈蚀、短丝、异常变形等进行检验,达到报废标准即更新钢丝绳。

② 悬吊平台:由片式组焊件通过螺栓连接成框型钢结构装置,用以承载作业人员及施工器材。

③ 提升装置:每个悬吊平台两端各装有一台提升机。提升机采用电磁制动电机和离心限速装置及手动滑降装置。电磁制动装置在电路故障或断电时,产生制动力矩使平台制动悬吊。离心限速装置能保证平台下滑速度不大于 1.5 倍额定提升速度. 手动滑降装置在电气故障或停电以及紧急情况下操纵吊篮平台下降,具体方法是:用置于提升机手柄内的拨杆插入电磁制动器(电机风罩内)拨叉的孔内,向上抬起拨杆,打开制动器,可使工作平台匀速下滑。

④ 安全装置:包括安全锁及安全钢丝绳。安全锁属于防倾斜型,每个平台两端各装有一把及和安全钢丝绳, 当工作钢丝绳断裂或平台一端倾坠时,能自动锁住安全钢丝绳防止平台下降。

⑤ 电气系统包括电缆、限位器、漏电保护器及其它控制开关。

3. 布置方法

(1) 平面布置

拟定的吊篮沿建筑物周边布置。实际安装时,吊篮的具体安装位置、平台长度以及吊篮数量和时间先后等,需结合下述因素因地制宜:第一、施工作业面及施工工艺需要;第二、根据材料组织、劳动力安排和施工进度情况作出的具体要求;第三、吊篮安装的可操作性。

吊篮悬吊平台内侧与建筑物的间隙为 15~45cm,在挑板位置间隙应适当小一些,以尽可能满足完成墙面的施工需要。在采光井、空调板及其它挑板位置,若已装吊篮不能完全满足作业面要求,则可通过吊篮移位达到作业面要求。由于屋顶有高女儿墙构造,而吊篮悬挂支架自身调节高度不大于 1.8 米，因此在高度大于 1.8 米的女儿墙部位，需在屋面搭设钢管脚手架,作为吊篮悬挂支架的支撑平台,同时作为吊篮安装人员操作平台。

第 4 节 模板支承架施工

模板支撑系统是伴随着建筑施工的要求而产生并发展的,是施工作业中必不可少的手段和设备。

1. 在混凝土楼板施工中,以荷载中心传递为中心,使立杆中心受力和中心传力,尽量减小偏心。

2. 支撑层地面要坚实平整,保证立杆要竖直牢稳。立杆的着力点部位要坚实、平整,应优先采用钢底座,如为脚手板或木方时,底座的尺寸宜大不宜小、宜长不宜短,并要防止浸水;立杆要支得直支得牢稳。

3. 支模架自身方案的构造设计要到位,要有足够的安全储备;支模架与已有成型好的建筑结构之间的连接构造要设计周全;要有必要的构造增强措施,宜根据高大空间和荷载等具体情况,在构造设计中增加构造柱、构造带和构造层的做法,以确保构造上的牢稳可靠。

4. 进行 4 个强化强化安全管理,强化技术交流,强化安全检查,强化相关施工工艺和相关工种之间的协同工作。

5. 为了实施安全施工,在强化管理和落实责任的过程中,要重点把好模板脚手架的五关:第一,要把好模架材料和模架产品关,在模架材料和产品进施工现场前,要对准备购置的模架材料和产品进行考察和抽查,要优选和定点厂家选用合格的材料和合格的产品,严防假冒伪劣材料、产品进入施工现场。第二,要把好模板脚手架施工方案和施工工艺的设计审批关,对于重大工程、高大工程的施工方案和施工工艺要进行论证评审。第三,要把好模板脚手架安装、拆卸的工艺关,要做到架设方法正确,防护到位,加强措施周全,安装要牢靠,拆卸要安全。第四,要把好模板脚手架架设安装的检查验收关,尤其是对高大空间的支模架在浇灌混凝土之前要组织仔细的检查与验收。第五，要把好模板脚手架使用过程中的监察和动态控制关，尤其是对高大空间的支模架在浇筑混凝土的全过程中要注意观察，发现异常情况要及时采取措施，以杜绝事故发生，实现安全施工。

6. 在具体进行模板工程的设计、施工和检查中要掌握六个要点：第一，在模板脚手架方案设计与施工中，要使荷载（包括自重、静载荷和施工载荷等）的传力线路非常明确，要优先选用集中荷载直接传递到竖向主支撑杆上，其偏心愈小愈好。第二，支模架的设计与架设一定要做到竖直横平，即该直的一定要竖直，该横的一定要水平，使不直度、不平度控制在误差范围内。第三，最上部的水平支撑要与竖向建筑结构顶牢靠，或者与竖向支撑联结牢靠，要使垂直荷载的水平分力以最短的线路传递到竖向结构上或竖向杆件上。第四，在模板脚手架工程方案的设计和施工中，一定要注意竖直支撑之间的斜拉杆和斜支撑。在支撑系统中，斜拉杆和斜支撑至关重要，尤其是在高大空间的支撑架设中，足够数量的斜拉杆和斜支撑是保证支撑整体稳定的重要设防，一定要把它架设牢靠。第五，支撑系统的根部或底部一定要平整坚固结实，要有符合设计要求的垫板和坚固的支座，要防止支撑底部沉陷；对于外脚手架与建筑结构连结的部位一定要牢靠。在整个脚手架和支撑系统中，根部不牢，上部架设的再好也难免不发生事故。第六，在特殊部位，要有安全设防和安全警示标牌。

第 5 节　新型盘扣式脚手架施工

近年来，承插型盘扣式脚手架因承载能力强、外形美观、操作简单、材料损耗低等特点，在现浇法支架施工中得到了迅速的发展，盘扣式支架施工案例越来越多。盘扣式支架的优点主要包括以下几个方面：①搭建效率高。一人一锤也可快速完成搭建，节省工时和人工成本。②工地形象“高大上。盘扣脚手架搭起来，工地摆脱了“脏乱差”。③材料用量省。不需使用扣件，比传统脚手架节省一半钢材，架体更牢固更稳定。④施工人员的安全更有保障。盘扣架体的承载力和稳定性更好。⑤使用寿命长，单次使用的成本比其他脚手架低。盘扣脚手架防防火防锈，无需维护保养，省钱又省事。

1. 盘扣式脚手架的搭设步骤

摆放可调底座;搭设基础架体;搭设斜杆、铺设平台钢跳板;搭设梯梁、铺设踏步。

2. 模板支撑架的施工步骤

编制专项技术方案,方案应主要包括:高大支模架结构概况,应包含各区域范围、搭设高度、板厚度、梁截面(超跨时说明跨度)、下承层结构情况等。根据选定的支模架形式,列搭设参数表(应按照梁大小、板厚度合理分类并列出搭设参数)。计算书(取各类搭设参数的最大截面验算)。材料进场检验及验收要求。包括:支模架的搭设、拆除施工工艺;支模架连接方式要求;支模架与柱、梁的拉结要求;架体基础做法或下部支模架的保留要求;支模架检查和验收要求;混凝土浇捣要求;支模架监测监控措施。施工管理体系、主要作业班组、各自责任人。架子工等特种作业人员配备情况。

3. 盘扣式脚手架搭设要求注意事项

(1)内支撑步距要求:当搭设高度不超过 8 米时步距不宜超过 1.5m,当搭设高度超过 8 米时步距不得超过 1.5m。

(2)独立高支模高度要求:对于长条状的独立高支模架,架体总高度与架体的宽度之比 H/B 不宜大于 3。

(3)可调托座要求:可调托座的丝杆的外露长度严禁超过 400mm,托座插入立杆或双槽钢托梁长度不得小于 150mm。

(4)可调底座要求:可调底座调节丝杆外露长度不大于 300mm,扫地杆最底层水平杆距离地面高度不应大于 550mm。

(5)双排外脚手架的连续搭设高度要求:不宜大于 24 米。

(6)双排外脚手架的架体步距、跨距要求:步距宜取 2m,立杆纵距宜取 1.5m 或 1.8m,且不宜大于 2.1m,立杆横距宜取 0.9m 或 1.2m。

(7)斜拉杆布置要求:在规范要求的允许搭设高度的 24 米内,沿架体外侧纵向每 5 跨每层应设置?根竖向斜拉杆或每 5 跨间应设置扣件钢管剪刀撑。

(8)对于双排脚手架的每步水平杆层,当无挂钩钢脚手板加强水平层刚度时:应每5跨设置水平斜杆。

(9)关于连墙件要求:连墙件和架体的连接点,至盘扣节点距离不应大于300mm。

4.盘扣式脚手架施工人员规范

(1)盘扣式脚手架支架的搭设和拆除必须由经过培训的专业架子工担任,持证上岗;非特种作业人员不得从事搭设操作。

(2)架子工进入施工现场必须正确戴好安全帽、系好安全带,每个架上作业人员要配备防滑手套、防滑鞋和工具安全钩或袋,作业工具要挂在安全钩上或放入袋内。

(3)作业人员必须严格执行安全技术交底和上岗前的工作安排的规定。

(4)圆盘支架在搭设时,严禁在安全禁区内穿行和进行交叉作业。在圆盘支架使用期间需设置安全通道或进行交叉作业时,必须搭设盘扣式脚手架安全防护网,具体设置要求由有关方协商确定。

(5)严禁作业人员在圆盘支架上奔跑、退行、嬉闹和坐在杆件上,避免发?碰撞、闪失、脱手、滑跌、落物等不安全作业;严禁酒后作业。

(6)盘扣式脚手架必须随施工进度搭设,未搭设完的材料,操作人员在离开作业岗位时,不得留有待固定的杆件和不安全隐患,确保盘扣式脚手架支架的稳定性。不得将圆盘支架作为卸料平台,严禁在圆盘支架上堆放物料。

(7)严格按照施工方案及相应的安全技术规范、标准施工,施工时要控制好立杆的垂直度、横杆的水平度,并确保节点、卸载点位置符合要求。

(8)遇到大雨、雾、雪或6级以上大风时,禁止使用圆盘支架。雨雪停后,需将盘扣式脚手架支架清理干净,方可上架施工。

(9)圆盘支架施工过程中出现事故隐患时,必须立即停止施工,将作业人员撤离,并采取措施排除隐患,直到安全得到保证后方可恢复施工。

(10)做好成品的保护工作,施工人员在现场施工时一定要保护好现场的各种设施,如配电箱、模板、上下管线、钢结构、砌体等永久或临时结构或设施。

(11) 下列人员不得从事圆盘支架施工工作:有高血压、心脏病、癫痫病和其他不适应高空作业的疾病人员。

第6节 模板与脚手架危大工程安全管理

1. 建立安全管理体系

(1) 危险性较大的分部分项工程,各级领导在牢固树立“安全第一、预防为主”的思想,坚决贯彻“管生产必须管安全”的原则,把安全生产放在重点议事日程上,作为头等大事来抓,并认真落实“安全生产、文明施工”的规定。

(2) 建立健全并全面贯彻安全管理制度和各岗位安全责任制, 根据工程性质、特点、成立三级安全管理机构。项目部安全领导小组,每月召开一次会议,部署各项安全管理工作和改善安全技术措施,具体检查各部门存在安全隐患问题提出改进安全技术问题,落实安全生产责任制和严格控制工人按安全规程作业,确保施工安全生产. 项目专职安全生产管理人员,每天检查工人上,下班是否佩戴好安全帽和个人防护用品,对工人操作面进行安全检查,保证工人按安全操作规程作业,及时检查存在的安全问题。

(3) 建立严格的劳力管理制度。严格执行公司劳力管理制度,劳力由劳工科统一安排。新入场的工人接受入场安全教育后方可上岗操作。特种作业人员全部持证上岗。

2. 建立安全生产教育、培训制度

(1) 建立安全生产教育制度,对新进场工人进行三级安全教育,上岗安全教育,特殊工种安全技术教育(如架子、机械操作等工种的考核教育),变换工种必须进行交换工种教育,方可上岗。工地建立职工三级教育登记卡和特殊作业,变换工种作业登记卡,卡中必须有工人概况、考核内容、批准上岗的工人签字,进行经常性的安全生产活动教育。

(2) 实行逐级安全技术交底履行签字手续, 开工前由技术负责人将工程概况、施工方法、安全技术措施等向项目负责人、施工员及全体职工进行详细交底,分部分项工程由工长、施工员向参加施工的全体成员进行有针对性的安全技术交底。

（3）建立安全生产的定期检查制度。在施工生产时，为了及时发现事故隐患，堵塞事故漏洞，防患于未然，须建立安全检查制度。安全检查工作，基础上部每周定期进行一次，班组每日上班领导检查。要以自查为主，互查为辅.以查思想查制度、查领导带班、查隐患为主要内容。要结合季节特点，开展防雷电、防坍塌、防高处堕落、防中毒等“五防”检查，安全检查要贯彻领导与群众相结合的原则，做到边检边改并做好检查记录。存在隐患严格按“五定”原则整改反馈。

（4）根据工地实际情况建立班前安全活动制度，危险性较大的分部分项工程，施工现场的安全生产及时进行讲评，强调注意事项，表扬安全生产中的好人好事并做好班前安全活动记录。

（5）施工用电、搅拌机、钢筋机械等在中型机械及脚手架、卸料平台要挂安全网、洞口临国防护设施等，安装或搭设好后及时组织有关人员验收，验收合格方准投入使用。

（6）建立伤亡事故的调查和处理制度调查处理伤亡事故，要做到“四不放过”，即事故原因分析不清不放过，事故责任者和群众没有受到教育不放过，没有防范措施不放过，对事故和责任者要严肃处理。对于那些玩忽职守，不顾工人死活，强迫工人违章冒险作业，而造成伤亡事故领导行，一定要给予纪律处分，严重的应依法征办。

第五章 屋面工程施工技术

屋面工程是房屋建筑工程的主要部分之一，它既包括工程所用的材料、设备和所进行的设计、施工、维护等技术活动；也指工程建设的对象，发挥功能保障作用。具体讲，屋面工程除应安全承受各种荷载作用外，还需要具有抵御温度、风吹、雨淋、冰雪乃至震害的能力，以及经受温差和基层结构伸缩、开裂引起的变形。因此，一幢既安全、环保又满足人们使用要求和审美要求的房屋建筑，屋面工程担当着非常重要的角色。

屋面工程属房屋建筑的分部工程，是一大工程领域，其主体涵盖屋顶上部屋面板及其上面的所有构造层次，包括：隔汽层、通风防潮层、保温隔热层、防水层、保护层等等，是综合反映屋面多功能作用的系统工程。其基本属性主要包括以下几个方面：

综合性。随着房屋建筑工程科学技术的进步，屋面工程已发展成为门类众多、内容广泛、技术复杂的综合体系。发展屋面系统工程需要得到建设行政主管部门和建设单位以及设计人员的重视，建立屋面工程总体概念，以提高屋面工程整体技术水平为目标，统一规划，促进材料、设计、施工相互结合和协调发展才能实现。在屋面系统工程中，重视发展防水技术的成套化，是建筑防水行业的主要目标和任务。

社会性。不同的历史发展阶段以及不同的区域环境，具有不同的社会、经济、文化、科学、技术发展特点。各种类型的房屋建筑都是为适应人们生活和生产需要而建造的，无不打上了时代和区域的烙印。屋面工程表现尤为突出，以屋面体现地方风格、民族风格和时代风格的房屋建筑随处可见。闻名遐迩的世界文化遗产中国丽江、平遥等古城民居建筑的青瓦屋面，江南水乡古镇的粉墙黛瓦，以及北京四合院的小青瓦屋面等，都堪称独具鲜明地方特色的建筑屋面典范。

实践性。古今中外，通过长期工程实践，作为大众民居建筑的屋面采用坡屋面形式可谓久盛不衰,始终占据屋面类型的主导地位,直至今天。坡屋面构造节点多、防水技术处理的难度大、渗漏几率大。除采用材料防水外,还必须加强构造防水措施。屋面采用多大的坡度主要是根据使用需要和当地气象等因素决定的。就中国而言,坡度小于 3%的屋面称平屋面。平屋面为屋面功能的多样化提供了前提条件,平屋面的类型和用途有:种植屋面、蓄水屋面、通风屋面(架空隔热屋面)和倒置式屋面等。普通房屋的平屋面可以用作晒场和人们活动的休闲场所等。

艺术性。屋顶和屋面高居房屋之首,是房屋建筑的门面。讲究的房屋,居住者对其艺术价值极为重视,精选多种建筑材料,配合自然环境,建造了许多造型与装饰十分优美的屋面,体现出鲜明的艺术性,为城市增添景观,有的还成为城市的标志性建筑,让人赏心悦目,体现出屋面工程的魅力。

第 1 节 平屋面常用建筑做法

1. 屋面泛水做法

(1) 工艺流程:屋面隐蔽验收→泛水下口木枋设置→屋面细石砼保护层浇筑、清光→木枋拆除→泛水二次浇筑成型、清光→泛水上、下口切缝→女儿墙面砖铺贴→泛水涂刷防水涂料→分格缝嵌缝、清理

(2) 泛水成型高度、宽度控制在 250mm,泛水表面顺滑,弧度一致,应采用模具施工,在转角处分水线条清晰,泛水面层涂刷黑色防水涂料。

(3) 泛水和屋面保护层分两次施工,第一次施工屋面保护层时采用 100mm×40mm 木枋嵌压留槽,第二次泛水施工时起坡最薄处为 30mm,不得有开裂、空鼓现象。

(4) 屋面与泛水、女儿墙与泛水处切缝分断,留缝宽为 20mm,缝深为 15mm,缝宽一致,缝应顺直,用耐候结构胶(黑色)嵌缝。

2. 屋面分格缝做法

(1) 工艺流程:尺寸量测→排版分格→弹线定位→切割分隔缝→清理分格缝→填嵌乳化沥青→贴分色纸→打胶→胶面修整、清理

(2) 屋面应留设分格缝,屋面分隔缝间距应≤6000mm,一般控制在

4500mm 为宜,分格缝宽为 20mm 为宜,屋面保护层分格缝在混凝土浇筑达到终凝后弹线切割。

(3) 分格缝缝宽大小一致、线条平直;分格缝应打胶,下部可用乳化沥青灌缝,缝上部 10mm 左右采用结构胶嵌缝,胶体平顺饱满。灌缝、打胶应注意不得污染屋面,应贴纸胶带保护。

(4) 用钢丝刷将缝内杂物清理干净,填嵌乳化沥青,用胶轮挤紧塞实,表面压平。打胶前在缝槽两侧贴美纹纸防止污染面层。缝壁涂刷基层处理剂,待其表干后,用胶枪把耐候胶均匀挤入缝内,用专用工具或用手指蘸水捋光、顺平,胶层厚度应为 5~6mm,胶面低于面层 2~3mm,表面应呈凹弧形,十字交叉处形成“X”形,打胶完成后取下分色带,裁割清理砖缝处溢胶。

(5) 女儿墙也应设分隔缝,与屋面分隔缝对应设置。

3. 铝单板屋檐做法

(1) 工艺流程:测量放线→后置埋件安装→金属骨架安装→骨架涂刷防锈漆→安装铝单板→注胶密封→清理验收。

(2) 操作要点:检查连接件及角码的位置和数量是否满足设计及施工质量要求。根据图纸检查并调整所放线的位置,将龙骨焊接在连接件及角码上,并依据分块尺寸将横龙骨与竖龙骨焊接,焊接时采用对称焊,以控制因焊接产生的变形,焊缝不得有夹渣和气孔,敲掉焊渣后,对焊缝涂防锈漆。

(3) 检查龙骨骨架的安装尺寸、位置是否准确,结构是否牢固。安装完检查中心线、表面标高等。

(4) 面板采用板折边加角铝后再用自攻钉固定角铝的方法,饰面板安装前要在骨架上标出板块位置,并拉通线,控制整个墙面板的竖向和水平位置。

(5) 面板安装时要使各固定点均匀受力,不能挤压板面,不能敲击板面,以免发生板面凹凸或翘曲变形,同时饰面板要轻拿轻放,避免磕碰,以防损伤表面漆膜。

(6) 面板安装要牢固,固定点数量要符合设计及规范要求,施工过程中要严格控制施工质量,保证表面平整,缝格顺直。

(7) 注胶密封:中性硅酮结构密封胶注胶前必须进行相溶性试验,合格后方可选用;嵌缝打胶:打胶要选用与设计颜色相同的耐候胶,打胶前要在板缝中嵌塞大于缝宽 2-4mm 的泡沫棒,嵌塞深度要均匀,打胶厚度一般为缝宽的 1/2,打胶时板缝两侧饰面板要粘贴美纹纸进行保护,以防污染,打完后要在表层固化前用专用刮板将胶清理干净,注胶表面平整光滑。

(8) 屋檐骨架型钢龙骨,其规格、形状应符合设计要求,并应进行除锈、防锈处理。

(9) 安装屋檐与坡屋面交接部位的连接节点应符合设计要求和技术标准的规定。铝单板裁板尺寸应准确,边角整齐光滑,搭接尺寸及方向应正确。

第 2 节 平屋面隔汽保温找坡找平层施工

1. 施工准备

(1) 材料及要求:材料的密度、导热系数等技术性能,必须符合设计要求和施工及验收规范的规定,应有试验资料。松散的保温材料应使用无机材料,如选用有机材料时,应先做好材料的防腐处理。

松散材料:炉渣,粒径一般为 5~40mm,不得含有石块、土块、重矿渣和末燃尽的煤块,堆积密度为 500~800kg/m^3,导热系数为 0.16~0.25W/m·K。膨胀蛭石导热系数 0.14W/m·K。

挤塑板板状保温材料:产品应有出厂合格证,根据设计要求选用厚度、规格应一致,外形应整齐;密度、导热系数、强度应符合设计要求。

a. 泡沫混凝土板块:表现密度不大于 350kg/m3,抗压强度应不低于 0.4MPa;

b. 加气混凝土板块:表观密度 500~600kg/m3,抗压强度应不低于 0.2MPa;

c. 聚苯板:表现密度为≤45kg/m3,抗压强度不低于 0.18MPa,导热系数为 0.043W/m·K。

（2）主要机具：

机动机具：搅拌机、平板振捣器。

工具：平锹、木刮杠、水平尺、手推车、木拍子、木抹子等。

（3）作业条件

铺设保温材料的基层（结构层）施工完以后，将预制构件的吊钩等进行处理，处理点应抹入水泥砂浆，经检查验收合格，方可铺设保温材料。铺设隔气层的屋面应先将表面清扫干净，且要求干燥、平整，不得有松散、开裂、空鼓等缺陷；隔气层的构造做法必须符合设计要求和施工及验收规范的规定。穿过结构的管根部位，应用细石混凝土填塞密实，以使管子固定。板状保温材料运输、存放应注意保护，防止损坏和受潮。

2. 操作工艺

工艺流程：基层清理→弹线找坡→管根固定→隔气层施工→保温层铺设→抹找平层

基层清理：预制或现浇混凝土结构层表面，应将杂物、灰尘清理干净。

弹线找坡：按设计坡度及流水方向，找出屋面坡度走向，确定保温层的厚度范围。

管根固定：穿结构的管根在保温层施工前，应用细石混凝土塞堵密实。

隔气层施工：2~4 道工序完成后，设计有隔气层要求的屋面，应按设计做隔气层，涂刷均匀无漏刷。

保温层铺设：

（1）松散保温层铺设：是一种干做法施工的方法，材料多使用炉渣或水渣，粒径为 5~40mm。使用时必须过筛，控制含水率。铺设松散材料的结构表面应干燥、洁净，松散保温材料应分层铺设，适当压实，压实程度应根据设计要求的密度，经试验确定。每步铺设厚度不宜大于 150mm，压实后的屋面保温层不得直接推车行走和堆积重物。散膨胀蛭石保温层：蛭石粒径一般为 3~15mm，铺设时使膨胀蛭石的层理平面与热流垂直。松散膨胀珍珠岩保温层：珍珠岩粒径小于 0.15mm 的含量不应大于 8%。

（2）板块状保温层铺设：主要包括干铺板块状保温层及粘结铺设板块

状保温层。对于干铺板块状保温层来说，直接铺设在结构层或隔气层上，分层铺设时上下两层板块缝应错开，表面两块相邻的板边厚度应一致。一般在块状保温层上用松散料湿作找坡。对于粘结铺设板块状保温层来说，板块状保温材料用粘结材料平粘在屋面基层上，一般用水泥、石灰混合砂浆；聚苯板材料应用沥青胶结料粘贴。

（3）整体保温层：水泥白灰炉渣保温层：施工前用石灰水将炉渣闷透，不得少于3d，闷制前应将炉渣或水渣过筛，粒径控制在5~40mm。最好用机械搅拌，一般配合比为水泥:白灰:炉渣为1:1:8，铺设时分层、滚压，控制虚铺厚度和设计要求的密度，应通过试验，保证保温性能。水泥蛭石保温层：是以膨胀蛭石为集料、水泥为胶凝材料，通常用普通硅酸盐水泥，最低标号为425号，膨胀蛭石粒径选用5~20mm，一般配合比为水泥:蛭石=1: 12，加水拌合后，用手紧握成团不散，并稍有水泥浆滴下时为好。机械搅拌会使蛭石颗粒破损，故宜采用人工拌合。人工拌合应是先将水与水泥均匀的调成水泥浆，然后将水泥浆均匀地没在定量的蛭石上，随泼随拌直至均匀。铺设保温层，虚铺厚度为设计厚度的130%，用木拍板拍实、找平，注意泛水坡度。

3. 质量标准

保温材料的强度、密度、导热系数和含水率，必须符合设计要求和施工及验收规范的规定；材料技术指标应有试验资料。按设计要求及规范的规定采用配合比及粘结料。

松散的保温材料：分层铺设，压实适当，表面平整，找坡正确。

板块保温材料：应紧贴基层铺设，铺平垫稳，找坡正确，保温材料上下层应错缝并嵌填密实。

整体保温层：材料拌合应均匀，分层铺设，压实适当，表面平整，找坡正确。

4. 成品保护

隔气层施工前应将基层表面的砂、土、硬块杂物等清扫干净，防止降低隔气效果。在已铺好的松散、板状或整体保温层上不得施工，应采取必要措施，保证保温层不受损坏。保温层施工完成后，应及时铺抹水泥砂浆找平层，以保证保温效果。

5. 应注意的质量问题

保温层功能不良：保温材料导热系数、粒径级配、含水量、铺实密度等原因；施工选用的材料应达到技术标准，控制密度、保证保温的功能效果。

铺设厚度不均匀：铺设时不认真操作。应拉线找坡，铺顺平整，操作中应避免材料在屋面上堆积二次倒运。保证均质铺设。

保温层边角处质量问题：边线不直，边槎不齐整，影响找坡、找平和排水。

板块保温材料铺贴不实：影响保温、防水效果，造成找平层裂缝。应严格达到规范和验评标准的质量标准，严格验收管理。

6. 质量记录

应具备以下质量记录：材料应试验密度、导热系数。松散材料应有粒径、密度、级配资料。材料应有出厂合格证。质量验评资料。

第3节 屋面防水层及其保护层施工

1. 施工工艺

基层检查、清扫→涂刷基层处理剂→定位、弹基准线→铺贴防水卷材附加层→节点处理→加热卷材底面→滚铺卷材→滚压、排气压牢→加热卷材搭接缝→搭接缝抹压、排气、压牢→收头固定、密封→钉卷材收头铝合金盖板→密封铝合金盖板上口→检查、清理、修整

2. 基层处理

（1）基层牢固，表面无大于0.3mm的裂缝及麻面、起砂、起壳等缺陷。

（2）基层表面平整光滑，均匀一致，排水坡度符合设计要求。

（3）基层必须干燥，以基层面泛白为准。测定方法是将1m²的卷材平摊干铺在基层表面上，静置3~4h后揭开检查，基层覆盖部位与卷材上未见水印即符合要求。

（4）基层与突出屋面的女儿墙、水箱基座，以及基层与水落口、管道、檐沟等相连接的转角处，均做成均匀一致、光滑的圆弧形，其半径为50mm。

3. 卷材铺贴

（1）基层清理。卷材施工前，须将基层上的垃圾、灰尘及撒落的砂浆等清理干净，以免影响卷材与基层的粘结强度。

（2）涂刷基层处理剂。按图纸施工要求涂刷基层处理剂，仔细涂刷，不可在一处反复涂刷。

（3）弹线。待基层处理剂干燥后，弹出卷材位置的基准线。

（4）附加层及节点处理。在正式铺贴卷材前先进行水落口、女儿墙、管道出屋面处、垂直出入口处等泛水处的处理，增铺附加层。

（5）卷材铺贴方向。采用平行屋脊的铺设方法，其搭接缝顺流水方向搭接。

（6）卷材铺贴加热控制。加热不足，卷材与基层粘结不牢；过分加热，则易将卷材烧穿，胎体老化而降低防水层的质量。因此烘烤时要均匀加热，喷灯距离卷材 0.5m 左右，横向来回移动。待卷材表面熔化后，即可趁柔软时滚铺粘贴。

（7）滚压、排气。趁热滚压，排出卷材下面的空气，使卷材与基层粘贴牢固，表面平整无皱褶。

（8）搭接缝处理。采用满粘法施工时，长边搭接 80mm，短边搭接 100mm。在搭接缝粘贴前应将下层卷材的上表面 80~100mm 宽用喷灯烤熔（但不得烧伤卷材），当上层卷材下表面热熔后即可粘贴，趁卷材未冷却时用压辊进行滚压至热熔胶溢出，趁热用抹子将溢出的热熔胶刮平，沿边封严。

（9）卷材收头处理。为防止卷材末端剥落、渗水，末端收头必须用硅酮密封膏封闭。封闭时必须将卷材末端处的灰尘清理干净，以免影响密封效果。

4. 蓄水试验

防水卷材铺贴完毕并经验收合格后，进行蓄水试验，在屋面蓄水 48h 经检查确认防水层无渗漏后，即进行后续工序的施工。

5. 成品保护措施

（1）防水卷材铺贴操作人员一律穿平底鞋、胶鞋，非操作人员不得上屋面,以免损坏防水层。

(2) 防水卷材铺贴完毕后,严禁在屋面上堆放材料和工具,特别是金属材料或工具,以免将防水卷材层划破而造成渗漏。

6. 安全措施

(1) 向喷灯内灌汽油时,要避免汽油溢出流在地上,以防点火时引起火灾。

(2) 喷烤时喷嘴不要面对人,以免发生烫伤事故。

(3) 操作人员须配戴防护用具,以免手部烫伤。

(4) 准备干粉灭火器备用。

7. 应注意的质量问题

(1) 空鼓

a. 片材防水层和聚氨酯涂膜防水空鼓发生在找平层与片材之间,其原因是防水层中存有水分,找平层未干,含水率过大,应控制施工中基层干燥程度,含水率低于 9%为宜。

b. 片材起泡形成空鼓,人工涂基底胶均匀程度不好,有薄有厚,在相同晾置时间下,胶膜厚的地方,胶中溶剂挥发不尽,片材贴合后,溶剂溶涨片材出现气泡,应提高工人操作技术,将胶粘度配制均匀,涂刷均匀,控制晾置时间,一定达到指干后方可贴合。

c. 基层表面密实程度不均匀,故涂胶时,局部吃胶量不同。在相同条件下,局部吃胶量较多的地方,溶剂挥发不尽,造成挥发过程中,溶涨片材,引起气泡。基层涂胶速度要快些,避免在同一处反复涂刷。

d. 片材贴合后,排除空气不彻底,也是造成空鼓的原因之一。应用力从一端按顺序依次滚压,排出空气之后,用铁辊仔细轧实。

e. 片材接头处,重复涂胶,也容易造成接缝处起泡空鼓。应在接头处,采用分时间段间隔操作。在接头处,不可用力多次滚压,避免用力不均,使接头处压翻。同时,接头不宜粘合太早,以便气泡排出。

(2) 皱折

a. 片材铺贴时不宜用力拉伸, 但适当用力可避免片材边缘出现皱折,短向接头可将局部片材裁齐，接头贴合后，滚压时，用力要均匀，避免将片材推出皱折。

b. 在细部变截面部位，应裁剪合理，避免出现皱折。

（3）翘边

a. 在接头部位涂刷一定要均匀到位，不可漏刷，底片涂胶可多出预留线 10~20mm，一定要晾至指干，滚压要及时认真，用力均匀，如有干边及时补胶。

b. 接头部位清理一定要干净，如有污染，应用溶剂擦洗干净。

（4）渗漏

a. 片材破损，孔、洞，搭接处粘接不牢，搭结长度不够等，是造成防水层渗漏的几种原因，应在施工中加强检查，严格执行工艺规程，认真操作，分工序严格把关。

b. 特别注意，聚氨酯涂膜防水涂刷完成后，需晾干后才能开始第二次涂刷。

第 4 节 排气层面构造结点施工

屋面排气孔历来是屋面施工中的争议话题。根据施工顺序，屋面结构完成后进行屋面保温、防水的施工。结构混凝土，保温材料保护层在强度上升过程中，会将内部的水分排出，而防水材料本身的气密性很差，这就造成了内部有水无法排出的局面。加上外界温差变化较大，长时间使用后会造成卷材空鼓，屋面面层脱落等质量问题。传统出屋面的排气孔的设置解决以上问题，但是，屋面长期暴露在室外，一般的排气管都会存在老化，破损的情况，给雨水倒灌创造了条件，直接破坏了屋面防水及保温系统。而且，屋面中需排除气体的总量是有限的，根据计算，在排气孔设置后 2~3 年后，屋面中的气体接近排放完成，需将外露排气管拆除或封闭。

排气屋面又称“呼吸屋面”，其原理是当 1:8 水泥膨胀珍珠岩找坡层内旳水蒸发时，沿设置好旳排气管道进入大气，防止防水卷材起鼓，同步还可以使找坡层逐年干燥，到达保温及施工规定。排气屋面一般是由排气道和排气孔构成,即在找平、保温、找坡层留设排气道,其位置一般与分格缝结合在一起。

1. 排气道旳设置

（1）排气道间距一般为 6m,宽度为 60mm,并在屋面上纵横贯穿。

（2）在排气道中填充 40-60mm 石子,保证空气畅通,不得堵塞。要注意铺贴卷材时,防止玛瑺脂流入排气道中。

（3）在排气道中十字交叉部位预埋四根打孔旳Φ20PVC 管材，上翻部位并用铁丝捆紧,详细高度。

2. 排气孔旳设置

（1）排气孔旳位置:排气孔应设置在纵横排气道旳交叉点上,并与排气道连通。

（2）排气孔旳数量:根据屋面旳构造状况,一般每 36 平方应设一种排气孔。

（3）排气孔旳做法:采用 DN75 铸铁管材,顶部采用双孔排气铸铁帽固定。下部与找平层接触部位,周圈采用 C20 细石混凝土固定,并做成半径 100 旳圆弧。

（4）安设排气孔旳规定:排气孔安设要固定牢固,耐久,并要做好排气孔根部旳防水处理,以防雨水从根部渗透找平、保温、找坡层内。

（5）排气孔距屋面高度不不不小于 400mm。

3. 屋面侧排气

（1）工艺原理。屋面侧排气孔是将出屋面的排气管道移至屋面的侧面,主要分为两部分:

（2）侧排气管道。按屋面形式及屋面上构筑物的位置合理设置内置排气通道,将屋面通过内置排气通道合理进行分割,并通过排气通道连接为整体,最后在建筑侧面由侧排气管道将气体排出。

（3）工艺流程。保温板施工在保温板中留置排气通道填充陶粒接侧向排气管覆盖 TK 板水泥砂浆保护层施工防水施工面层施工。

（4）具体工艺。检查抹灰交付合格基面:现场勘查——抹灰交底——基面检查处理——交付工作面。

4. 排气孔设置

（1）操作工艺

基层清理:注意结构层表面的清洁;

铺设保温板:结构层表面清扫干净后,直接在结构层上铺设挤塑板。挤塑板长边顺屋面排水坡向，由周边开始向中心铺设板块之间应拼缝紧密，相邻两块挤塑板错缝铺放,板块保证铺平。

根据平面布置情况,本屋面设置内置排气孔。分格缝宽度因考虑到排汽道和排汽管要求,故设置为 200mm。设置分格缝的方法是:在已定分格缝的位置上放置分格缝木条,保证木方顺直,同时固定牢固,保证排气通道联通顺畅。然后取掉木条,使用陶粒填充。

内置排气通道设置要求:排气通道封闭的范围不超过 36 平方米。根据屋面外露构筑物位置及尺寸,结合屋面情况,排气通道宽度为 200mm,与保温板同高。

（2）排气孔做法:

侧向排气管道采用 φ20mmPVC 管，侧向排气管道通过 PVC 管道伸至女儿墙外侧,出墙 100mm,并设置向下的弯头。避免在外墙铝板未封闭之前造成雨水进入排气管道。排气管道从女儿墙向内延伸 1m,从天沟底部连接到内置排气通道。在 PVC 管与陶粒连接部位用密目铁丝网将管道端部封闭,防治较小的陶粒颗粒进入排气管道。PVC 管伸入陶粒内 100mm,达到充分排气的效果。侧向出墙排气管道水平方向间距为 3m。

（3）TK 板安装施工

内置陶粒排气通道布置完成后,应及时安装 TK 板,并防止杂物进入陶粒排气通道,将陶粒间的空隙堵塞,影响排气性能。用水泥与 801 胶水拌合,将 TK 板粘接在保温板上。TK 宽度为 300mm,居中安装在排气通道上。将相邻两块 TK 板间的缝隙封闭。避免下道工序施工时，水泥浆流入陶粒中,堵塞排气通道。

（4）砂浆保护层施工。在保温板、内置排气通道施工完成区域,及时进行砂浆保护层施工。

第5节 波形瓦屋面施工

在房建工程屋面防水施工中,波形沥青防水板是继SBS高聚物改性沥青防水卷材、三元乙丙防水卷材等防水材料施工后又一种新型防水材料。以其为主要材料构成的通风防水坡屋面是波形结构,可以通过空气层的流动带走屋面潮湿气体,同时还有一定的隔热作用,形成会呼吸的屋面,具有防水耐久、环保、防潮等特点。与传统的防水材料相比,大大提高了施工效率,经济效益和社会效益较为明显。

1. 波形沥青防水瓦的特性

(1)安装简便:无需专门的安装设备和安装培训,并能在铺屋面瓦之前快速提供一个防水的屋面。

(2)通气:波形能在屋面和波形瓦之间及波形瓦下提供非常良好的通风空间,从而延长屋面结构和瓦的使用寿命。

(3)除湿:由于沥青瓦与屋面瓦之间有非常良好的通风条件,所以能保证屋面瓦很好地去潮湿干燥的能力。

(4)隔热:使用沥青瓦能显著提高屋顶隔热效果。

(5)隔音:声音穿过沥青瓦后,声音将被削弱。

(6)安全:提供坚韧、安全的屋面工作环境。

(7)多功能性:有足够的柔韧性适合安装在表面不平整的屋面结构上。

2. 波形瓦防水屋面施工工艺原理

波形沥青防水板是利用植物纤维在高温高压下压制,然后浸渍沥青而形成的,坡屋面基层处理后,施工丙纶布复合防水卷材,然后做保温层,预排波形瓦波形沥青防水板,再钉挂瓦条,铺面层板。施工后的防水屋面抗雨水渗透能力强。

(1)一般规定

波形瓦包括沥青波形瓦、树脂波形瓦等,适用于防水等级为二级的坡屋面。波形瓦屋面坡度不应小于**20%**。波形瓦屋面承重层为混凝土屋面板和木屋面板时，宜设置外保温隔热层；不设屋面板的屋面，可设置内保温隔热层。

（2）设计要点

屋面板上铺设保温隔热层，保温隔热层上做细石混凝土持钉层时，防水垫层铺设在持钉层上，波形瓦固定在持钉层上，构造层依次为波形瓦、防水垫层、持钉层、保温隔热层、屋面板。采用有屋面板的内保温隔热时，屋面板铺设在木檩条上，防水垫层铺设在屋面板上，木檩条固定在钢屋架上，角钢固定件长 100mm~150mm，波形瓦固定在屋面板上，构造层依次为波形瓦、防水垫层、屋面板、木檩条、屋架。波形瓦的固定间距应按瓦材规格、尺寸确定。波形瓦可固定在檩条和屋面板上。

（3）细部构造

屋脊构造应符合下列规定：屋脊宜采用成品脊瓦，脊瓦下部宜设置木质支撑。铺设脊瓦应顺年最大频率风向铺设。

檐口部位构造应符合下列规定：波形瓦挑出檐口宜为 50mm~70mm。

钢筋混凝土檐沟构造应符合下列规定：波形瓦挑入檐沟宜为 50mm~70mm。

主瓦伸入成品天沟的宽度不应小于 100mm。

山墙部位构造应符合下列规定：阴角部位应增设防水垫层附加层；瓦材与墙体连接处应铺设耐候型自粘泛水胶带或金属泛水板，泛水上翻山墙高度不应小于 250mm，水平方向与波形瓦搭接不应少于两个波峰且不小于 150mm；上翻山墙的耐候型自粘泛水胶带顶端应用金属压条固定，并做密封处理。

穿出屋面设施构造应符合下列规定：瓦材与穿出屋面设施构造连接处应铺设 500mm 宽耐候型自粘泛水胶带，上翻高度不应小于 250mm，与波形瓦搭接宽度不应小于 250mm；

上翻泛水顶端应采用密封胶封严并用金属泛水板遮盖。

（4）施工要点

带挂瓦条的基层应平整、牢固。铺设波形瓦应在屋面上弹出水平及垂直基准线，按线铺设。波形瓦的固定应符合瓦钉沿弹线固定在波峰上及檐口部位的瓦材应增加固定钉数量的要求。波形瓦与山墙、天沟、天窗、烟囱等节点连接部位，应采用密封材料、耐候型自粘泛水带等进行密封处理。

(5) 工程验收

波形瓦、保温隔热材料及其配套材料的质量应符合设计要求。屋脊、天沟、檐沟、檐口、山墙、立墙和穿出屋面设施的细部构造，应符合设计要求。板状保温隔热材料的厚度应符合设计要求，负偏差不得大于 4mm。喷涂硬泡聚氨酯保温隔热层的厚度应符合设计要求，负偏差不得大于 3mm。主瓦及配件瓦的固定、搭接方式及搭接尺寸应符合设计要求。波形瓦屋面竣工后不得渗漏。屋面的檐口线、泛水等应顺直，无起伏现象。持钉层应平整、干燥，细石混凝土持钉层不得有疏松、开裂、空鼓等现象。表面平整度误差不应大于 5mm。固定钉位置应在波形瓦波峰上，固定钉上应有密封帽。板状保温隔热材料铺设应紧贴基层，铺平垫稳，固定牢固，拼缝严密。板状保温材料的平整度允许偏差为 5mm。板状保温隔热材料接缝高差的允许偏差为 2mm。喷涂硬泡聚氨酯保温隔热层的平整度允许偏差为 5mm。

第六章　装饰装修工程

装饰装修工程是指针对设计方的方案进行具体的实施，把图纸变成实景的工程。主要指抹灰、油漆、刷浆、玻璃、裱糊、饰面、罩面板和花饰等工艺的工程，它是房屋建筑施工的最后一个专施工过程，其具体内容包括内外墙面和顶棚的的抹灰，内外墙饰面和镶面、楼地面的饰面、房屋立面花饰的安装、门窗等木制品和金属品的油漆刷浆等。

抗风性：型钢结构建筑重量轻、强度高、整体刚性好、防变形能力强。建筑物自重仅是砖混结构的五分之一，可抵抗每秒 70 米的飓风，使生命财产能得到有效的保护。

耐久性：轻钢结构住宅结构全部采用冷弯薄壁钢构件体系组成，钢骨采用超级防腐高强冷轧镀锌板制造，有效避免钢板在施工和使用过程中的锈蚀的影响，增加了轻钢构件的使用寿命。结构寿命可达 100 年。

保温性：采用的保温隔热材料以玻纤棉为主，具有良好的保温隔热效果。用以外墙的保温板，有效的避免墙体的"冷桥"现象，达到了更好的保温效果。100mm 左右厚 R15 保温棉热阻值可相当于 1m 厚的砖墙。

隔音性：隔音效果是评估住宅的一个重要指标，轻钢体系安装的窗均采用中空玻璃，隔音效果好，隔音达 40 分贝以上；由轻钢龙骨、保温材料石膏板组成的墙体，其隔音效果可高达 60 分贝。

健康性： 减少废弃物对环境造成的污染，房屋钢结构材料可 100%回收，其他配套材料也可大部分回收，符合当前环保意识；所有材料为绿色建材，满足生态环境要求，有利于健康。

舒适性：轻钢墙体采用高效节能体系，具有呼吸功能，可调节室内空气干湿度；屋顶具有通风功能，可以使屋内部上空形成流动的空气间，保证屋顶内部的通风及散热需求。

快捷：不受环境季节影响。一栋 300 平方米左右的建筑，只需 5 个工人

30个工作日可以完成从地基到装修的全过程。

环保:材料可100%回收,真正做到绿色无污染。

节能:全部采用高效节能墙体,保温、隔热、隔音效果好,可达到50%的节能标准。

第1节 断桥铝合金门窗工程施工

1. 施工准备

(1) 材料及重要机具

断桥铝合金门窗:规格、型号应符合设计规定,且应有出厂合格证。断桥铝合金门窗所用的五金配件应与门窗型号相匹配。防腐材料及保温材料均应符合图纸规定,且应有产品的出厂合格证。与结构固定的连接铁脚、连接铁板,应按图纸规定的规格备好。并做好防腐解决。密封膏应按设计规定准备。并应有出厂证明及产品生产合格证。嵌缝材料的品种应按设计规定选用。

重要机具:线坠、水平尺、托线板、手锤、钢卷尺、螺丝刀、冲击电钻、射钉枪等。

(2) 作业条件:

结构质量经验收后达成合格标准,工种之间办理了交接手续。按图示尺寸弹好窗中线,并弹好+50cm水平线,校正门窗洞口位置尺寸及标高是否符合设计图纸规定,如有问题应提前剔凿解决。检查铝合金门窗两侧连接铁脚位置与墙体预留孔洞位置是否吻合,若有问题应提前解决,并将预留孔洞内的杂物清理干净。铝合金门窗的拆包检查,将窗框周边的包扎布拆去,按图纸规定核对型号,检查外观质量和表面的平整度,如发现有劈棱、窜角和翘曲不平、严重超标、严重损伤、外观色差大等缺陷时,应找有关人员协商解决,经修整鉴定合格后才可安装。认真检查铝合金门窗的保护膜的完整,如有破损的,应补粘后再安装。

2. 操作工艺

(1) 工艺流程

窗洞口膀抹灰→安装附框→外抹灰→安装主框→室内抹灰→室外挤

塑板施工→打封闭胶→检查验收

（2）施工准备

窗户安装前，根据施工图在洞口部位标出窗户安装的水平和垂直方向的控制标志线。除应控制同一楼层的水平标高外，还应控制同一竖直部位窗户的垂直偏差，做到整个建筑物同一类型的窗户安装横平竖直。断桥铝合金窗附框距墙的尺寸不宜太大，在安装附框前，应对窗口膀抹灰找平，保证附框的距离。根据标出的位置安装断桥铝合金窗附框，附框安装时应用木楔临时固定，木楔间距控制在500mm左右，防止窗框变形。窗附框位置调整完毕符合规定后，将附框用膨胀螺栓连接固定在洞口墙体上。附框与窗洞口之间的缝隙用发泡聚氨脂填塞。

附框安装完毕后，进行外墙的抹灰，抹灰时要保证抹灰的厚度15mm厚，不能太厚，以免粘外墙保温板时，保温板压窗主框太多。安装断桥铝合金窗主框前洞口须上下挂线，避免主框发生移位。必须对前后位置、垂直度、水平度进行总体调整，对框的每根立挺的正、侧面都要认真进行垂吊，垂吊好后要卡方，保证垂直及两个对角线的长度相等，窗主框与附框安装就位后，之间外缘缝隙宽度应为5mm，主框与附框之间的空隙用发泡聚氨脂填塞，外面用密封膏嵌缝主框安装完毕后，方准许进行内墙的抹灰，抹灰按装饰工程技术质量保证措施执行，由于主框与窗洞口的距离较大为45mm，规定在窗洞口上口及侧口抹灰时挂钢丝网加强，钢丝网网孔25*25，丝经2mm，钢钉固定@400，窗下口用C20细石混凝土随打随抹光，规定断桥铝合金窗内框抹灰吃口应横平竖直，压窗主框5mm，保证窗户正常启动。粘外墙保温板时，吃口应均匀一致，均应压进窗主框5mm，内外窗台标高严格按设计节点施工，断桥铝合金窗主、附框周边打专用封闭胶，做封闭解决，防止渗漏。

第2节 外墙保温节能工程施工

1. 施工工艺流程

谈控制线、吊垂直线、套方——用保温砂浆做灰饼、冲筋——底层砂浆施工——第一遍保温砂浆施工——浇水养护——第二遍保温砂浆施工——检验平整度、厚度——门窗洞口及阳角护角——钻孔锚固钢丝网——抹水泥砂浆——7天后粘贴面砖、涂料饰面

2. 施工要点

（1）基层处理：将墙面上残余的砂浆、杂物清理干净，无油污、蜡、脱模剂、憎水剂、涂料、污垢、霜、泥土等其他妨碍粘结的材料。墙面松动、风化部分应剔除干净。

（2）基层应坚持平整，表面平整度不大于5mm。局部凸起、空鼓、疏松和有妨碍粘结的污物应剔除，并应聚合物砂浆找平，聚合物砂浆的配合比为：普通硅酸盐水泥：中细砂：胶：水=1：3：0.3适量（重量比）。

（3）当基层为加气混凝土砌块墙体时，应首先在墙体表面喷涂界面剂；然后用1：1：6水泥混合砂浆找平，表面扫毛，厚度为8~10mm；再用1：3水泥砂浆抹平压光，厚度为8~10mm。加气混凝土砌块墙体与混凝土梁、柱、剪力墙等结合处，宜采用聚合物砂浆抹平，且应加设热镀锌钢丝网或耐碱玻璃纤维网格布予以增强，网材搭接处应平整、连续，搭接宽度不应小于100mm。找平层施工时应做到：增强网应置于找平层内，不得外露，亦不得紧靠基层基层墙体；挂网应平整、绷紧，不得有空鼓、皱褶、翘曲；钢丝网可由锚栓或预埋钢筋固定，固定点布置应合理，间距不应太大；聚合物砂浆与其他找平砂浆结合面应摸成斜面。当基层为其他材料砌体墙体时，应用1：3水泥砂浆或聚合物砂浆整体找平。当基层为钢筋混凝土墙体时，如果墙体表面平整度不大于5mm，可不进行找平；否则，应用1：3水泥砂浆或聚合物砂浆整体找平。

（4）在外墙大角及其他必须要处吊基准垂直钢线和水平线。弹厚度控制线及伸缩线、装饰线：拉垂址、水平控制线，套方做口等。

（5）用保温砂外交浆根据保温砂浆的厚度做灰饼冲筋。

（6）进行底层砂浆的粉刷，用拉毛法，将底层砂浆用扫帚闰成粗糙面，表面平整方式、立面垂直度偏差不大于4mm，待硬功夫化后再抹保温材料。

（7）保温层施工：应分遍施工，每遍的厚度10mm，粉刷时，应抹平压

实,待保持温材料初凝后浇水润湿,以备下遍抹灰。分层抹灰时间间隔一般在24h以上(视天气情况而定),待厚度达到冲筋面时,先用大刮尺刮平,再用铁抹用力压平,墙面、六窗洞口平整度达到标准要求。施工进适当用力,要顺同一个方向涂抹。每层施工结束后浇水养护,夏季每天早晚各一次,冬季每天中午一次,浇水量以粉刷面保护润湿为宜,养护时间表不少于5天。

(8)外墙水泥砂浆面层施工应在保温层与砂浆初凝后应浇水养护,浇水养护时间以保持粉刷面保持润湿为宜,养护时间不得少于5天。

3. 质量控制及验收

(1)严格按照施工方案施工工工艺流程、施工操作要点配制砂浆以及涂料和保养。

(2)材料应在干燥、通风、阴凉的场所贮存,贮存期及条件应按材料要求,原材料进场应放置在专用库房,并堆放整齐,用防雨布按盖表面。

(3)保温及配套材料进场要进行验收,并按要求送检。

(4)操作人员需进行技术培训并考核合格后方可上岗,操作过程中遵守有关操作规程。

外墙、屋面保温工程应按《建筑工程施工质量验收统一标准》(GB50300-20xx)规定和与其配套使用的相关验收规范进行施工质量验收。进场原材料应有产品合格证出厂检验报告,及理亏见证取样送检。

第3节　外墙真石漆工程施工

建筑物涂层质量的优劣,除了与涂料本身质量的好坏有关,还与施工技术水平有很大关系,为了保证真石漆的施工质量,必须要有正确的施工工艺和正确的施工方法,并要求施工人员严格按工艺要求进行施工。

1. 真石漆施工工序

墙面基底情况检查、记录;清洁墙面基础;处理墙面孔洞、裂缝等;视情况批刮外墙腻子1-2道;辊涂抗碱封闭底漆;辊涂罩面清漆;打磨边角及粗糙部位;喷涂真石漆;弹线部位粘贴胶带分格;根据尺寸要求弹线。

2. 外墙施工工具

为保证施工质量，建议先使用脚手架批刮真石漆专用腻子，再使用吊篮施工含砂底漆、真石漆和罩面清漆。

空压机：功率 5KW 以上，气量充足，压力为 0.5-1.0 兆帕的空压机带三根气管，能满足三人以上同时施工，能自动控制压力。

喷枪：上壶喷枪，容量 500ml，口径 4-8mm；容量太大，则操纵不便；口径小，则施工速度慢。

各种口径喷嘴：4mm、5mm、6mm、8mm 等，口径越小则喷涂越平整均匀，口径大则花点越大，凹凸感越强。

橡胶管：氧气管，直径 8mm。

毛刷、滚筒、铲刀若干。

遮挡用工具：塑料布、纤维板、图钉、胶带。

3. 外墙基底处理要点

基层存在孔洞、凸起，应举行填充修补并找平；基层存在突起和凸起部位，应举行铲除并找平；基层存在表层浮灰及粘浮净化物，应举行打扫、打磨，保证表面清洁；基层存在油污，应采纳清洗剂举行清洗，保证去除后表面清洁和枯燥；基层存在空鼓，应叩开铲除，并用聚合物砂浆修补；基层存在裂纹和裂缝，应对其裂纹进行修补和抑裂增强处理；基层存在泛碱和严重盐析现象，应采用草酸进行中和处理；霉菌繁殖的中央，应用漂白粉水反复洗刷，再用自来水及钢丝刷将墙面清洗干净，彻底枯燥后才可施涂底漆。对有旧涂层的墙面必须确认其附着力才可施工，不然必须先铲除；旧墙面有空鼓、起壳的部位应铲除后修补平。

4. 基层要求

牢固-无空鼓、开裂、起砂、掉粉等；平整-符合中级或高级抹灰标准；干燥-含水率中性-酸碱度 pH 值<10；清洁-无油脂、浮灰、霉菌、藻类等；其它-洞口及破损处已修补；外露铁件已举行防锈处理；基层符合施工规范《建筑涂饰施工及验收规范》（/T29-2003）的要求。

5. 腻子找平施工要点

为保证真石漆层的粘结强度，建议接纳真石漆公用腻子，腻子视基层的平整度和阴阳角垂直度批刮 1-2 遍,批刮后的腻子需要打磨平整并适当养护。建议在脚手架上施工;理论用量为 1.5-2.5kg/m^2,因基面状况不同腻子用量可能存在差异;前一道腻子干燥后方可批刮下一道腻子,重点注意脚手架接头、阴阳角和层缝处的腻子批刮;腻子批刮前,如基层做有保温砂浆,保温砂浆层完工后,应养护至含水率、碱性达标;在实践操纵中,以腻子层均匀遮盖基底为标准。腻子层打磨后,需按照请求举行养护,腻子层含水率≤10%,PH≤10;检查基底层,局部举行修补。

6. 封闭底漆施工要点

底漆施工前,要求基层含水率<10%,PH≤10;为保证遮盖一致,底漆较多只可加 10%-15%水进行稀释,稀释采用洁净的清水即可,稀释后应充分的搅拌均匀。底漆一般施工一遍,施工均匀,无滚刷痕迹,无漏涂,施工后请求颜色一致。

7. 弹线分格要点

大面积的墙面建议尽量分隔为小面积施工,例如设计成仿砖、仿石等效果,可以避免真石漆出现接痕、不均、开裂等问题。在上好底漆的枯燥墙面,除去浮尘。按照设计尺寸请求举行弹线分格,同时需考虑分格缝的宽度。弹线时先确定水平、垂直偏向基准线,然后再依此基准线类推,确保每道线都横平竖直。建议每隔三层确定一基准线。弹线应清晰可见,建议采用与底漆不同颜色来显示。

8. 胶带粘结要点

在弹线部位粘贴公用胶带。粘贴时注意每道胶带都应在线的同一侧,如垂直线的左侧、水平线的上侧。先横向再纵向粘贴。胶带粘贴后应及时按紧贴实,为避免风吹脱落,一次粘贴面积不易过大,以满足及时施工面积为限。

9. 真石漆面涂喷涂要点

真石漆施工须保持漆膜厚度均一,每平方用量应符合规定用量以上,避免漆膜厚薄不一、明显批刮痕迹或接茬、阴阳角堆料的情况。真石漆施工必须在晴好天气,基层温度高于 10℃以上,湿度≤80%,风力<5 级的情况下

施工，阴雨天，潮湿阴雨雾霾天气，强风天气严禁施工。真石漆施工应采用吊篮施工，按指定批次施工在指定墙面，避免不同批号混用在同一墙面。施工间歇要注意密封，由于真石漆的色相取决于天然的颜色，因为每批真石漆的颜色可能略有差异；施工时每批材料较好分开堆放和分开施工，同一墙面必须施工同批次产品，以免造成色差，如果超过一个批次，一定要在上墙前先比对，再大面积施工；补脚手架等洞口应使用与大面同一批材料。产品到货先试喷，颜色和效果与样板无明明差异时再施工。工人需要统一施工手法、力道和方式，同一面墙建议使用同一班组施工，避免人为的差异。真石漆建议两遍喷涂，一遍均匀打底，一遍制作造型。同一立面建议一次性竣工，制止长期施工形成的新旧色差。使用有肯定厚度和宽度的公用美纹纸，不使用通俗美纹纸，撕除美纹纸要及时，制止毛边。待真石漆干硬后(一般约需 72h)，接纳 400-600 目砂纸，轻轻抹平真石漆表面凸起砂料及毛刺边角，切忌用力过猛。打磨边沿毛刺，修理格缝部位脱落及透底部位，并将表面清理干净。

10. 罩面清漆施工要点

施工时基层温度不得低于 5℃。必须待真石漆表干后，方可上罩面漆。罩面清漆不用加水稀释，以防发花、露白、光泽不一。面漆收滚筒方向需要统一，避免方向差异造成的光泽差异。罩面清漆施工完后，真石漆表面颜色应一致，光泽均一，无发花、露白等现象。

第 4 节　室内吊顶工程施工

1. 施工准备

（1）材料

各种材料级别、规格以及零配件应符合设计要求。各种材料应有产品质检合格证书和有关技术资料，配套齐备。所有用料运输进场不得随意乱扔、乱撞，防止踏踩，堆放平正，防止材料变形、损坏、污染、缺损。

（2）作业条件

首先应熟识图纸、所用材料、施工工具、工程量、劳动力情况、施工工序、现场情况、工期等。所有现场配制的粘结剂，其配合比应先由有关部门进行试配，试验合格后才能使用。吊顶施工前，应在上一工序完成后进行。对原有孔洞应填补完整，无裂漏现象。对原有的（埋）吊杆（件）应符合设计要求。对上工序安装的管线应进行工艺质量验收；所预留出口、风口高度应符合吊顶设计标高。

2. 操作工艺

（1）龙骨安装

根据吊顶的设计标高要求，在四周墙上弹线，弹线应清楚，其水平允许偏差±5mm。根据设计要求定出吊杆的吊点坐标位置。主龙骨端部吊点离墙边不应大于300mm。主龙骨安装完成应作整体校正其位置和标高，并应在跨中按规定起拱，起拱高度应不小于房间短向跨度的1/200。各种金属龙骨如需接驳，应使用同型号之接驳配件，如产品确无配件，应作适当处理。如主龙骨在安装时与设备、预留孔洞或其它吊件、灯组，工艺吊件有矛盾时，应通知设计人协调处理吊点构造或增设吊杆。主龙骨与吊杆应尽量在同一平面之垂直位置。如发现偏离应作适当调整。使用柔性吊杆作为主吊杆的，应作足够的刚性支撑，以免在安装罩面板时吊顶整体变形。主龙骨安装应留有副（次）龙骨及罩面板之安装尺寸。如设计无明确要求，主龙骨应设在平行于吊顶短跨边。安装金属次龙骨，应使用同型号产品之配件，并应卡接牢固。如为木骨架，在安装时注意所选用材料规格及材质应符合设计，并应按现行《木结构工程施工及验收规范》的有关规定执行。

（2）罩面板施工分钉挂式、搁置式和扣挂式

通常情况下当采用木板、胶合板、纤维板、石膏板和加压水泥板做吊顶的罩面板时，多用钉挂形式。当用钙塑板、岩棉板、矿棉板、超细玻璃棉板、刨花板、木丝板时多用搁置式。当用金属装饰板时多为扣挂式。

钉挂式罩面板，通常情况下表面还有饰面层，所以，安装除表面平整外，板块之间应留缝隙间疏，并应将板材边角去一小角，以利填缝挂腻子。用石膏板、加压水泥板作吊顶罩面板，所选自攻螺丝应先进行防锈处理，螺丝间距在200mm内为适宜，钉头沉0.5~1mm内为好。钉头过沉，会造成因

挤压过紧而出现脱挂。一般胶合板、木板,目前安装多使用经处理的气压射钉,如使用一般圆钉作钉挂,应将钉头打扁处理,在沉头后再用油漆作防锈处理。

搁置式罩面板一般多为轻质材料加工,安装时除注意保持龙骨的平直外,安装后不要有外力重压。搁置式罩面板,如是细玻璃板等,有孔洞时,应在骨面作适当的贴填加固,任何外物不能直接加在超细玻璃棉、岩棉、矿棉之类的罩面之上。采用搁置法安装时,应留有板材安装缝,每边缝隙不宜大于 1mm。

扣挂式金属罩面板,通常都已涂了饰面层,并有表层保护膜,加工比较整齐,安装容易,只要注意产品保护、平整、统一容易达标。扣挂式罩面板还有一种暗骨做法,暗骨罩面板在安装时特别要保护好其边角,其整体平正,完全决定于骨架质量。此类产品通常表面再不作装饰,所以施工时应十分注意表面保护。

(3)金属板安装

固定方法。铝合金板吊顶安装过程中,常采用铝合金扣板条和方板,其固定方法基本有两种。卡式固定法:即利用薄板所有的弹性将扣板条卡到龙骨上,龙骨兼具骨架与卡具双重作用,与板条配套供应。该方法安装简便,板缝易处理,拆卸亦颇简单。螺钉固定法:即将板用螺钉或自攻螺钉固定到龙骨上,龙骨一般不需同板条配套供应,可用型钢做龙骨,如方钢、型钢等型材。

施工质量控制。由于水平线控制不好,安装金属板方法不当,在龙骨上直接放重物,吊顶不牢,引起局部下沉,板条自身变形,上述原因都会引起吊顶不平。

3. 质量标准

(1)保证项目

所有的品种规格、颜色、质量及其骨架构造、固定方法应符合设计要求和质量标准。吊顶龙骨及罩面板、安装必须牢固、外形整齐、美观、不变形、不脱色、不残缺、不折裂。轻骨架不得弯曲变形,纸面板不得受潮、翘曲变形、缺棱掉角、无脱层、干裂、厚薄一致。

(2) 基本项目

吊顶安装完毕不允许外来物体撞击、污染。已带图案、花饰的罩面板其图案、花饰应统一端正,找缝处花纹图案吻合、压条应保证平直。在完成吊顶安装后,应进行实测。通常情况下,通道在10m内,大面积的礼堂、厅堂等以两轴之间抽查不小于10%的测检点。

第5节 外墙抹灰及涂料施工

1. 外墙抹灰施工

(1) 施工流程

水泥砂浆操作工艺流程:基层处理→做灰饼→冲筋→抹底层→抹垫层→抹面层。

水泥砂浆抹灰的底层和中层应分层进行,分层厚度控制在5~7mm。抹上后用硬刮尺推刮,再用木蟹(木抹子)搓毛。水泥砂浆面层抹灰宜在垫层抹灰隔日后进行,也分二遍涂抹,抹至需要的厚度,用硬刮尺刮平,终凝前用木蟹搓平,再用铁皮抹子压光2~3次。抹灰面过分干燥时可边适量洒水边搓平压光。水泥砂浆拌好后,应在初凝之前用完,凡已结硬的水泥砂浆不得继续使用,也不允许加水重新拌和后再使用室外大面积抹水泥混合砂浆时,应做灰饼及护角。为了保证外墙面抹灰的色泽一致,所用的材料水泥、砂等应按工程量和配合比的要求,一次性备足,单独堆放,专材专用。外墙面抹灰应在大面积底层抹灰结束后,再自上而下地完成檐口顶棚、腰线、窗台等处的抹灰工作。

(2) 操作方法:

无护角的大角处先用直尺撑直,底糙面洒水后从上而下抹平直尺口,用刮尺刮平表面,再用木抹子打平搓毛,适时用木抹子拉出纹路,使接头平服,纹路色泽一致。同一墙面不分格时,应上下各排从同一边开始,同时进行,连续操作,一次抹完。最后搓平拉直纹路时,上下排接头要平服,无接搓痕,色泽均匀。一次完不成时,接头应在阴角、阳角处或雨水管覆盖处中断。

面层分格抹灰时，应在底糙上按设计要求弹好分格线，用素水泥浆粘贴楔形嵌缝木条，木条浸水后粘贴平直，木条表面与抹灰面层平，将木条二侧挤出的素水泥浆刮成坡度，并填嵌密实，同时检查木条应在同一平面内，嵌缝条应连通。待水泥浆有一定强度后，再抹面层灰。

抹面层时，先将砂浆抹平木条面，用刮尺沿木条面推拉，找平后用木抹子拍打搓平初拉纹路，掌握好收水程度，控制砂浆稠度不宜过大，防止面层裂缝。抹灰面搓平拉直纹路后，用小钢皮将木条面的砂浆清理干净。待秣灰面凝结后，细心将木条取出，修补后在分格缝内嵌纯水泥浆，嵌缝应密实、顺直，嵌缝表面应比抹灰面已凹进 5mm。外墙大面积抹灰完成后，应及时清理落下的砂浆，特别是窗台、腰线及门窗边等处要清理干净，不得过夜。外墙面抹灰时，如基层吸水过快，允许边洒水边搓平拉纹路。如基层不吸水、面层砂浆下滑，可在表面贴纸，在纸面上抹干水泥，待其收水后刮去纸面水泥浆，揭去纸张后再搓平拉纹，不可将干水泥直接抹在面层上吸水。

线角、窗套、滴水线厚度超过 50mm 的在墙面打 φ6 眼钉 L=80mmφ6@400 短钢筋后扎钢丝网括糙。窗台上口做泛水，下口做滴水；窗天盘、凸出墙面>50mm 的线角、窗口均做滴水槽，线角上口做泛水。

（3）外墙粉刷抗裂缝措施：

在粉刷前，对墙体进行隔夜浇水湿润墙面，确保墙面在粉刷时墙面始终处于潮湿环境下，并控制每天粉刷的面积保证能在工人下班前完成。在施工过程中应根据当时的天气情况和基层状况，抹面时可适当进行浇水湿润。砂浆应随伴随用，应在初凝之前用完，凡已结硬的水泥砂浆不得继续使用，也不允许加水重新拌和后再使用。

2. 外墙涂料施工

（1）施工流程

施工前必须将基层表面的灰浆、浮灰、附着物等清除干净，用水冲洗干净。基层空鼓必须剔除，连同蜂窝、孔洞等提前 3d 用聚合物水泥腻子修补完整。基层要干燥，用水冲洗过的墙面需干燥 1d，用水泥腻子修补过的墙面需自然养护 3d 以上。新抹水泥砂浆面层，需用铁抹子压实压平，因其湿度、碱度均高，对涂膜质量有影响，因此抹灰后需自然养护10d以上才能施工。抹灰面表面应平整，使纹理质感均匀，否则涂刷涂料后，由于光影作用，会造成颜色深浅不一致的错觉，影响装饰效果。调好涂料稠度、空压机压力、喷涂距离、喷涂速度，以保证质量。空气压力一般为0.4MPa~0.8MPa，以将涂料喷成雾状为准，喷涂距离为40cm~60cm，粗涂料，喷口直径保持在5mm~6mm，细涂料，喷口直径保持在3mm~4mm。喷咀中心线要垂直于墙面，喷枪平行于墙面匀速移动，不可上下倾斜，快慢不匀，以免出现虚喷发花，不能漏喷、挂流。漏喷要及时补上，挂流要及时除掉，涂层要均布于墙面，以覆盖底面最薄为佳，不宜过厚。施工时，要连续作业，到分格缝处停歇。

（2）涂刷顺序

宜先喷涂或滚涂大面积底色涂料，待大面积底色涂料干燥后，再涂刷装饰线，分隔带等细部位置。涂刷装饰线时，要按设计要求，量好宽度尺寸，弹好线或用胶带贴边，再行涂刷。装饰线需心细需有经验、技术熟练的工人涂刷。对保温外墙涂料施工时，大墙面满刮腻子，第一遍局部坑洼部位，第二遍进行满刮，第三遍耐水腻子半干状态时砂纸打磨。涂刷涂料时涂刷工具采用优质短毛滚筒。上底漆前做好分格处理，底漆涂刷涂刷均匀一至两遍，完全干燥12h。底漆完全干燥后，用滚筒滚面漆时用力均匀，按涂刷方向和要求一次成活。

第6节 楼地面工程施工

1. 水泥砂浆楼地面

（1）基层处理：将混凝土楼面上的砂浆污物等清理干净，并认真将板面的凹坑内的污物剔刷干净。

（2）浇筑细石砼

① 刷素水泥浆一道：在理好的基层上，浇水湿透，并撒素水泥面，然后用扫帚扫匀，扫浆面积的大小应依据打底铺灰速度的快慢决定，应随扫随铺。

② 冲筋：房间四周从+50cm水平线以下按设计厚度抹灰饼，房间中每

隔 1m 左右冲筋一道。有地漏的房间应由四周向地漏方向做放射形冲筋，并找好坡度，冲筋应使用干硬性砂浆。

③ 浇筑：按设计厚度浇筑细石砼，随捣随抹，再用大杠横竖检查其平整度，并检查标高及泛水的正确，用木抹子挫平，密实。24h 后浇水养护。

2. 花岗石面层

花岗石面层采用花岗石板材应在结合层上铺设。花岗石的技术等级、光泽度、外观等质量要求应符合国家现行行业标准《天然大理石建筑板材》JC79、《天然花岗石建筑板材》JC205 的规定。板材的裂缝、掉角、翘曲和表面的缺陷时应予剔除。品种不同的板材不得混杂使用，在铺设前，应根据石材的颜色、花纹、图案、纹理等按设计要求，试拼编号。铺设花岗石面层前，板材应浸湿、晾干，结合层与板材应分段同时铺设。面层与下一层应结合牢固，无空鼓。花岗石面层的表面应洁净、平整、无磨痕，且应图案清晰、色泽一致，接缝均匀、周边顺直、镶嵌正确、板块无裂纹、掉角、缺楞等缺陷。面层表面的坡度应符合设计要求，不倒泛水、无积水，与地漏、管道结合处应严密牢固，无渗漏。

3. 细石砼楼地面

（1）工艺流程：弹+50cm 水平线→基层清理→洒水湿润→刷素水泥浆→贴灰饼、冲筋→浇筑混凝土→抹面→养护

（2）细石砼楼地面施工应在预埋在地面内的各种管线已做完，穿过楼面的竖管已安装完毕，管洞已堵塞密实，墙、顶棚抹灰已完毕之后方可进行。

（3）铺设细石砼之前，需先将基层清理干净，并洒水湿润；根据墙上的+50cm 水平线找出面层标高，作灰饼、冲筋。铺设细石砼时，应从里面向外进行，铺设要均匀，应比门框锯口线低 3-4mm。铺设的细石砼按灰饼高度刮平拍实后，立即用木抹子搓平，从内向外退着操作，要求抹子放平压紧，使地面平整。木抹子抹平后，用铁滚来回纵横滚压，直到表面泛浆，即可进行压光工作。在细石砼终凝之前，要求用专用压光机进行压光，使其色泽一致，平整光滑，无抹痕。

（4）地面施工完成后，用毛毯覆盖洒水养护，且不少于7天。养护期间，禁止上人或进行其他工作，以免损伤面层。

4. 防滑地砖楼地面

（1）工艺流程：基层清理→抹底层砂浆→弹线、找规矩、弹好铺砖控制线→铺砖→拔缝、修整→勾缝→养护

（2）铺贴前，对地砖的规格、尺寸、外观质量、色泽等进行挑选，并浸水湿润后晾干待用，以地砖表面有潮湿感，但手摸无水迹为准。根据实际尺寸和坡度要求，以房间中心点为中心，弹出相互垂直的两条控制线和确定地砖的铺设厚度，再根据地砖的尺寸进行分格预排。同时注意地面铺贴的收边处理，不得出现小于半砖的地砖。根据分格预排的结果和铺设厚度，在地面上拉好控制线大面积铺设。

（3）铺贴时采用1:2干硬性水泥砂浆，面砖应紧密坚实，砂浆应饱满，并严格控制标高和坡度。面层铺设完毕后，应在24h内进行擦缝、勾缝和压缝等工作，缝深为砖厚的1/3，擦缝和勾缝应采用同品种、同标号的水泥，随作随清理水泥，并做养护和保护。面层铺完后应坚实、平整、洁净、线路顺直，无空鼓松动、脱落和裂缝、缺棱、掉角、污染等缺陷。地漏低于地面5mm，并找出相应坡度。地砖间和地砖与结合层间以及墙角、镶边和靠墙处，均应与水泥砂浆紧密结合，铺砌平整，镶嵌正确、铺砌工作应在水泥砂浆凝结前清除，待缝隙内的水泥凝结后，再将面层清洗干净。

第7节　创优工程细部节点施工

1. 主体结构

主体结构是确保建筑物安全使用的根本保证，不能有任何影响使用功能的质量问题和危及结构安全的隐患。梁柱节点要方正，截面尺寸要准确，要做到内实外光，不能有裂缝、渗水、漏水等现像。填充墙砌块砌筑灰缝要饱满、均匀，表面要平整，墙柱马牙槎留置、墙顶混砖要规范。

2. 地下室

表面要平整，表面不能有裂缝、麻面、起灰，做到无积水、无渗漏；地沟

槽尺寸准确、坡度(向)正确,抹灰平整密实;沟盖板表面与地面要求平齐,缝隙均匀、严密;设备基础应与地面作法一致,有水、有油设备基础应有集中措施;刚性找平地面应设分格缝,缝距不大于 6.0m,且在柱脚位置要交圈;敷贴地面表面要平整,对缝要准确,缝宽窄应一致,力求能做到"三同缝",管道安装要整齐规范、标识清楚。

3. 卫生间

卫生间防水要到位,要做二次浸水试验。排水坡度、坡向要正确,不能有渗漏。卫生器具、蹲(坐)式便器、小便斗、开关、插座、洗脸台、地漏、拖把池等,必须与装饰密切配合,做到地砖、墙砖、顶棚的排列与器具的安装标高,方位共同考虑。力求做到"三同缝"如墙、地砖、吊顶、经纬线对齐;"六对齐"如洗脸色板上口墙砖缝对齐;台板立面档板与墙砖对齐;镜子上、下水平缝对齐,两侧对称、竖缝对齐;门上口和水平缝、立框和砖模数对齐;小便器、落地、上口、墙缝、两边和竖缝对齐;电线、电器开关、插座,上口水平缝对齐。"一居中"即吊灯、地漏,包括对地砖、插座、吊顶、开关等居中布置;"一中心"即地漏在地板砖中心。墙的排砖要有序,不能和安装形成杂乱无章。等;隔板底部要有防锈措施,洗脸下支架安装牢固、防锈到位、排线(管)整齐、固定牢靠。

4. 屋面

(1) 屋面防水、找平、排气孔及通气孔。

屋面防水铺设要符合规范和设计要求,卷材铺贴接头密实牢固、线条平直、宽度均匀、无皱折、鼓泡、翘边现像;找平层表面应平整,不得有疏松、起砂、起皮现像,分格缝布置要合理,间距宽在 6.0m 以内,缝宽度为 20mm,并嵌填密封材料。密封材料一般不应高找平层,表面密实、平整,不能随意到处流淌。泛水及转角处园弧要顺直美观;排气道应纵横贯通,不堵塞,并应与分隔一致。排气口高度不宜低 25cm,宜设在纵、横分格缝交接处,排气出口要整齐划一、牢固,做到顺直美观。上人屋面通气管口应高出屋面 2.0m,并应根据防雷要求考虑防雷装置。不上人屋面通气管口高出屋面不得小于 0.3m,管顶应装设风帽或网罩,管脚防水与屋面同步翻边,应高出屋面 150mm 以上。管脚要有固定措施，用 PVC 管材作通气管时，宜设置加固措施。

（2）檐沟

檐沟纵向排水坡度不应小于 1%，水落口周边直径 500mm 范围内坡度不应小于 5%，檐沟表面要平整美观，线条顺直，排水通畅，不得积水。

（3）女儿墙

女儿墙防水卷材收口可直接铺压在墙压顶下，也可嵌入墙上预留凹槽内，凹槽距找平层高度不得小于 250mm，卷材收头应固定并密封，密封要密实、平整，凹槽上部墙体应做防水处理。女儿墙压顶表面光滑平整，向内坡水明显，阳角通顺，鹰嘴明显，下口平整光滑。

（4）屋面凸出物根部

屋面凸出物包括管道支墩、设备、支架、拉架落水管、反梁、管井等，一般应与周围找平层做成墩台，墩台与周边找平层间宜留凹槽，并嵌填密封材料，管道防水层收头处宜用金属箍紧，并用密封材料封严。观感应做到：防水封口严密，墩台表面平整光滑，高度不小于 260mm，泛水园弧顺直一致。墙与管相交处要做到清晰美观，水落管下部距表面距 150mm、250mm，各管距地应一致平齐，下部应设水簸箕保护屋面，管道安装完成后，宜设穿越设施，如小桥等，以便保护成品，方便行人和维护。

（5）屋面大面

屋面大面是建筑物的第三立面，观感十分重要，屋面大面首先应设计先进，用材讲究、经济合理，分块要合理，大面要平整坡度坡向正确，排水通畅，一般找平层不能起砂、麻面、表面要光洁密实。块材屋面缝宽窄、深浅一致；色块分布要有艺术、勾缝光滑、接头呈小八字，无空鼓。要重点做女儿墙、凸出物泛水界处理，形成统一的、整体的效果，给人美观的感受。

5. 电井与管井

电井与管井空间陕小，施工质量也十分容易被忽视，优质工程就是每一部位都要规范到位。往往管井、电井内壁粉刷都漏掉或凹凸不平，不仅影响使用功能，还会影响美观。管井、电井内壁也要符合“里外一个样”的要求,应粉刷平整,阴、阳方正,涂层光洁。同时由于电井、管井狭小,管线繁多,因此要与相关专业密切配合,避免事后打凿,另外管井、电井一定要进行穿板防水封堵,且封堵一定要严密、平整、美观。

6. 梯间与护栏

楼梯是主要的交通疏散通道,梯段净宽,楼梯平台宽度应符合设计要求,净高不应小于 2.0m,梯段净高不应小于 2.2m,扶手高度不应小于 0.9m,直杆间距净空不应大于 0.11m。不宜设易攀爬的花格或水平栏杆。当水平段栏杆长度大于 0.5m 时,其扶手高度不应小于 1.05m;当梯井净宽大于 0.2m 时,(住宅、幼儿园等公建大于 0.11m 时),应采取安全措施。阳台外廊、室内回廊、内天井,上人屋面及室外楼梯等临空处,栏杆高度不应小于 1.05m,高层建筑的栏杆高度应适当提高,但不宜超过 1.20m(一般按 1.10m),栏杆离地面或屋面 0.10m 高度内不应留空。栏杆应采用易攀登的构造。楼梯踏步不应超过 18 级,亦不应少于 3 级(含室内、外错层处)。步宽、步高应一致,表面铺贴(或找平)应平整,应设防滑、挡水、滴水线等措施,梯间踢脚线出墙厚应一致,整齐美观。

7. 室内顶棚

室内顶棚应大面平整无裂缝,粘贴牢固,无脱层、空鼓、阴阳方正、顺直。吊顶处理时,龙骨要牢固,吊顶应与相关专业协调,做到灯具、喷淋头、烟感、喇叭、摄像头等有序布置,成排成行、对称、居中、错落有序,不同材料界面清晰。大型灯具不能直接安装在龙骨上,应有专门吊顶点,做到安全可靠。吊顶不能遗留杂物,管线布置要规范合理。

8. 楼地面

(1) 板块楼地面,板块品种、规格、颜色和图案应符合设计要求,面层和基层粘接牢固、无空鼓,板块表面洁净、图案清晰、色泽一致。接缝准确均匀,周边顺直,板块无裂纹、缺棱掉角等缺陷。踢脚线表面清洁,接缝平整均匀,出墙厚度和高度一致,适宜,结合牢固。各种层面邻接处镶边用材尺寸符合设计要求和施工规范规定,边角整齐、光滑、不得二次打磨。

(2) 水磨石楼地面,面层和基层结合牢固、无空鼓、无裂纹,表面光滑无砂眼和磨痕,石粒密实,显露均匀,颜色图案一致,不混色;分格条牢固顺直清晰。踢脚线高度一致,出墙厚度均匀,与墙面结构牢固无空鼓;各种面层邻接处的镶边用材及尺寸符合设计要求和施工规范;边角整齐光滑,不同颜色和邻接处不混色。

(3)水泥混凝土楼地面,与基层结合牢固、无空鼓,无裂缝、脱皮、麻面、起砂等缺陷、面层坡度符合设计要求,无积水和倒泛水等现像。

(4)木质楼地面,面层钉铺牢固无松动,粘接牢固无空鼓;面层刨平磨光,无刨痕毛刺;图案清晰,颜色均匀一致;缝隙严密,接头位置错开、适当,表面洁净、油漆厚薄均匀,不掺杂物;踢脚线表层光滑,接缝严密,高度和出墙厚度一致。

(5)地毯楼地面,表面平整饱满,拼接牢固,严密平整。无起鼓、起皱翘边、卷边、显拼缝、露线、污染、损伤等缺陷。楼地面安装地插座,位置应有序排列,做到成排成行间距均匀,不能杂乱无序。

9. 室内墙柱立面

室内墙柱的装饰应与楼地面、顶棚协调一致,色彩过渡自然。面层平整、光洁,与基层粘接牢固,无空鼓、脱层、裂缝等缺陷;孔洞、槽盒与管道背(表)面尺寸正确、边缘整齐光滑、管道后面平整,护角符合施工规范规定;表面光滑、洁净、接槎平整、线角顺直;门窗框与墙体交接平顺。饰面砖品种、规格,颜色、图案符合设计要求。安装牢固、无空鼓、歪斜、缺棱掉角等缺陷;表面平整、洁净、色泽搭配合理、协调一致;接缝嵌填密实、平直、宽窄深浅一致。阴阳角处的砖压向正确(或45°对接),整砖或非整砖的使用部位适宜,尺寸偏差小于规范允许值。室内柱面、墙面与顶棚交接应做装饰条进行分隔,线条顺直、美观。梁柱交接线能做横平竖直、无污染、洁净、美观。

10. 室外墙面

室外墙面装饰材料品种繁多、大致有油漆墙面、板块墙面、石材幕墙、金属幕墙,玻璃幕墙等。无论采用何种墙面,首先要做到表面平整、光洁,阴阳角方正、顺直,各种线条做到横平竖直,棱角分明。不同材料色彩搭配协调、分块合理,界面清晰;分格条(线)宽窄深浅一致。条(缝)尺寸准确,收口平整光滑、棱角整齐;各种材料无裂缝、脱落、缺棱、掉角、空鼓、露底、二次打磨、泛碱等缺陷。材料套割要严密,缝隙要均匀,勾缝要平整、光滑,圆弧缝交叉点应成十字花,不用小于半砖(板块材)。对玻璃幕墙、石材幕墙、金属幕墙等,要保证幕墙的单元构件和连接件的强度和稳定性,对幕墙的风压变形性能、雨水渗漏性能、空气渗透性能、平面内变形性能等要进行检测,以保证整个幕墙的安全、可靠。

11. 变形缝

在现代建筑里,由于体量规模大,单屋面积和长、宽都过大,以及抗震、沉降的需要,都会设有变形缝、抗震缝。变形缝的作用就是使不同结构单元能自由变形,因此缝必须通透,不能填塞,因此装饰时要求变形缝四周,从建筑整个外轮廊,到各层都应贯通,室内楼、地面、墙面、天棚装饰时要求变形缝都应贯通,构造应符合设计要求,缝面做法正确、表面洁净、伸缩自由、两边不能脱落、扭曲。

12. 室外工程

室外工程包括散水,台阶、明(暗)沟、阴井。散水一般采用混凝土基层,水泥砂浆抹面或石材镶贴而成。要求做到色泽均匀、无空鼓、裂缝、脱皮、麻面和起砂等缺陷;散水表面应平整、宽窄应一致,排水坡向正确、无积水、不倒泛水。沿外墙纵向、横向和外墙转角处应合理置变形缝,缝的宽窄应一致,并嵌填密封材料。台阶要求块料铺贴牢固、无空鼓、裂纹,缺棱掉角、阶宽、高尺寸应一致,相邻两级高差应小于 1 0mm,表面要平整、顺直、排水要畅通,石材不能泛碱。与外墙交接处应设沉降缝。明(暗)沟、阴井,内壁粉刷平整、光滑、坡度坡向正确,排水通畅。无杂物、无积水、沟帮尺寸一致,沟盖板缝隙严密,表面平整美观。

13. 门窗

门窗安装牢固、开启灵活、不跑扇;洞口方正、垂直,底脚缝隙适当,其余各边应严密;小五金安装正确,油漆光洁、平整、手感细腻;门上、下帽油漆到位,不留杂物,夹板门帽要留通气孔。窗台应内高外低,铝合金四周要充填密实,窗框底部要留有向外排水口,框边应设置减振胶垫,打胶要密实、均匀、光洁。

14. 其他

沉降观测点、等电位测试点、防雷接地测试点要有标识,保护装置牢固,用材要与外墙协调。

第七章 新型建造方式施工技术

第1节 绿色建造施工

城市化建设速度的不断加快推动了民用建筑行业发展的同时,也导致了可规划建设用地的日益减少,相应为绿色施工技术的发展提出了更高的要求。建筑行业作为国民经济发展的重要保障,在保证行业发展的同时最大程度的降低对生态环境所带来的影响就显得尤为重要。当前阶段,随着我国资源节约型社会建设脚步的逐渐加快,绿色、低碳、环保逐渐成为建筑行业的主要发展方向,因此,对现代化绿色施工技术在建筑施工中的运用进行分析具有十分重要的研究意义与价值。

1. 绿色施工技术的内涵及原则

1.1 绿色施工技术的内涵

建筑行业在国民经济发展过程中起着不容忽视的作用,不仅为人们的日常工作和生活带来了极大的便利,也为国民经济的繁荣发展提供了重要保障。然而,随着我国城市化建设水平的迅速提高,不断增加的工程项目数量及规模也为生态环境带来了较为不利的影响,在一定程度上推动了绿色施工技术的发展与应用。

对于建筑工程来说,绿色施工技术的运用就是在传统施工技术的基础上,将绿色环保施工理念充分融入到整个施工过程中,从而降低对环境造成损害的同时避免不必要的资源浪费, 其应用效果可通过下表进行体现。一方面可以为居住用户提供更为舒适、健康的生活环境,另一方面也可更好的帮助我国建设资源节约型社会。主要体现在以下三方面:一是建筑设计的简约性。众所周知,设计越复杂的建筑工程通常需要耗费更多的人力、物力和财力,虽然在一定程度上提高了建筑外观的艺术性,但在施工过程中所产生的大量能源消耗不利于节能减排理念的实施;二是施工材料的环保性。施工材料作为工程质量的决定性因素,通常需要建筑企业花费大量的成本投入。不合格的施工材料不仅容易导致安全事故的发生还会对生态环境造成较为显著的不利影响;三是施工现场的有序性。建筑工程通常具有较长的施工周期及复杂的施工流程,因此,在施工过程中,对于施工现场的管理就显得尤为重要。对于噪声、扬尘、废物等方面进行良好的处理与科学的二次利用就是绿色施工技术应用的重要体现。

表 7-1-1 绿色施工技术运用特点

健康舒适	工程所在地不包含危险源、有害物质等
生活便利	项目所在地周边配套设施完善,适合日常居住和生活
资源节约	在资源利用、能源消耗方面满足节能降耗相关标准
环境宜居	园林环境优美、日照资源充足、生活环境安静

1.2 绿色施工技术的运用原则

经济性。对于建筑企业来说,良好的经济效益是工程项目顺利进行的重要保障。因此,建筑企业在运用绿色施工技术时,应避免一味的追求环保材料及节能工艺,而应更多的根据工程实际情况选择性价比较高的施工材料进行工程建设。与此同时,对于老旧小区改造方面,应最大程度的利用工程项目原有材料进行施工,避免大量的资源消耗,更好的帮助建筑企业控制施工成本。

兼容性。随着人们对于高质量生活向往的日益增加,人们对于民用建筑的要求已不仅仅停留在居住功能上,而是将更多的关注点放在了配套设施的建设方面。这就要求建筑企业在绿色施工技术的应用过程中充分考虑周围环境的利用价值,利用废水回收装置、新能源设备等加强对节能减排理念的宣传,不仅避免了对工程周围的植被、水系等造成破坏,还可为建筑工程创造新的宣传点。

安全性。近年来,随着政府及相关管理部门对于安全生产重视程度的不断提高,相应降低了安全事故发生的概率。然而,由于我国绿色施工技术在民用建筑中的运用尚处于发展阶段，导致施工现场出现很多安全隐患。

因此，建筑企业在进行应用过程中，应充分考虑其安全性，为现场施工作业人员提供更为有力的安全保障。

2. 绿色施工技术在建筑工程中的应用范围

当前阶段，随着我国建筑工程施工技术的不断发展，对于绿色施工技术的应用已经不仅仅停留在某一种固定的施工技术层面，而是在整个施工过程中对各种绿色施工理念进行综合落实。现代建筑工程中绿色施工技术的应用要点如表所示，因此，其具体的应用范围主要包括以下几个方面：

表 7-1-2 现代建筑工程中绿色施工技术的应用要点

应用要点	主要措施	主要内容
资源管理	能源利用	节能应用、新能源推广、低碳措施
	水资源管理	节水措施、废水回收再利用
空间规划	布局减碳	通透性空间布局、内部空间多功能组合、公共孵化平台建设
	建筑减碳	绿色植物、智能控制、新型材料
生态建设	绿化固碳	科学搭配、绿色植被、生态建设
	改善微环境	区域通风、科学降辐

减少施工占地面积。在建筑工程准备阶段，项目投资方首先应根据工程所在地的实际情况对施工区域进行科学规划，同时安排相关技术人员对其地质结构、水文情况、管线分布等进行全面的勘查，要求相关设计人员根据相关参数进行合理的设计，最大程度的减少不必要的占地及资源浪费。水资源循环再利用。众所周知，建筑工程在施工过程中需要耗费大量的水资源，因此，绿色施工技术的应用首先应考虑对于水资源的节约使用方面。比如对于降水量较为丰富的南部地区，如图所示，建筑企业可以通过水处理装置的设置，对雨水进行收集利用，降低对于水资源的消耗；对于日常施工过程中所产生的建筑废水，可以进行二次回收利用，最大程度的避免不必要的资源浪费。与此同时，对于无法进行再次利用的废水资源，应严格按照国家相关规范及标准进行排放，避免对生态环境造成不利影响。

图 7-1-1 雨水收集利用装置示意图

节能暖通技术运用。随着恶劣天气发生频率的不断增加以及人们对于高质量生活向往的日益增强,空调暖通设备逐渐成为人们日常生活中不可缺少的关键设施,在一定程度上造成了大量的能源消耗。因此,对于建筑企业来说,相关设计人员应根据工程所在地的气候条件等进行合理设计。比如对于太阳能资源较为丰富的地区,应加强窗户的设计面积,减少暖通设备的使用时长;而对于风能资源较为丰富的地区,应加强空间布局的合理性分析,通过加强自然对流的作用效果降低空调设备的使用时长,从而降低能源消耗水平。

照明设备的合理选择。对于建筑工程来说,照明设备是不可缺少的重要设施,不仅在整个施工过程中起到重要作用,且在后续使用过程中也会造成一定的资源浪费。这就要求建筑企业根据建筑方位及工程需求,对照明设备进行合理选择。比如在装饰材料的选择方面,建筑企业可以利用中空玻璃优异的透光性减少照明设备的使用时长;在照明设备的选择方面,可以利用节能设备来代替传统的照明设备,从而降低电能消耗水平。

有效处置建筑废物。建筑工程在施工过程中不可避免的会产生大量的建筑废物,绿色施工技术的应用不仅需要建筑企业降低建筑垃圾的产生数量,还应加强对其进行二次利用的效果。比如对于施工过程中所产生的建筑垃圾,可以应用到其他工程的填埋部分,从而降低对于生态环境的影响;比如对于日常生活所产生的垃圾,应及时进行分类处理,从而加强现场施工作业人员的环保意识。同时对于日常生活垃圾应及时联系相关机构进行处理,避免后期发生腐烂等问题,对地下水资源造成不利影响。

加强建筑土壤防护。建筑工程的施工过程不仅会导致周边土壤发生流失等现象，还容易由于有害物质的产生而导致周边土壤受到不可逆损害。因此,绿色施工技术的应用需要建筑企业提前对周边土壤采取相应的防护措施。比如对于易于发生土壤流失问题的土壤进行植被覆盖;对于施工过程中所产生的有害物质选择合适的场所进行储存并及时进行处理,避免与土壤发生直接接触;对于施工过程所导致的植被损害,应在施工完成后进行相应修复。

强化现场防护措施。建筑工程通常处于露天环境中,因此,其在施工过程中所产产生的各种污染极易对居民的日常工作和生活带来较为直接的影响。绿色施工技术的应用就要求建筑企业在施工过程中及时做好相应的防护。比如对于施工过程中所出现的扬尘问题,应事先对路面进行硬化处理;对于距离居民楼较近的施工区域,应提前设置相应的防护网避免噪声污染等问题的发生;对于施工过程中出现的资源浪费问题,应及时采取相应措施进行避免。

推广节电技术的应用。电力资源作为建筑企业得以顺利施工的前提条件,不必要的浪费会造成大量的能源消耗。绿色施工技术的应用就要求建筑企业根据工程需要以及工程所在地的日照水平进行施工时间的控制。与此同时,为了更好的降低电力能源消耗水平,建筑企业也应采取相应的措施:比如及时淘汰老旧设备,积极引进先进的节能设备,降低能源消耗水平;比如对于机械化设备应进行定期检修与维护,避免故障问题的发生。

3. 绿色施工理念下的建筑工程管理模式创新路径

3.1 建筑材料采购

为了更好的帮助建筑企业落实绿色施工理念,首先需要对建筑材料采购过程进行良好控制。这就要求建筑企业相关管理人员做好以下几方面内容:一是确保建筑材料的质量。在采购过程中,应对供应商的资质进行严格审查,确保其生产流程满足国家相关规范及标准;在应用过程中,应对建筑材料定期进行检查,避免不合格材料的应用影响工程质量;二是加强建筑材料的环保检测。随着绿色施工理念的不断深入,越来越多的建筑材料出现在市面上,为相关设计人员提供更多选择的同时,也容易导致鱼龙混杂的现象出现。因此,建筑企业在材料选择的过程中,应提前对其成分进行科学检验,避免有毒有害的危险建筑材料应用到具体的施工建筑中,给人们的生命健康带来威胁;三是推广新型建筑材料的应用。建筑材料作为影响工程质量的重要因素,在一定程度上可以很好的推动建筑本体进行节能减排。比如新型保温材料的应用,可以最大程度的维持建筑物内部温度的恒定,从而降低空调暖通设备的 使用时长,推动节能降耗。

3.2 绿色施工方案

绿色施工理念下,节能环保逐渐成为建筑企业进行具体施工作业的重要考虑因素,因此,建筑企业在编制施工方案的过程中,应做好以下几方面工作:一是建立绿色施工理念。在施工设计阶段、施工阶段、施工维护阶段对节能环保措施进行推广与应用,同时在现场施工作业人员日常生活中进行宣传,从而更好的保证建筑行业与生态环境的平衡发展;二是做好整体规划。当前阶段,城市建设速度的逐渐加快导致规划建设用地的快速减少,为了更好的保护生态环境,降低对于土壤的损害,建筑企业在施工设计中注重建筑与环境的协调发展,科学的对其结构特性、空间布局进行规划设计,从而提高土地资源的利用效率;三是优化建筑施工技术。传统的建筑施工技术通常需要耗费大量的资源与能源,相应也会产生大量的建筑废物与生活垃圾。为了更好的落实绿色施工理念,就需要建筑企业将以往的施工工艺与新理念、新材料相结合,推广新能源与可再生能源的利用,加强建筑废物的二次循环利用,从而达到节能减排的效果。

3.3 节能降耗控制

建筑工程作为高能耗、高污染行业,绿色施工理念的落实离不开节能降耗措施的应用。对于建筑企业来说,应做好以下几方面工作:一是监督施工过程中的资源与能源的消耗量。在具体的施工作业中,相关管理人员应对工程能耗水平进行监管,针对高能耗的环节及时提出相应的解决方案,比如淘汰老旧设备,引进先进节能设备,从而从源头上降低能耗水平;二是降低施工过程中污染排放所产生的影响。在具体的施工过程中,不可避免的会产生污染物,为了降低对于生态环境所产生的不利影响,建筑企业应及时采取相应措施。比如对于扬尘污染问题,现场施工作业人员可以提前对施工现场进行硬化处理;对于噪声污染问题,相关技术人员可以合理控制施工时间并采取降噪措施;对于废水污染问题,应在施工现场合理的安置废水回收处理装置,提高水资源利用效率的同时避免对土壤产生不利影响;三是提高新能源与可再生能源的利用水平。随着我国能源转型步伐的逐渐加快,现阶段,我国对于太阳能等可再生能源的利用水平已处于较为完善的阶段。为了更好的避免化石能源消耗对环境所产生的影响,建筑企业可以充分利用光伏发电来代替消耗传统能源为消费者提供电能或利用光热作用来为建筑物提供热能，从而更好的推动建筑行业实现可持续发展。

3.4 专业人才培养

在建筑工程管理中落实绿色施工理念离不开专业人才作为重要保障,因此,对于建筑企业来说,应做好以下几方面工作:一是加强绿色施工理念的宣传。在具体的施工过程中,应通过定期培训、日常宣传等方式提升现场施工作业人员及相关管理人员的节能环保意识,从而更好的推动绿色施工理念的落实;二是重视专业人才培养,通过对管理制度进行不断完善等方式,更好的提高员工对于绿色施工的积极性;三是推广可持续发展理念,对于企业的发展规划及企业文化,应将可持续发展理念进行充分融入,从源头上加强员工对于绿色施工的重视程度;四是提高新型材料研发力度。对于工程项目所获得的经济收益,可以将一部分用于新型材料的研发,从而更好的推动我国建筑行业实现绿色发展。

第 2 节 基于 BIM 模型的智慧建造施工

不断出台的利好政策为我国建筑行业的飞速发展奠定了坚实的基础,不断发展的科技水平为建造技术的持续升级注入了源源不断的活力。现阶段,随着我国建筑工程项目数量及规模的快速增加,在一定程度上推动了装配式建筑的发展。然而,该施工技术通常具有消耗较多的资源与能源、较长的施工周期以及较大的环境污染等特点,这就要求建筑企业根据工程实际内容进行合理的结构设计并采用科学的施工工艺。BIM 技术凭借其精准的预测模型、高效的设计效率在现代建筑企业中得到了广泛的应用与推广。BIM 就是建筑的模型,英文是 Building Information Modeling,它是运用和建立数字化模型对建设进行运营、建立与设计全方位生命周期进行优化与管理的技术、方法和过程。

1. BIM 技术的应用优势及难点

(1) BIM 技术的应用优势

众所周知,CAD 技术的出现为建筑设计人员提高工作效率、提升设计精准度奠定了坚实的基础,推动了各行各业的发展且沿用至今。随着科技水平的快速提高,BIM 技术的出现进一步体现了非图像形式信息的特有优势,在建筑设计中得到了广泛的应用。现阶段,BIM 技术可应用的软件有很多种,相应也为建筑设计从业人员提供了更为宽泛的选择。因此,该技术逐渐成为建筑设计行业的主流发展方向,其应用优势主要包括以下几个方面:

信息数据全面。高层建筑通常结构复杂且影响因素众多,需要设计人员在前期对大量的基础信息数据进行收集、整理、归纳与分析,因此需要耗费大量的时间在准备工作阶段。BIM 技术在数据整理方面的优势主要包括以下三点:一是覆盖范围全面,对于无法用几何图像展现的信息可以通过该技术进行模拟;二是存储时间长,BIM 技术的应用不仅可以存储建筑设计阶段所需的信息,还可以对建筑过程全周期所需数据进行存储与调整;三是对于临时调整的施工环境,BIM 技术还可以对原有信息进行及时修正,从而更好的帮助建筑企业掌握施工进度。

提高设计效率。高层建筑的设计过程通常需要设计人员在设计完成后会同项目投资方、工程负责人、相关技术人员进行评审,对设计图进行不断完善,从而更好的保证设计合理性。BIM 技术的应用可以更为直观的展现建筑设计人员的设计理念与设计方案,帮助各行各业的评审人员通过相关软件发现不合理的设计部分，并提出相应的解决方案对设计参数进行修改。因此，该技术的应用不仅加强了各方单位之间的沟通交流，还可以减少设计方案最终定稿所耗费的时间。

推动建模发展。高层建筑设计通常需要从业人员具有较强的专业技术能力，并可以在设计方案展示过程中利用较为通俗的语言进行介绍。BIM 技术的应用则很好的避免了无法用语言进行描述的设计参数，从而更为有效的为工程项目各方单位进行设计与技术方面的讲解。与此同时，随着 BIM 技术应用范围的不断增加及工程项目复杂程度的不断提高，在一定程度上也推动了相关技术的发展，为后续我国自主研发相关软件奠定了一定基础。

提升专业水平。建筑工程通常具有较长的施工周期，且需要耗费大量的人力、物力、财力等资源作为前提保障。BIM 技术的应用不仅可以更为直观的展现设计方案，还可以更为合理的帮助设计人员选择建筑材料、安排施工进度、编制施工方案等，从而避免不必要的资源浪费。与此同时，对于建筑设计中存在的不安全隐患，该技术的应用也可更好的帮助相关技术人员提出解决方案，并通过多方案的模拟对比选择最优方式，更好的保证建筑安全性。

（2）BIM 技术的应用难点

BIM 技术在信息技术的不断发展下应运而生，相应也推动了相关软件的不断创新与优化，在建筑行业设计方案优化、工程造价控制、施工进度安排等方面得到了较为广泛的应用。近年来，随着我国政府及相关部门对于绿色建筑的不断推广，各建筑企业在 BIM 技术应用的基础上，也在不断对其进行升级，从而更好的突出其应用价值。然而，由于我国对于相关技术的研究与应用起步较晚，在体制机制建立、规范标准完善等方面尚处于发展阶段，因此，在建筑设计中应用 BIM 技术还存在一些难点。

标准不完善。虽然我国自动化控制技术及信息技术的应用范围都在不断增加，且呈现着飞速发展的趋势，然而，在相关技术的应用规范及标准方面尚存在一系列亟待完善的问题。对于建筑设计行业来说，由于 BIM 技术的应用不仅仅局限于某一款软件方面，因此，对于个软件之间模型的通用性方面及数据的共享安全性方面容易引发矛盾。

习惯难改变。建筑行业作为我国的支柱性产业,在国民经济发展中占有不容忽视的地位。虽然传统的设计模式与方法无法满足现代化建筑行业的发展需要,但实现信息化转型仍存在一定难度。特别是对于BIM技术来说,由于起步较晚且应用门槛较高,对于很多资历较老的建筑设计师及相关技术人员无法进行良好运用,从而为建筑行业的信息化发展带来一定阻碍。与此同时,随着市场化经济的不断发展,建筑企业之间的竞争也在越来越激烈，这就导致很多建筑企业对于数据资源共享存在一定的抵触心理,从而不利于BIM技术的进一步发展。

责任难落实。如上文所述,BIM技术的应用通常需要建筑企业提供较为详细且全面的信息数据，在一定程度上容易导致建筑设计方与数据提供方之间的责任划分变得更为模糊,从而在后期出现不必要的矛盾。与此同时,对于无法实现兼容的各个商用软件,一旦出现数据失真的现象,也无法很好的进行责任落实,影响工作效率的同时为建筑工程带来一定安全隐患。

产权难保护。各行各业对于信息化技术的使用不可避免的会需要大量的基础信息作为前提条件。然而,由于我国相关体制机制还不完善,对于使用的数据信息、完成的数据建模等尚未建立合理的产权保护模式,从而容易导致使用矛盾的出现。与此同时,在这个全球信息化时代,网络安全逐渐成为国家及相关部门需要优先考虑的关键问题,在保证信息传输高效性的同时避免数据流程就显得尤为重要。

2. BIM技术在建筑设计中的具体应用

(1) BIM技术在建筑配套装置中的应用

建筑工程通常需要依靠大量的现场施工作业人员及机械化设备进行配合完成相应的施工环节,因此,确保配套装置的安全性及操作规范性就显得尤为重要。BIM技术的应用通过对整个建筑施工过程进行仿真模拟,可以提高装置布置的合理性,为操作人员提供更为规范的指导。同时对于施工现场容易出现的排水、用电等问题,也可通过模型进行分析,从而更好的提出解决方案。

(2) BIM 技术在材料用量预测中的应用

建筑材料的选择作为建筑工程设计中最为重要的环节之一,不仅对工程质量产生较为直接的影响,还会对建筑企业的经济效益产生一定影响。因此,BIM 技术的应用可以帮助建筑设计人员更为准确的预测建筑材料使用数量,从而更好的帮助相关造价人员进行工程造价预算。与此同时,对于性能要求较高、规格参数较为精密的构件,BIM 技术的应用也可显著提高设计效率,通过数据库的自动搜索匹配功能降低设计人员的工作量,避免不必要的资源消耗。

(3) BIM 技术在建筑仿真模拟中的应用

仿真模拟作为 BIM 技术应用的主要模式,通过三维立体图像的显示更为直接的展现设计方案,帮助相关技术人员发现其中存在的不合理问题并通过不断的优化进行完善。比如在对应急消防进行设计过程中,可以通过提供多种建筑材料、消防布局等方式对消防重点难点进行仿真模拟,通过相关审查人员对其进行分析,提高设计效率,避免后期返工、复工问题的发生,也为人们的生命财产安全提供有力保障。

(4) BIM 技术在设计动态控制中的应用

众所周知,建筑工程极易受到自然条件等外部环境因素的影响而出现施工进度的调整,传统的建筑设计过程中,相关管理人员只能根据自身经验及预期目标对工程进度进行合理控制,从而极有可能导致完成时间点与预期不一致的情况出现。而 BIM 技术的应用可以实现对建筑工程的全过程控制,同时对于动态变化进行实时掌控,因此,相关设计人员可以及时根据建筑工程的变动对设计方案进行合理修正,通过数据平台对各部门进行及时反馈,从而更好的展现设计效果。与此同时,BIM 技术在仿真模拟中的应用也可以更好的帮助建筑设计人员对设计方案中存在的安全隐患进行分析与解决,避免更为严重的安全事故的发生,最大程度的保证人们的生命财产安全。

(5) BIM 技术在结构参数设计中的应用

BIM 技术的应用从根本上来说是一种数据共享系统,建筑设计相关人员通过将较为全面的建筑基础信息导入到数据库中,帮助各部门实现资源共享。对于建筑设计人员来说,准确的数据参数是确保设计方案合理性的前提条件,通过虚拟数据信息的使用来代替传统的绘图模式,不仅帮助建筑设计人员提高了工作效率，还可以利用相关软件对设计方案的合理性、科学性进行分析,从而更好的保证建筑设计方案满足工程实际需求。

3. BIM 技术的优势剖析和运用场景

运用 BIM 技术的能出图性、协调性、可见性、优化性与模拟性能有效的改进空间的结构,处理管线交错的冲突,提升效益和施工的质量。建筑信息模型在安装大型机电工程当中的优点与应用场景重点主要表现在下面的几个方面:

(1) 管线平衡的综合

运用建筑信息模型对每一个管线实行碰撞检查,为了达到最合适的综合布置效果,可以连续的调节管线的空间布置,能最大限度的避免返工导致浪费工时、材料与人力和开始施工才发现的管线碰撞。

(2) 演示与虚拟创造

在更深一步的基础设计中,经过建立各个关联的机电构件三维信息模型,能在施工之前完成这个项目的虚拟建造表演。能够直接的表现出施工的成果,让管理方的决策、协调和沟通对于项目机电专业与有关方面各个相关专业上都能在可以见到的情况下进行。

(3) 决策支持与智能算量

想要提高施工管理的效率,可以运用算量软件,使用 BIM 技术,能把手算通过电算化来代替,从电子图纸能快速的计算出实物的量。模型可以把数据的可回溯性、及时性、准确性,某个区域系统的量计算出来,为材料购买计划、进度计划供给数据上的帮助让决策更加准确和有效。

(4) 提升企业精细化管理要运用数据共享

运用基于网络的管线平衡技术,可以把完成模型以后的工程量传输给 MC 系统,材料员、预算人员、项目部施工人员能够无误准时的调取服务器端工程的数据。想要更加有效的稽核工作组的计划,构建级是数据粒度必须要达到的。这些项目和数据上的 PMS 也要在与此同时形成共享。促使项目部和公司管理部门的信息能够对应的上,能够准确、快速的下达命令,达到项目精细化的管理和缩小交流的成本。

第 3 节 工业化装配式钢结构施工

不断出台的利好政策为我国建筑行业的飞速发展奠定了坚实的基础,不断发展的科技水平为建造技术的持续升级注入了源源不断的活力。现阶段,随着我国建筑工程项目数量及规模的快速增加,在一定程度上推动了装配式建筑的发展。然而,该施工技术通常具有消耗较多的资源与能源、较长的施工周期以及较大的环境污染等特点,这就要求建筑企业根据工程实际内容进行合理的结构设计并采用科学的施工工艺。钢结构最大的优势是强度高,自重轻,可以实现更大的跨越,可灵活布置。因此能够做到不同家庭人口模式下自由分隔空间,从而满足不同人生阶段家庭生活需求,更容易实现可自由分隔的"百变户型"。以最大程度体现出钢结构住宅的优势,实现宅随心动;另外钢结构住宅最大的缺点是隔声差、钢结构防腐和防火性能差。因此为更好的推动装配式钢结构建筑的应用与发展,需要在传统钢结构体系的基础上研发一种新型的建筑体系,在充分发挥钢结构优势的基础上,避免钢结构隔声差、钢结构防腐和防火性能差,让人们能够接受钢结构建筑,在此基础上尽量降低造价,并实现装配化。

装配式的钢结构主要以装配式构件的形式施工,经过改造,将建筑、发展、建造及大厦管理一体化,以订立不同的标准,进一步提高建筑的生产力和质素,确保建筑的循环再用。这是一种节能环保的建筑,其设计涵盖了整个施工过程,同时利用信息技术实现信息平台,将传统的建筑设计和施工改造为"工业化、自动化"的形式,不仅符合先进的建筑发展理念,也符合"绿色建筑"的发展理念。在装配式钢结构中,每一个结构元素都是灵活的,可根据用户需求自由设计,不影响整个结构的稳定性。装配式钢结构的生产不仅可以大大节省劳动力,而且可以减少材料损失,减少污染,提高经济和社会效益。现代科技的进步有利于建筑业的发展,随着中国城市化的发展，建筑质量越来越受到重视，与传统混凝土结构相比，装配式钢结构使施工工业化，减少了资源消耗，使施工更环保。因此，钢结构在最近几年变得很普遍。目前，装配式钢结构是一种非常重要的施工形式。将绿色概念融入装配式钢结构，建立绿色装配式体系，对中国建筑业的发展具有重要作用。装配式建筑是在建筑产业化的基础上发展起来的一种新的建筑形式。在装配式构件方面，每件建筑构件必须按照统一标准制造，然后进行装配和现场制造；装配式钢结构的设计体系在设计上较为成熟，但其技术体系尚未完善，这也是“绿色”装配式钢结构和应用研发的核心内容之一。此外，传统的建筑设计工期长，现场环境易发生变化，常受风蚀、降雨和季节性温度变化影响，导致施工稳定性和质量问题严重，施工期长，施工阶段长，但采用装配式钢结构可以减少对地下工程环境和条件的影响。它能有效地控制建筑工程的结构稳定性，大大提高建筑的抗震性能。

1. 钢结构施工技术

(1) 制作钢结构

钢结构的制作是钢结构施工技术的基本内容。首先要完成施工设计样图的制作，接着根据样图设计钢结构，采购人员据此进行相应材料的采购并按规定对材料进行反复的试验使之符合实际使用要求。然后将施工样图与工艺技术结合起来进行半零件成品的生产、零件质量等进行检测，最后将半成品加工成成品并进行组装，运用焊接技术进行缝隙的连接。制作完成后还需对钢结构进行相应的验收工作并进行除锈和涂装处理。

(2) 定位钢柱

定位钢柱时，首先要保证第一节钢柱能进行准确定位，这样才能使之后的钢柱定位不会出现大的偏差。在对两个原始端点进行测试时，要保证起始点位置的准确性，再根据施工的实际情况选择不易受到影响，视野较为开阔的地方当做第二测试点。通过这种闭合的方式能使各个点的定位较为精确。柱脚锚栓是钢结构施工技术的重要部分，在施工时要使其免受混凝土浇筑等的干扰，可以进行锚柱平台设计，利用角钢对平台进行支撑。根据相关设施来定位柱中心，同时在锚柱四边进行精准的线路支架。之后运用全站仪对锚栓进行检测,使其位置能够准确。如果出现位置不准确的情况,可通过各方面的复查来矫正。

(3)钢柱的垂直度

钢柱的垂直度必须要控制好,可以在钢柱两边设立合适的水准仪,通过水准仪来测量垂直度。同时还需要全站仪来辅助定位钢柱顶部中心点与四周顶端角以保证垂直度。注意要将全站仪放到合适的位置以减少误差。由于垂直度测量误差会随着钢柱高度增加导致仪器仰角增加而加大,需要在每一层进行多位置放线并通过使用激光垂准仪来控制垂直度。

(4)钢柱吊装施工技术

钢柱在吊装施工时要使用相关的设备,以此来保证吊装的效果。在钢柱尚未被吊起时,需要让其中一端先吊起来,在利用吊机将其垂直升起,升到一定高度后开始保持平稳的运行状态并进行角度的测量,出现误差及时进行更改。

2. 装配式钢结构施工技术

(1)吊装方法

①安装协助框架和穿钢丝绳根据施工组织设计要求,严格按照规程操作,采用 QY50 起重机,四点吊装采用 Φ22.5mm、强度级别为 1570MPa 的钢丝绳。QY50 起重机通过协助框架完成模块吊装工作,钢丝绳穿入预留吊装框架边长 20%孔洞处,即长边 2.4m 处。吊装框架通过钢丝绳连接垂直起吊模块,钢丝绳穿过模块的角件处,由于模块角件刚度较大,可以保证模块结构整体稳定性。严格保证钢丝绳上下不交叉,钢丝绳与水平线成 60°左右比较适宜,受力均匀适中。②吊装与定位制订详细的起吊方案,借助钢框架实现模块角件受力,从而保证结构整体稳定性和吊装平衡性。吊车支撑点应坚实,严禁支撑于松土或回填土上,同时在坚实地面上应采取木枋支垫,以免支撑脚在受力过程中下沉,防止吊车倾翻。全面检查吊点结构、承重体系和提升装置,通过预提升来检查局部连接和钢丝绳连接件是否可靠。起吊前和起吊后分别用全站仪和水准仪检查模块的整体垂直度和整体平面弯曲偏差情况,并且记录数据,偏差值满足钢结构工程施工质量验收规范允

许偏差限值。③就位与固定吊装前,要先校核画好的点位坐标以及角件尺寸位置,并在垫层上画好模块控制边线。吊装就位后,通过手拉葫芦,进行细部校正定位,并与预埋板件进行螺栓连接与焊接。紧固连接件为构件高强螺栓,接合面应按要求检查处理,高强螺栓应按规定进行初紧和终紧;组装结构采用焊接连接,施工焊接应符合设计或施工验收规范的规定,控制焊接工艺防止焊接变形。

（2）楼板体系

在高层建筑工程中所使用的楼板体系一般有两类,分别为钢筋桁架楼承板和预制的砼交叠楼板。首先,钢筋桁架楼承板在浇筑操作方面非常简便,且质地较轻、强度大。因此在进行钢筋桁架板加工的时候,就必须严格根据建筑施工现场的具体规格来进行加工,在完成制作以后,只需在建筑施工现场进行简易摊铺，并将实木板和钢梁的连接用栓钉焊接连接即可。铺筑实木板以后,需要对分布筋进行简易的绑扎就能够直接对混凝土结构进行施工,既没有进行满堂脚手架的搭设,也没有撑模,在浇筑的时候只需使用三脚架进行简易的支承就能够了，这样在一定程度减少了浇筑工期，同时也降低了人工成本。而预制混凝土叠合楼板在进行浇筑的过程中,也使用了 BIM 技术进行模型模拟,并且所有预留预埋的工作都在厂房内部进行,只需要板材强度满足设计标准之后就可以在现场完成吊挂。

（3）钢柱定位

钢结构框架应能保证钢柱第一部分的精确布置,使钢柱的后续布置不致产生显著的偏差。在两个初始终端进行类似试验时,初始位置必须准确,应根据安装条件选择适当的位置作为第二点。应尽可能选择不能损坏的位置和视野,以便通过封闭法合法地确定钢柱方向各点的对应值。为此,需要使用适当的平台支撑安全带。平台设计必须合理,提供非常稳定的周边支座,并应防止混凝土浇筑及其他类似工程。应使用适当的手段确定钢柱中心的适当方向,并在锚柱周围布置适当的线。线路示意图必须准确,偏差必须在规定范围内;在设置锚点时,应使用整个点来显示正确的方向。如有错误,应及时纠正。调整后再进行复查,确保导数准确无误。

3. BIM技术在装配式结构中的应用

随着我国科技水平与信息化技术的不断发展,各行各业的工作人员都在不断利用计算机技术提高自身的工作效率。建筑行业作为我国经济水平飞速发展的重要支撑,如何在保证建筑质量的同时提高施工效率、降低对环境的不利影响就成为建筑企业需要优先考虑的关键因素。基于BIM的装配式结构设计凭借其自身的独特优势在建筑行业中得到了广泛的应用与快速的推广。

传统模式下,建筑工程的施工通常处于露天环境中,在一定程度上增加了突发性状况发生的概率,从而不利于工程的顺利实施。装配式建筑的应用不仅很好的避免了这一问题的出现,还提高了施工效率。装配式建筑作为现代化建筑发展的主要趋势,通过将部分传统模式下需要进行现场施工作业的施工环节提前在预制厂中进行构建的加工,之后再运输到施工场所,在现场施工作业人员的安装下完成工程整体内容。该建筑方式通常具有统一的设计标准、专业的生产放置、智能的管理系统,因此在建筑行业得到了较为广泛的应用,具体应用如图所示。装配式建筑的应用显著降低了施工成本以及对环境所造成的影响,BIM技术的应用大幅提高了施工效率以及设计的有效性,因此,在装配式建筑中引入BIM技术具有十分重要的实用价值。基于BIM的装配式结构设计与建造关键技术流程如表所示:

表7-3-1 BIM技术在装配式建筑中的应用范围

序号	施工阶段	主要内容
1	设计阶段	性能分享、工程量设计、建筑设计、结构设计、机电设计、出图
2	深化设计	碰撞检测、施工仿真模拟、构件库、深化设计、装修设计、出图
3	构件生产	厂区堆放管理、构建模具设计、生产计划管理、构件质量管理
4	物流运输	发货管理、物流运输管理
5	现场施工	培训与交底、进度管理、场布管理、施工模拟、质量管理、成本管理
6	物业运维	运维管理

(1)建筑规划

良好的建筑规划是施工企业保证工程项目得以顺利实施的前提条件,

也是建筑企业实现成本控制的有力保障。合理应用BIM技术,可以更好的帮助相关技术人员进行建筑规划设计,主要包括以下三方面应用:一是场地环境分析。该技术的应用通过将场地信息与空间信息进行整体分享,更好的帮助项目投资方选择施工地点。因此,通过BIM相关技术进行施工场地的选择,可以最大程度的降低工程项目对环境所带来的不利影响;二是施工设计图的调整。利用BIM技术进行数学建模时,通常需要将实际建筑本体按照一定比例进行缩小,从而将模拟图与实际数据形成一定的比例管线,从而保证在对某一个构件进行参数修改时,与其相关的其他数据也可随之进行改变,为设计师提高工作效率提供参考依据,同时也可避免人为因素导致的误差;三是利于部门的协调。BIM技术的应用可以更为直观的展现设计师的设计理念以及施工过程中可能出现的安全隐患,因此,可以更好的帮助建筑企业各部门对于其中存在的问题进行沟通并提出相应的解决方案,从而更好的推动工程项目的顺利进行。

(2)数学建模

建筑设计师通过将建筑工程的实际数据导入到相关软件，即可利用BIM技术进行装配式建筑结构设计的数学模型,从而帮助设计师、项目负责人、相关技术人员等更为直观的了解设计师的设计理念。与此同时,构件预制厂的相关技术人员也可利用BIM技术详细的了解构件的尺寸参数等,从而对建筑工程的使用性能、装配式建筑各构件的精准度进行检验,为后续施工奠定良好的基础。对于施工企业的项目负责人来说,该技术的应用也为其分析工程设计的合理性与科学性提供了有力支撑,从而帮助其更好的对施工进度、施工方案进行控制。

(3)数据库建立

现阶段,随着BIM技术在我国建筑行业中的不断应用,很多建筑企业都将已有工程数据进行了上传,从而不断完善了我国BIM设计数据库。通常情况下,该数据库包括多种建筑的数学模型、装配式建筑的结构设计图、预制构件的具体参数等,建筑设计人员可以根据工程实际情况选择合适的参考资料作为设计依据,提高自身综合实力的同时优化设计方案,更好的保证工程质量。

（4）制造构件

对于装配式建筑来说，制造构件尺寸的精准性及良好的质量是建筑工程质量的有力保障。因此，在进行相关构件的生产时，需施工企业相关负责人与预制厂相关技术人员进行详细沟通，避免出现预制构件无法应用的问题。在这个阶段应用BIM技术可以很好的对构件尺寸、材质等进行标准化说明，预制厂可以根据相关数据进行构件的生产，提高生产效率的同时确保构件质量符合工程要求，避免了不必要资源的浪费。

（5）布置埋件

在具体的施工过程中，埋件的布置方式通常具有数量多且复杂程度高的特点，因此需要相关人员对埋件的具体分布情况进行合理分析。在该阶段应用BIM技术可以通过数学模型的方式更为直观的展现其分布情况，并结合工程实际情况对其合理性进行分析，为建筑企业选择埋件的内嵌组和吊钩形状提供参考依据。与此同时，通过对梁结构与建筑预留洞口的适配性进行分析可以最大程度的避免后期出现复工的现象，从而帮助施工企业节约施工周期。

（6）拆分设计

BIM技术的应用需要建筑设计人员将工程实际参数导入到相关软件中，通过建立相应的数学模型更为直观的展现建筑的相关设计参数。设计师在对其进行展示的过程中，工程相关技术人员会结合工程实际情况对设计图进行修正，此时就需对构件进行拆分设计。这就要求相关设计人员确保每个构件均是可拆分的，且每个拆分之后的构件均可详细展现其具体安装方法，得到统一的结论后再对相关设计进行整合。

（7）碰撞检测

装配式建筑凭借其较高的施工效率得到了较为广泛的应用，然而，该建筑方式也存在一些较为不利的影响因素，其中较为突出的一点就是设计方案的管线经常与实际施工过程中的建筑本体产生碰撞，且该碰撞通常会对建筑物的安全性造成影响。因此，需要相关技术人员充分利用BIM技术对其碰撞情况进行检测与标注,从而更好的帮助相关技术人员对其进行修正,确保建筑本体的使用安全。

(8) 用量设计

合理且科学的钢筋用量是确保建筑质量及稳定性的前提条件，因此，需要施工企业对其分布情况及数量进行清晰的判断。在安装过程中应用 BIM 技术可以通过建模的方式，对钢筋的具体分布情况进行直观展现,从而更好的为相关技术人员对其分布的合理性进行分析，一旦发现问题,可以及时与设计人员进行沟通并直接在模型上进行修改,更为高效的判断修改的合理性,从而更好的保证工程质量,避免后期出现倒坍等重大安全事故的发生。

第 4 节　工业化装配式混凝土 PC 结构施工

现行当下,预制构件(PC 为 PrecastConcrete 的缩写)建筑犹如五十到七十年大量使用,又迎来新的发展机遇。PC 建筑在施工方面有诸多优点:构件在工厂预制,大幅降低现场工人劳作量,提高了效率;内檐楼板底模取消,外檐使用简易外三角挂架,节省了施工成本;门窗洞口尺寸偏差大幅减小,质量更近完美;可以提高现场建成速度,调节供给;混凝土平整度提高,可以节省抹灰,降低建造成本;部分工人转移到了工厂生产,有利现场文明施工和安全管理;减少现场建筑垃圾量。PC 建筑应用可以很广泛。广泛用于内外墙板,柱梁楼板,和外檐附属构件。PC 建筑还要自己的特色,如混凝土夹芯保温板,提高了防火等级;外装立面给人以韵律美。

1. PC 构件施工

预制构件进场后检查编号(型号)、构造、预埋件;外墙板、楼板(阳台板)、楼梯板几何尺寸及外观质量应符合设计及规范要求。

2. 外墙板施工

工程墙板与结构连接构造:两点支撑,四点连接。即现浇结构梁上预埋螺栓,安装两个悬挑钢扁担,PC 外墙板搁置在两个悬挑钢扁担上,重量主要由这两个悬挑支撑点承担;另 PC 外墙板上预埋螺栓,通过“L”型连接件和现浇结构预埋螺栓连接，连接件和预埋螺栓连接件三维可调节。这四个连接点将 PC 外墙板拉接固定在现浇结构上，防止外墙板移动。

(1) 吊装时机：混凝土框架结构完成，混凝土强度达到 100%后。

(2) 吊装顺序：将每层外墙板编号，按照编号按顺序吊装外墙板。先吊装外墙板为转角板，需进行 2 个方向的定位，严格控制就位，转角板的安装精确度将影响后吊装板的安装就位。

(3) 连接：将钢丝绳吊具及倒链直接与预制板上预埋吊具连接吊装。预埋吊具由构件厂预埋，提供样品给我们配套吊钩。外墙板上设 2 个吊点，由构件场预先在外墙板上端设计留设。将外墙板下端预埋件螺栓与楼地面预埋件用连接件连接。将外墙板上端预埋件螺栓与梁下沿预埋件用连接件连接。复核现浇结构上预埋件标高，读出读数，将连接件分别连接后安装螺栓，调节高度使螺栓顶端标高达到设计标高要求。

(4) 吊装前复核控制线。

(5) 墙板就位：按照编号在设计位置就位。就位时，先找好外墙板竖向位置，再缓缓下降吊装就位，搁置在螺栓上。

(6) 外墙板临时固定：用紧线器将外墙板拉向连接件，通过观察柱上控制线控制外墙板进出，外墙板就位后，把连接件与外墙板上预埋件连接后，将螺帽稍稍拧紧连接临时固定。

(7) 外墙板校正：外墙板标高由连接件上的螺栓标高控制，故在外墙板吊装前就因测量校正好螺栓顶标高，外墙板搁置上去后做到一次到位。用紧线器连接外墙板上预埋螺栓，将外墙板前后控制到位；调节连接件上的螺栓控制墙板垂直度。同时外墙板边线对准楼面控制"左右"尺寸；将连接件与预埋在外挂板中的螺栓孔连接，用千斤顶支在柱上顶住连接件调节外挂板左右位置到位。

(8) 脱钩：校正后将所有螺帽拧紧，然后起吊钢丝绳及倒链可以脱钩。

3. 楼板、阳台板吊装

(1) 吊装时机：柱钢筋完成；梁钢筋基本完成，仅楼板一端的上部纵向钢筋作临时固定，待板端钢筋放入梁筋内再复位固定。预制楼板，板与板之间接缝20cm。吊装遵循先两边后中间原则,即先吊两侧楼板,后吊中间楼板。

(2)排架支撑:楼板(阳台板)排架支撑搭设完毕,10#槽钢支座架设牢固,所有槽钢上面应调整为同一平面,标高符合设计要求。

(3)控制线:在楼面梁模板及钢筋处划出安装位置(左右、前后控制线)。在阳台板侧面上划出相应的前后控制线。

(4)对控制线进行复核。

(5)起吊:将吊装连接件用螺栓与楼板(阳台板)预埋的钢筋吊环连接,以便钢丝绳吊具及倒链连接吊装。板起吊前,检查吊环,用卡环销紧。

(6)就位:楼板(阳台板)就位:按照编号在设计位置就位。就位时,先找好楼板(阳台板)的平面控制线,再缓缓下降吊装就位。楼板吊装时纵向一头高一头低,将低的板端钢筋插入梁筋,然后用倒链将高的一头放下,将板端钢筋放入预留梁筋内就位,并将该梁纵向钢筋复位固定。

(7)校正:基本就位后再用倒链和撬棍微调楼板(阳台板),直到位置正确,搁置平实。安装阳台板时,应特别注意标高正确,整层应统一。严禁在阳台板完成面用铁棍撬动外墙板,并在安装过程中注意保护板的棱角。

4. 楼梯板吊装

(1)安装时机:楼梯平台混凝土完成,上层结构模板拆除后安装。

(2)控制线:在楼梯平台上划出安装位置(左右、前后控制线)。在墙面上划出标高控制线。

(3)对控制线进行复核。

(4)起吊:将吊装连接件用螺栓与楼梯板预埋的钢筋吊环连接,以便钢丝绳吊具及倒链连接吊装。板起吊前,检查吊环,用卡环销紧。

(5)就位;楼梯就位:按照编号在设计位置就位。就位时,先找好楼梯板的平面控制线,再缓缓下降吊装就位。

(6)校正:基本就位后再用倒链和撬棍微调楼梯板,直到位置正确,搁置平实。安装楼梯板时,应特别注意标高和位置正确,楼梯下口用钢垫块填实。校正后再脱钩。

第八章 基于双碳减排目标的施工技术探究

“十四五”是我国实现碳达峰和碳中和目标的关键时期。对于全国大多数城市来说,建筑领域仍然是实现碳中和的薄弱环节,大力发展超低能耗建筑的潜力巨大。建筑领域的节能减排是帮助实现双碳目标中非常重要的一环。推动建筑业绿色低碳发展,必须从材料生产入手,构建运维全生命周期、全产业链。随着中国建筑规模的迅速扩大,评估新建和现有建筑在其整个生命周期的碳排放具有重要意义,建筑节能及超低能耗对于减少碳排放的作用十分突出。

与传统建筑产品相比，超低能耗建筑具有更高的节能水平。在设计阶段,超低能耗建筑通常会优化其围护结构的热性能,提高暖通空调、电气设备和照明等辅助设施的能效，最大限度地利用太阳能和地热能等可再生能源,减少化石能源等不可再生资源的利用,减少建筑物的碳排放。超低能耗建筑消耗更少的资源。建筑中使用的材料具有高强度和良好耐久性的特点。建筑模式还采用了装配、全装修等更绿色环保的形式,降低了材料生产和运输过程中的能耗,从而降低了建筑全生命周期的资源消耗水平。此外,超低能耗建筑在土地资源利用方面也更加高效。在建筑建设和应用过程中,增加了建筑场地的绿化面积,保护了区域生态环境平衡,创造了更加绿色宜居的居住环境。由此可见,超低能耗建筑具有显著的节能减排优势,双碳背景下推动超低能耗建筑的发展、促进建筑领域的碳减排具有重要的现实意义。

目前,全球每年向大气排放约510亿吨的温室气体,对气候变化造成极大影响,国际组织纷纷提出各国要自主减缓气候变化,让碳排放净增量归零。其中,建筑领域约占碳排放总量的38%,提高建筑领域对碳排放量的控制非常重要。就我国来说，建筑行业碳排放量约占我国碳排放总量的23%,占比也非常高,可以通过控制建筑行业碳排放量来实现碳达峰目标及碳中和目标。当前背景下,气候问题已经成为国际性重要议题,中国也面临着“碳达峰和碳中和”双碳目标。在中国大力推行碳减排背景下，建筑行业也需作出相应改变。一直以来，建筑行业都存在碳排放量大的问题，绿色建筑发展是助力“双碳”目标实现的重要因素。然而，当前建筑行业依然存在主体参与度、接受度不高的的问题，严重影响绿色建筑发展建设。

第1节 双碳目标的要求

1. 加强政策方面的引导

一方面，应注意碳中和政策引导的差异化。目前，中国许多住宅建筑的室内环境远未达到健康和舒适的国际标准，我们可以从政策层面研究如何延长建筑寿命，减少这些建筑的隐性碳排放。在建筑设计阶段，要自觉做好能耗定额设计，提高供热系统效率，实现供热系统电气化；市场上的家用电器、耗能产品对能效等级采取严格的市场准入制度，只有符合能效等级标准的产品才能投放市场。公共建筑应以减少运营碳排放为重点，通过能耗监测和分项计量系统对建筑实际能耗进行配额管理，优化能源系统，利用智能化和数字化技术降低建筑运营能耗，大规模应用可再生能源；分别测量公共建筑的功能能耗和商业能耗，然后将各耗单独计入总能耗。另一方面，应加强碳中和的基础管理，按照国际通用模式进行能源数据的统计和测量。目前，世界能源消费数据统计主要分为建筑、交通和工业三个领域，建筑领域细分为城市住宅建筑、农村居住建筑、商用建筑、公共建筑、工业建筑及其他建筑等，统计能源数据时要分开统计，保证统计结果的客观性、准确性及全面性。

2. 确保建设过程的绿色低碳

一是加快建设产业化进程。大力发展装配式建筑，新建公共建筑原则上采用钢结构，推广钢结构建筑。二是积极推进绿色建设。在工程建筑工程全生命周期实施绿色施工，促进智能建筑与建筑产业化协调发展。三是推动绿色建材发展。开展绿色建材评价鉴定，加大绿色建材推广应用力度，鼓励建筑工程优先使用具有绿色评价标志的绿色建材。建设一批绿色建材推广应用示范项目，探索“新型建材+互联网”新模式，构建产业互联互通新体系。四是促进减少建筑垃圾。积极构建依法治废、源头减量、资源化利用制度体系,健全建筑垃圾处置管理机制。促进建筑垃圾的回收、现场消费、填埋处理和对外运输。五是推进建筑垃圾回收利用。完善建筑垃圾资源化利用标准规范,提高建筑垃圾资源综合利用率,建立建筑垃圾资源利用产业链,加大建筑垃圾再生产品多样化。

3. 推动相关产业链协同发展

作为中国的朝阳产业,超低能耗建筑业可以推动中国相关建材生产、建筑设计、施工、运维服务等建筑行业全面升级,催生更广阔的市场空间。市场化运作可以合理配置市场资源,促进我国建筑业高质量发展。首先,市场化运作要充分发挥市场的独立监管作用。通过推动节能材料、产品和能源的市场化发展,企业可以积极参与超低能耗材料的生产、研发和设计,有效调节市场供需,控制建筑成本,增强超低能耗建筑在市场上的竞争力。其次,市场化经营有利于产业链协调发展。一方面,市场化运营促使超低能耗建筑开发企业从消费者需求的角度,建设消费者认可的超低能耗建筑物;另一方面,市场化运作促使超低能耗建筑开发企业从实际情况出发,探索超低能耗建筑物设计的原则和技术,使用能满足消费者需求的建筑材料,进而推动与上游原材料供应企业和原材料研发机构的合作,最终通过合作实现产业链的协调发展。最后,市场化经营可以促进产业转型升级。在市场化运作过程中,通过产业规划优化产业布局,通过产品之间的竞争,提升产业的创新研发能力,进而促进建筑材料和建筑产品品质的提升,最终实现产业的转型升级。

4. 注重人才培养

实现双碳目标,要特别关注“人”的作用。双碳目标对从业者提出了一系列新要求,如建筑碳排放的核查、计算、统计等方法,以及建筑碳排放标准、技术指南的掌握、政府组织和管理的能力,以及与绿色和低碳要求相匹配的企业决策和指挥能力。目前,迫切需要构建支持实现双碳目标的能力体系,并从整体上完善行业内部控制,以帮助行业实现可持续发展。要加强低能耗建设人才引进和培养,充分挖掘国内外现有人力资源。首先,要在高校合理设置相关建筑专业，建立高校人才培养机制，加大建筑人才培养力度，确保高校、企业和政府之间的人才传递与合作。其次，加强人才引进，通过人才招聘等渠道缓解被动超低能耗建筑人才短缺压力，注重人才引进后的后续培训。对工作进行考核，制定相关激励机制和保障措施，确保人才的发展和提升。最后，加强企业人才培养，优化低能耗建筑人员结构，超低能耗建筑相关内容包括施工、设计、施工、监理、检测等，以上环节应纳入培训；在员工培训中特别注意施工技术和技能；还可以聘请专业技术人员或是行业专家来开展知识讲座、技能操作演示等，分析典型案例，分享行业最新经验、技术、产品，以此来提升从业人员专业知识。

5. 实现智能化管理控制

超低能耗建筑不仅要满足宜居性、安全性和实用性的要求，还要创造有利于人类健康的生活和工作环境。他们应该成为人类生活的共同体，与时俱进，改善、改善甚至领导人民的生活。在科学技术和网络发展的今天，建筑智能化是超低能耗建筑发展的必然要求。应用能够体现高科技和高科技含量的智能设施设备，可以提高建筑材料资源的利用效率，降低能耗，减少废物产生，降低建筑本身的运营成本和时间，提高建筑的使用价值和经济效益。基于人工智能和图像识别的数字损伤调查技术用于旧建筑的维护和保护，采用 AI 图像算法获取损伤状态，节省人力物力，提高效率。采用整体建筑物位移和智能检测技术，解决了整体位移难度大、精度高的要求；基于 BIM 的楼宇智能主动运维技术，通过大数据挖掘楼宇运行规则，实现智能主动运维，提高效率，保障运营安全。智能大厦采用多系统统一集成管理，实现数据交换，实现楼宇内智能多系统的设备运行监控、运行报警、维护、资产管理、能源管理等功能，如采用智能管控设备，人们能随时查看建筑内的供暖情况、照明系统和门禁控制等设施设备的运行状态。

第 2 节 建筑施工双碳减排技术方向

建筑业作为我国三大碳排放部门之一，在“碳达峰、碳中和”的目标下，节能减排任务十分艰巨。超低能耗建筑可以根据该地区的气候特点和自然条件建造,借助建筑自身的隔热和气密性,通过回收风能和使用可再生能源创造了良好的居住环境。与普通建筑相比,超低能耗建筑更舒适、更为环保,也更加注重建筑、人和气候之间的关系,技术水平更合适。超低能耗建筑可以通过提高建筑外维护结构的质量和标准以及采用节能技术来提高室内温度,温湿度全年稳定,甚至供暖也不依赖化石能源,每年的制冷和制热能源大幅减少,比普通建筑节能 **50%**。**1988** 年,德国以其技术体系和标准建造了世界上第一座被动式超低能耗建筑。**2008** 年以来,中国逐渐开始关注超低能耗建筑的发展,并尝试与世界接轨,并在近年来为实现相关政策体系、标准系统、技术体系等全方位发展积累了丰富的经验。我国超低能耗建筑逐步从小规模示范发展到大规模建设。在节能减排任务严峻的形势下,超低能耗建筑为建筑业早日实现"碳达峰、碳中和"提供了一条切实可行的发展路径。

1. 减少使用高碳材料,提升建筑材料合理利用率

建筑工程的施工过程中不可避免会造成二氧化碳气体的产生,且每项施工环节又会产生建筑废弃物以及能源消耗,想要从根源上降低二氧化碳气体的排放量,就需要在施工中减少碳能源材料的使用。与此同时,还需不断调整和优化建筑施工的整体产业结构,并加强引进先进的低碳建筑材料,在施工过程中还可以使用建筑炉窑来处理产生的一些固体废弃物,以便能够促进建筑整体产业的整体调整和完善。另外,相关的科研部门还应该积极研发绿色清洁能源,并在建筑施工现场中应用风能、太阳能以及潮汐能等,降低建筑工业物的排放量以及能源消耗,这些低碳能源的主要运行原理是转化地球或者太阳内部的热能,因而具备着储存量大以及污染量少的特征,能有效缓解碳排放量大的难题。且随着我们国家城市化建设进程的加快,建筑物体拆迁的现象屡见不鲜,不管是国家建筑工程还是私人住宅建筑物体的拆迁情况,都导致在建筑施工中产生了大量的废旧垃圾材料,针对于以上现象,为了避免这些物体在后期中影响碳排放的质量,应采取将这些材料进行回收利用或者填埋的方式来加以处理。对于无法再进行回收的废旧材料,可以直接进行粉碎填补到城市道路或者路况修补中去,而对于能够二次回收利用的废旧材料，用于后期施工中混凝土砖块的加固中去，积极促进资源化利用和无害化处理施工污水以及建筑垃圾，并探索污水循环处理、垃圾焚烧发电等多类型的处理方式，这些不仅能够合理利用废旧材料，还能够有效降低环境污染，减少建筑施工过程中的碳排放量。

2. 加强施工人员的碳减排意识，提升施工碳减排水平

在我们国家的建筑施工阶段，大多数的施工管理负责人依旧采取以往传统的模式进行管理，这也就导致在管理过程的同时潜在着很多问题，且这种管理方式已然不符合现阶段建筑施工中碳减排的发展理念。为了能够有效改善建筑施工中的碳减排质量以及效果提升，需要相应的建筑工程企业加强培训施工人员的专业知识能力，并注重于提高施工人员的碳减排意识，为碳减排的应用发展提供支撑作用。对于建筑工程的施工来说，想要对施工队伍进行统一有效的管理，还应该采取科学合理的方式来多角度进行分析，并不断完善和优施工管理体制，以便能够采用体制内制度管束员工的日常施工行为。与此同时，还应该加强施工部门、监管部门以及建设部门等部门之间的交流合作，以便能够保障碳减排技术在建筑施工中的有效运用。施工部门还需要大力优化现有的施工组织机制，并在项目施工现场有针对性地开展碳减排技术，同时成立相对应的管理小组，逐步完善奖惩机制以及责任制度，将碳减排排放中的责任具体到个人，提升施工碳减排质量，保障施工过程中有序开展碳排放作业。另外，还应该完善和优化建筑工程中的施工方案，并将先进科学的碳减排施工理念应用在建筑现场，将施工减排效果和建筑材料的可持续利用有效结合起来，以保障能够全面贯彻落实碳减排施工规划以及设计方案，由于建设工程的整个施工过程相对较为繁多且复杂，因而在施工方案中各负责人应该合理利用现有资源，并及时解决在施工中存在的各类问题，节省资金和能源的投入使用，从而在施工过程中高效应用碳减排技术，有效改善和优化建筑施工周边的空气质量。

3. 宣传推广使用碳减排技术，强化低碳技术创新

建筑工程施工过程中要想有效应用碳排放技术，这就要求施工部门应该充分发挥绿色能源以及清洁能源的性能优势作用，并致力于开发和探索可再生能源,以便能够有效缓解现阶段我们国家建筑工程施工现场的碳减排现状,但由于绿色能源的可持续利用率相对较低,应大力宣传推广碳减排技术,以便能够大幅度提升建筑工程施工中的整体碳减排水平,并结合建筑区域的实际发展情况，实现绿色清洁能源在施工现场的有效应用发展。比如一些空气湿度相对较大的建筑区域,施工部门可以充分利用太阳能源,发挥建筑工程的各个环节优势,提升施工现场的碳减排效果。并积极鼓励在施工现场运用国家重点推广的低碳技术,并将可再生建筑新材料和信息化项目管理网络平台有机结合起来,利用新技术的运用发展,以保障能顺利实现建筑施工现场的低碳施工目标。另外,相关的管理部门还需尽早制定建筑现场施工中碳排放的管理标准和要求,以便保障建筑部门和低碳排放技术的双向结合发展，并在行业的准入门槛标准中融合低碳施工，促使相关的施工负责人能够充分知道绿色低碳施工对于建筑工程发展的重要作用,从而实现社会效益和环境效益双向结合的建设目标。

第 3 节 “双碳”目标下装配式建筑施工技术发展研究

现阶段，传统的施工技术已经不符合当下社会建筑施工的具体要求，同时也不符合绿色环保的理念,因此,建筑企业要建设绿色环保建筑。基于此,装配式建筑施工技术的应用日渐广泛,变成建筑施工过程中不可或缺的技术。使用装配式建筑施工技术,不但可以提高建筑施工的质量,还可以增强节能环保的效果,满足当前建筑发展的需求。

1. 装配式建筑的内涵

众所周知,建筑工程通常施工周期长、施工流程复杂,且长期处于露天环境中,因此极易受到外部环境因素的影响对工程的顺利实施产生一定阻碍。装配式建筑作为现代化建筑工程的主要发展趋势,通过对建筑施工过程中所需要的部分构件提前在工厂按需进行加工制作,避免了施工现场所带来了不必要干扰。与此同时,现场施工作业人员对预制构件进行安装过程中,安装工艺及施工流程较为较为简单,相应帮助建筑企业更好的控制施工进度,保证安装过程的规范性与标准化。因此,装配式建筑凭借其统一的设计标准、专业的生产方式、智能的管理系统等，在建筑行业中得到了较为广泛的应用，不仅更好的保证了工程质量，还显著降低了建筑企业对于人力、物力、财力等方面的投入。

2. 装配式建筑设计的观念

随着城市规划建设用地的不断减少，相应增加了建筑企业之间的竞争程度。这就要求建筑企业在保证工程质量的同时，加快施工进度，降低施工成本，最大程度的避免对环境所造成的不利损害。因此，对于装配式建筑进行设计，首先需要转变观念。

（1）推动资源共享

现阶段，随着我国信息化技术的飞速发展，网络平台及大数据技术越来越多的应用于各行各业中。建筑行业作为传统行业，为了更好的跟上时代发展的潮流，首先应转变观念，充分利用现有资源及相关技术，实现资源共享。特别是对于装配式建筑设计来说，由于在预制构件生产过程中通常需要准确的结构参数等作为前提条件，这就要求建筑企业充分利用长时间的经验累积为生产厂家提供参考依据，从而推动我国建筑行业更好的实现协同发展。与此同时，我国政府及相关管理部门应加大资金投入，推动相关技术人员及设计从业者充分利用自己的创新意识形成交互能力较强的专业团队，进一步提升我国建筑行业的核心竞争力。

（2）提升设计标准

众所周知，传统的建筑行业在设计过程中往往存在工作效率低、标准不规范、方案不科学、使用寿命短等问题，装配式建筑设计的良好应用不应停留在传统的设计模式与现代化安装方式的组合方面，而应经更多的关注点放在建筑工程的整体性上，利用机械化设备的精准性及高效性避免不必要的资源浪费。现阶段，装配式建筑系统集成设计的模式与方法在建筑行业中得到了较为广泛的应用，对于建筑结构、装修、管线等部分的协同设计技术不仅提升了建筑的使用寿命，也为建筑企业实现节能降耗奠定一定基础。

（3）完善施工流程

高层建筑及超高层建筑在建筑工程项目中的不断增加给建筑设计带

来了更大挑战的同时,进一步增加了设计难度及施工复杂程度,多变的施工环境、大量的机械设备、随机的气候条件等相应也导致建筑工程具有较强的随机性。装配式建筑作为一个极具系统性的工程,需要相关设计人员在建筑设计开始阶段,就对设计方案进行统筹考虑,遵循构件和模块组合的设计原则进行相关工作,推动建筑工程的整体性发展。

(4)延长使用寿命

建筑工程的顺利实施通常需要大量的资金投入作为前提保障,随着建筑企业之间竞争激烈程度的不断增加,很多建筑企业为了得到工程项目而进行恶意低价,忽视了工程质量的同时影响建筑的使用寿命,还给人们的生命财产安全带来一定安全隐患。因此,为了更好的推动装配式建筑的发展,相关设计人员不仅应保证建筑工程具有良好的使用性能与美观性,还应从长远的角度对其养护成本进行分析,避免将过多的关注点放在短期效益上。这就要求相关设计人员从建筑工程全生命周期的角度进行规划设计,提升使用时长。

(5)加强整体协调

随着人们对于高质量生活向往的日益增加,对于建筑的需求已不仅仅停留在使用性能方面,而是将更多的关注点放在其美观性及舒适性上。与此同时,从城市发展的角度来看,建筑逐渐成为城市文化的代表特征,需要相关设计人员根据当地的文化特色、风俗习惯、历史发展等方面进行综合设计。因此,对于装配式建筑设计来说,预制构件、标准模块等部分的生产一方面要满足国家相关规范及标准,另一方面还应统筹考虑其与建筑整体特征之间的联系,从而更好的保证其协调性。

(6)实现绿色建筑

不断出台的能源领域专业报告指出,人类活动是造成全球增温现象日益严重的关键因素,需要尽快采取措施推动节能减排。建筑行业作为最具有减碳潜力的产业之一,通过环保型建筑材料以及相关节能措施的使用,更好的落实绿色环保理念逐渐成为建筑行业的主要发展方向。装配式建筑设计一方面提高了建筑工程质量,避免了不必要的资源浪费,另一方面提升了建筑行业的绿色效益。因此,建筑构件的工厂化预制可以更好的推动建筑行业实现绿色生产。

3. 设计要点

(1) 总图设计

总图设计是装配式建筑设计的关键环节,需要建筑设计人员综合考虑多方面因素进行相关工作,主要包括以下几方面内容:一是空间的平面布置。在对建筑工程进行平面设计过程中,不仅应根据工程需求对其结构尺寸进行合理规划,还应从建筑工程全生命周期的角度对其结构适应性进行设计,确保其使用性能的同时提高人们的居住舒适度。与此同时,在对空间进行划分时,应将整个空间结构看作一个整体,从功能性的角度对空间进行划分,同时提高其灵活性,为后续的修改提供一定便利条件;二是模块化的设计。在装配式建筑设计中,相关设计人员应遵循模块化的设计原则,通过对各模块的类型、参数等进行精准分析,保证预制构件生产过程的规范化及标准化,确保其符合工程要求的同时提高安装效果。与此同时,模块化的设计方式,标准化的组建设计,不仅有利于生产厂家后续的长远开发,为建筑行业的发展奠定基础,还可以通过标准化的生产模式帮助建筑企业降低工程造价,从而更好的实现经济效益;三是多样化的组合。对于装配式建筑设计来说,相关设计人员需遵循少规格、多组合的原则,不仅要最大程度的简化安装流程,还要充分考虑当地的风俗文化、历史进展等,确保其使用性能的同时更好的展现城市文化,为我国建筑行业的个性化发展提供有力支撑;四是合理的结构选型。随着装配式建筑的不断发展,其结构选型也在不断增多, 这就要求相关设计人员根据工程需求选择合理的建筑结构,保证工程质量的同时突出设计理念;五是均有的结构布局。随着建筑结构复杂程度的不断增加, 越来越多不规则的结构布局出现在装配式建筑设计中,不仅无法满足人们的居住需求,还给建筑企业带来大量不必要的成本支出。因此,建筑设计师在设计过程中,应将更多的关注点放在其经济效益上,提高结构布局的合理性,也为预制构件的顺利生产奠定一定基础;六是循环经济的实现。现阶段,节能降耗逐渐成为各行各业的关注热点,这就要求装配式建筑设计人员提高预制构件参数的标准性，推动相应构件的重复使用概率，为我国建筑行业实现可持续发展提供重要支撑。

（2）立面设计

对于装配式建筑来说，其立面通常由各种预制构件组成，因此，装配式建筑设计人员在进行立面设计时，不仅要满足标准化设计的需求，还需利用组合特点实现多样化设计。主要包括以下四方面内容：一是拆分设计。即根据工程实际需求采用分割设计的方式对预制构件进行设计与生产，从而更好的保证工程质量。但对于结构较为复杂、安装较为繁琐的构件尽量采用一体化设计的方式，从而提高安装效率；二是预制外墙拆分。通常情况下，装配式建筑的外墙可以根据需要进行合理拆分，从而避免运输过程中出现不必要的损坏，也为安装过程提供便利，为后续装修设计奠定基础；三是构件的应用。随着人们对于高质量生活需求的增加，建筑行业也在逐渐走精细化、个性化的发展道路，因此，对于装配式建筑设计人员来说，保证工程质量的同时提高其美观性就显得尤为重要。四是非标准构件的应用。对于建筑工程来说，在内部结构设计及安装过程中不可避免的会使用非标准构件，因此，相关设计人员在设计过程中应严格控制其生产标准，提升工程质量水平。

（3）构件设计

如上文所述，装配式建筑设计应遵循模块化、标准化的原则，保证其使用性能的同时降低构件使用数量。因此，在对预制构件进行设计过程中，首先应保证其具有良好的防火性能，保证其外墙具有一定的保温隔热效果，提升建筑使用安全性；其次对于厨房、卫生间等容易发生渗漏等质量问题的区域，应保证其具有良好的防水性，保证构件之间紧密连接的同时及时做好清理工作；同时对于阳台不部分的设计，应根据需要合理预留空调外机架及地漏等位置，为后续的安装过程奠定基础。

4. 预制装配式建筑构件施工技术创新

随着我国建筑工程施工技术的不断发展，预制装配式结构逐渐成为应用较为广泛的结构形式，相关施工技术也被应用于各个施工环节，比如预制剪力墙结构、预制楼梯等。这就要求相关技术人员较为全面的掌握预制装配式建筑是施工技术的应用要点，并结合工程实际进行创新性优化,从而更好的保证工程质量。

(1) 预制叠合保温板

为了更好的顺应低碳形势的发展,现阶段,保温材料逐渐成为建筑行业施工过程中不可缺少的重要部分,不仅可以保持建筑物内维持较为恒定的温度,从而降低空调、暖通设备的运行时间;还可以避免外墙直接与外部环境进行接触,从而更好的延长建筑物的使用寿命,降低后期运营维护成本。预制叠合保温板作为一种复合型材料,具有较好的稳定性,不易在外部作用力的影响下发生形变,因此,在现代化建筑工程中得到了较为广泛的应用。这就要求建筑企业做好以下三方面工作:一是在制作过程中,应确保现场施工作业人员严格按照预制构件的生产比例进行安装,从而更好的发挥该材料的保温性及防水性;二是在安装过程中,相关技术人员应从建筑整体的防水性能上进行统筹考虑，从而对墙板及建筑外墙进行有效结合，确保建筑物的稳定性;三是在施工过程中,由于不可避免的会产生安装缝隙,为了避免空气中的有害物质对墙体产生影响,应采用先进的防水材料进行补充作业。

(2) 预制剪力墙

墙体施工作为建筑工程质量与稳定性的重要保障,在预制装配式建筑施工过程中，需要建筑企业相关技术人员做好不同构件之间的连接工作。现阶段应用较为广泛的是螺栓连接施工技术,在具体的施工过程中,通常需要提前在预制剪力墙上留有螺栓孔,从而为后续施工的顺利进行奠定良好的基础。与此同时,为了更好的保证其稳定性,对于连接栓的安装位置也需要较为全面的进行考量。

(3) 预制楼梯

通常情况下,对于预制装配式建筑工程来说,其楼梯的施工是一次性成型的，一方面可以帮助建筑企业在最短的时间内完成楼梯相关施工,从而更好的控制施工周期,降低施工成本,提高施工效率;另一方面也可推动相关施工技术的创新性发展,避免不必要的资源浪费,为我国资源节约型社会的建设贡献一份力量。因此,对于建筑企业来说,应根据工程实际情况选择合理的连接方式,确保楼梯与围栏之间进行较为紧密的连接。

(4) 预制窗体

窗体结构作为建筑工程中不可缺少的重要组成部分,需要工程设计人员针对工程所在地的实际情况进行合理设计,确保其通风情况、光照时间、保温效果等满足工程要求。对于预制装配式建筑工程来说,应对窗体的结构参数、具体朝向、分布情况等进行较为全面的考量。同时在施工过程中应提前预留螺母的安装位置,确保现场安装工作的顺利进行。除此之外,初步连接完成后,现场施工作业人员应对窗体方向进行灵活调整,保证其满足工程要求。

5. 预制装配式建筑配套装备的创新

(1) 高精度测垂传感尺

不断减少的城市规划建设用地导致越来越多的高层建筑及超高层建筑出现在工程项目中,推动了预制装配式建筑施工技术发展的同时,也对其垂直精度有了更高的要求。传统的装测量检测工作是采用标尺进行,在一定程度上增大了测量误差出现的概率。因此,高精度测垂传感尺的应用通过将现场测量的准确性以及远程操控的便捷性进行充分结合,不仅帮助建筑企业提高了施工效率,还可以在计算机技术的辅助下提高测量精度,从而更好的保证工程质量。

(2) 预制墙板快速支撑体系

对于建筑工程来说,其稳定性与安全性是影响预制装配式建筑施工质量的关键因素,通常现场施工技术人员会利用相应的支护工具进行临时斜撑,从而为后续施工提供一定支撑。预制墙板快速支撑体系作为一种新型的施工技术,在预制墙板的相关构件的帮助下,利用挂钩和圆环实现与连接件之间的快速连接,提高了施工效率的同时,更好的帮助建筑企业降低成本支出。

(3) 无脚手架多功能安全防护体系

脚手架作为现场施工作业人员施工安全的重要保障，是建筑工程中不可缺少的施工环节。无脚手架多功能安全防护体系作为一种新型作业围栏，凭借其较为简单的施工流程，以及较高的安全性在预制装配式建筑工程中得到了较为广泛的关注。该体系的优势主要体现在以下两方面：一是在安装过程中，可以直接利用预制墙板上的预埋螺栓对围栏进行固定，避免了二次开孔的重复工作，从而缩短了施工周期；二是将围栏上的钢片作为后续施工墙体施工的定位依据，可以提高施工的准确性，也帮助建筑企业降低了施工成本。

第 4 节 “双碳”目标下施工管理的创新发展

近年来，科学技术的发展迅速，在“碳中和”以及“碳达峰”战略发展规划下，对我国建筑行业提出了更高的要求，建筑工程施工不仅需要做好质量保障工作，同时需要采用科学的绿色节能施工技术，确保建筑工程具有良好的绿色节能性能，从而能够降低建筑运行能耗，同时减少碳排放，是当前建筑行业发展的重要目标。随着社会的发展，建筑业兴起已有 20 多年的历程，逐步形成具有现代化的管理体系。但还存在诸多问题未能有效得到完善解决，因此更需要我们在实践中不断创新，努力探索现代化的建筑施工管理模式，适应生产力的发展及市场经济的需求，在建筑施工管理体系中，进一步铸就建筑企业文化品牌的象征。特别是随着“双碳”目标的提出，在具体建筑工程项目的全寿命周期中，在项目的施工阶段到应用阶段，不可避免地会消耗大量的资源和能源。自 20 世纪 90 年代至今，全球范围内的能源消耗年增长率已达 30%之多，其中，建筑领域的能耗占比在不断急剧上升。通过对建筑材料在生产过程消耗的能源进行统计可知，国内的建筑能耗占比仍然达到了总能耗的 27%之多。由此看来，开展持续性和发展性的建筑节能工作以降低能源的消费总量和强度已迫在眉睫。

1. 施工管理创新发展必要性

（1）工程项目中施工管理的创新是时代的需求。

社会改革的发展，建筑业经过这么多年的洗礼改制，逐步形成人们在市场竞争中的经营意识。因此更需要进一步不断创新和完善项目施工管理,不懈地努力探索现代化的建筑施工管理模式,适应生产力的发展及市场经济的需求。在任何角度来看,不管是历史长河、还是政治经济学,都有历史证实这一点,没有创新就没有进步。创新、改革、发展于一体化,已成为我国发展的基本战略。创新是一个民族的灵魂,是一个国家在社会发展的精髓理念。我们在建筑行业中,项目工程施工管理的创新办法面对新的世纪、新的时代、新的潮流,要如何建立不断适应技术力量和生产力需要,对应市场需求,促进企业文化及品牌效应所需的项目施工管理模式。能走上"创新、改革、发展"的一体化道路,是建筑施工企业极需面对的一项艰巨而关键的任务,只有不断创新才能使项目工程施工有强大的生命力。国家西部大开发战略的实施、"十四五"期间四大重点工程的开工以及交通、能源、水利、水电建设、城市建设的热潮等无疑是为建筑施工企业带来了广阔的发展空间。试看哪家建筑施工企业的技能本领和创新精神敢与世共争,能不能与时俱进。

(2) 项目管理的创新是先进的科学理论、不断发展、日趋完善的追求。

管理科学的目的是通过把科学的原理、方法和工具应用于管理的多种活动,制定用于管理决策的数学和统计模式。目前较为成熟的管理科学模式有:决策理论模式,盈亏平衡模式,资源配置模式,对策模式及网络模式等。工程项目施工管理的创新就是要求我们将不断进步和日趋完善的管理科学理论,运用于项目施工管理和企业管理当中,及时转化为生产力,能提高企业的竞争力。我们面对的新世纪就是当今世界科学技术日新月异,发展趋势,如何及时有效地运用于企业管理、生产实践当中,对于建筑施工企业而言,关键是结合项目施工管理技术管理进行创新。在建筑行业不断产生竞争精神,甚至存在着不正当的竞争偏轨,影响公平、公正的现实;行业保护、地区保护仍然较为严重,阻碍和影响市场的正常发展。建筑市场是整个经济市场的重要部份,上述种种问题影响不能按照市场经济的规律运行,法律法规还没有健全,存在着很多人为因素、政策导向、政符行为乃至不够清晰交易。但无论怎样市场经济的发展潮流是不可阻挡的,建筑市场的逐步完善和科学论断的必然要求使我们的项目施工管理技术管理不断创新来适应市场经济运行的发展规律。

2. 优化措施分析

（1）强化组织管理，减少施工浪费

部分施工单位在编制预算阶段，由于各方面的原因，往往容易出现预算工程量失真，使得材料预算的数量偏大的现象。在分部分项工程结束后，如果剩余的建筑材料没办法及时退库，便会造成极大的浪费，并且会增加建筑材料在制造、运输和装配阶段的碳排放。此外，在施工中，大型施工机械设备的进场和使用也会不可避免地造成能源消耗和污染排放，需要结合实际施工状况和施工规模，以及设备运送的具体线路进行精细的统筹和计算，以精准确定需用施工设备的实际数量、耗时最短或里程最短的运送路线以及在施工现场的合理布置和施工规划，在合理压缩财力物力的同时，将施工实际的能耗和排放控制在相对较低的水平。在避免施工浪费的同时，也要考虑施工现场可以循环利用和周转使用的构部件和材料的组织管理，如对脚手架和梁柱模板的管理，确保在工程结束拆除后，各构部件能够有序回收并妥善存放，以确保后续的周转使用，减少丢弃和再投入的现象。总而言之，企业应该在日常的组织管理中树立绿色建筑工程的价值取向，并且完善企业内部的评估和监督体系，在规范化的审核标准中加强工程运营的管理质量，提升对施工资源的运筹水平，践行节能减排理念，减少浪费和污染。

（2）采用绿色材料

在对建筑全寿命周期进行碳排放的敏感性分析中，可以得到各种建筑材料在物化阶段对建筑全寿命周期碳排放的影响程度大小依次为：钢材>混凝土>水泥>钢筋>涂料>石材>玻璃。其中，对混凝土绿色材料的等效替换在实际应用中有着较大的实用性。混凝土是由水、骨料和水泥组成的，其中，水泥在生产过程中不仅会释放大量的粉尘和污染气体，还会消耗大量的能源；骨料在开采和后处理的过程中除了会释放粉尘和污染气体之外，还会对当地的生态造成不可逆转的破坏。由此看来，要真正达到建筑节能减排的目标,在满足工程实际需要的前提下减少对水泥和天然骨料的使用量很有必要。经过相关研究和近来建筑实际应用认证,证明硅灰、矿渣、粉煤灰等工业废料对水泥都有很好的替代作用,而且在不同的使用环境中掺加的不同工业废料也能很好地起到相应的效果。人造骨料和再生骨料通常是以固体废弃物为原材料,经特殊设备打碎后作为骨料使用,对天然骨料有很好的等同替代效果。在对旧建筑和废弃建筑进行拆除的过程中,会不可避免地产生大量的建筑垃圾和废弃混凝土,若将这些废弃混凝土经过处理转化成再生骨料,并直接将其投入新建工程中,不仅可以减少建筑工程对天然骨料的依赖,还可以充分节约资源能源,实现建筑领域资源的循环。

(3) 项目实施期项目管理阶段

以往项目业主与施工企业非常关注工期、成本、质量等有形目标,而对环境保护、碳减排等目标重视不够。在建筑行业,赶工期、抢进度的现象已成为行业通病。在追赶工期和进度的强大压力下,建筑企业很多施工细节难以做到位,使建筑物处于危险之中,甚至影响建筑物的品质和使用寿命。另外,施工工艺、人才储备和工程管理水平的落后也给碳减排带来了挑战。在施工工艺方面,目前我国的施工仍然以手工操作为主,通过现场随机抽查检验的方式控制施工质量,距离国外的工厂加工模式、施工工业机械化等还有较大差距,结果必然导致施工质量和资源消耗的不稳定。在人才储备方面,我国施工人员大多数是流动性较高的农民,他们未经过专业系统的培训,施工作业不规范。同时,由于缺少技术工人的培养机制,使人力资源的投入不足,严重影响了施工工艺的提升。在工程管理方面,国外施工作业专业细分,依赖综合专业能力强的分包商提供高质量的服务,而且工程管理企业的地位较高,为工程项目提供全面整体的服务。而我国工程管理长期受困于传统体制下设计与施工相分离的困扰,业主方的协调管理难度大。近年来,国家开始推动代建制、EPC 总承包、建筑师负责制等项目管理制度改革,但总体来看,相关市场主体仍处于培育阶段,在管理能力、协调经验、人才储备、管理工具等方面与国外先进项目管理相比仍具有一定的差距。

第九章 采暖通风与空调施工技术

通常情况下,建筑暖通设计指的是对建筑工程中的通风、空调、供暖等设施进行设计,作为建筑工程设计中不容忽视的重要环节,涉及范围较广,需要相关设计人员充分利用流体力学、动力学等专业知识进行全面考虑,同时根据工程实际需求科学的选择相关设备。对于供暖系统来说,其主要作用是在气候条件较为恶劣的时候,利用地热、暖风等给建筑内部提供必须的热量供应;对于通风系统来说,其主要作用是加速建筑内部的空气流动,从而为人们提供更为健康的居住环境,常见的通风形式主要包括自然通风、机械通风等;对于空调系统来说,其主要作用是调节室内空气的温度及湿度等,确保生活环境的舒适度。近年来,由于暖通设计不合理、管道计算不准确、施工过程不规范等问题而引起的安全事故时有发生,给人们带来重大经济损失的同时,造成了大量不必要的能源浪费。因此,需要相关设计人员提高自身专业能力,提高设计水平与暖通设备的利用效率,从而推动暖通设计更好的发展。

现代建筑物来说,供热通风和空调工程是非常重要的基础设施,不仅能够满足为人们提供舒适、健康的生活环境,并且能够维护建筑物整体的质量。通常情况下,供热通风和空调施工技术有着较高的要求,相关技术人员应当根据建筑物的施工要点, 规范供热通风与空调施工技术的安装流程,严格按照相关技术标准进行施工安装,并且要积极响应国家节能减排的号召,做好相应的节能措施,从而为人们提供更加绿色、健康、安全的生活场所。特别是面对当今城市日益加重的负担,城市中越来越多的建筑采用了高质量的设计方法。传统的施工技术防止高层建筑室内湿度,允许利用加热和制冷系统作为改善人们生活条件的重要技术,并允许通过空调控制和调节高层建筑的空气空间。此外,建筑当局以通风空调的质量为招投标的重要里程碑,近年来建筑行业内的竞争日趋激烈,竞争日趋激烈。企业要想保持激烈竞争，就必须从各个方面提高和改进，使承包商能够充分依靠企业的质量。通过建立技术熟练的通风系统团队和不断发展业务技能，建筑行业可以满足开发人员和企业家的需求，从而提高他们在行业中的信誉，最终提高行业竞争力。

第1节 采暖通风与空调工程常用材料

通风系统由送排风机、风管、风管部件、消声器等组成。而空调系统由空调冷热源、空气处理机、空气输送管道，以及空调对室内温度、湿度、气流速度及清洁度的自动控制和调节装置等组成。通风空调工程施工主要内容：1)风管、风管部件、消声器、除尘器等制作与安装。2)风管及部件、制冷管道防腐保温。3)空气处理机(室)、风机盘管和诱导器、通风机、制冷管道、冷水机组或冷热水机组等安装。在通风空调工程中，从加工、安装到试运转都需要有关专业的配合与协调。特别是进入装修、装饰及机电安装以后，专业的配合与协调往往会出现不少问题。由于水电安装项目大多是业主指定专业施工单位，与土建及其他专业单位之间交叉施工往往会出现一些问题。到了工程施工后期，由于这些问题，导致出现返工，造成工程投资的极大浪费，影响工期，有的还会影响到建筑物的使用功能，甚至还会引发质量问题和安全隐患。

通风与空调工程的风管和部、配件所用材料，一般可分为金属材料和非金属材料两类。金属材料主要有普通酸洗薄钢板(俗称黑铁皮)、镀锌薄钢板和型钢等黑色金属材料。当有特殊要求(如防腐、防火等要求)时，可用铝板、不锈钢板和耐火材料板等材料。非金属材料有硬聚氯乙烯板(硬塑板)、玻璃钢和复合材料板等。在建筑工程中，为了节省金属，也可用砖、混凝土，炉渣石膏板和木丝板等材料制作风道和风口。

1. 金属薄板

(1) 普通薄钢板

普通薄钢板由碳素软钢经热轧或冷轧制成。热轧钢板表面为兰色发光的氧化铁薄膜，性质较硬而脆，加工时易断裂；冷轧钢板表面平整光洁无光，性质较软，最适于通风空调工程。冷轧钢板钢号一般为 Q195、Q215、Q235。有板材和卷材，常用厚度为 0.5~2mm，板材规格为 750×1800、900×1800 及 1000×2000mm 等。要求钢板表面平整、光滑、厚度均匀，允许有紧密的氧化铁薄膜，不能有结疤、裂纹等缺陷。

（2）镀锌薄钢板

镀锌薄钢板是用普通薄钢板表面镀锌制成，俗称“白铁皮”。常用的厚度为 0.5~1.5mm，其规格尺寸与普通薄钢板相同。在引进工程中常用镀锌钢板卷材，对风管的制作甚为方便。由于表面锌层起防腐作用，故一般不刷油防腐。因而常用作输送不受酸雾作用的潮湿环境中的通风系统及空调系统的风管和配件。要求所有品级镀锌钢板表面光滑洁净，表层有热镀锌层特有的镀锌层结晶花纹，钢板镀锌层厚度不小于 0.02mm。

（3）塑料复合钢板

塑料复合钢板是在 Q215、Q235 钢板表面喷涂一层厚度为 0.2~0.4mm 的软质或半硬质聚氯乙烯塑料膜制成。它有单面覆层和双面覆层两种。其主要技术性能如下：耐腐蚀性及耐水性能：可以耐酸、碱油及醇类的侵蚀、耐水性能好。但对有机溶剂的耐腐蚀性差。绝缘、耐磨性能较好。剥离强度及深冲性能：塑料膜与钢板间的剥削强度≥0.2MPa。当冲击试验深度不小于 0.5mm 时，复合层不会发生剥离现象；当冷弯 180°时，复合层不分离开裂。加工性能：具有一般碳素钢板所具有的切断、弯曲、涤冲、钻孔、铆接、咬口及折边等加工性能。加工温度以 20~40℃为最好。使用温度：可在 10~60℃温度下长期使用；短期可耐温 120℃。

（4）不锈钢板

耐大气腐蚀的镍铬钢叫不锈钢。不锈钢板按其化学成分来分，品种甚多；按其金属组织可分为铁素体钢（Cr 13 型）和奥氏体钢（18-8 型）。对 18-8 型不锈钢，钢中含碳 0.14%以下，含铬（Cr）18%，含镍（Ni）8%。18-8 型不锈钢在常温下无磁性，耐热性较好，能在较高温度下不起氧化皮和保持较高的强度。

镍铬不锈钢由于含有大量的铬、镍，易于使合金钝化，钢板表面形成

致密的 Cr_2O_3 的保护膜,因而在很多介质中具有很高的耐蚀性。镍铬钢在硝酸中,当浓度不高于 95%和温度不超过 70℃时是稳定的,在硫酸和硝酸中镍铬钢不稳定;在磷酸中只有当温度低于 100℃和浓度不高于 60%时才稳定;在苛性碱中,除熔融的碱外,镍铬钢是稳定的,在碱金属和碱土金属的氧化物溶液中,即使当沸腾时,镍铬钢也是稳定的,硫化氢、一氧化碳、常温下的氯、300℃以下的二氧化硫、氮的氧化物等对镍铬钢均无破坏性。

18-8 型不锈钢的缺点是加热至 1100℃以后缓慢冷却或在 450~850℃下长期加热时,铬的碳化物自固溶体中沿晶粒边界析出,从而使它的耐腐蚀性和机械性能大大降低。不锈钢在这种情况与介质作用而产生的腐蚀叫晶间腐蚀。由于 18-8 型不锈钢具有强度高,耐蚀性好,可焊性好等优良性能,故用不锈钢板制成的风管和配件常用于化工、食品、医药、电子、仪表等工业的通风空调工程中。不锈钢板的钢号较多,性能各异,其用途也各不相同,施工时要核实出厂合格证与设计要求的一致性。

(5) 铝及铝合金板

使用铝板制作风管,一般以纯铝为主。铝板具有良好的塑性、导电、导热性能,并且在许多介质中有较高的稳定性。如铝板在稀硫酸、发烟硫酸、硫酸盐溶液、硝酸盐、铬酸盐和重铬酸盐的溶液中均为稳定;铝板在硝酸中比 18-8 型不锈钢耐腐蚀等。纯铝的产品有退火和冷却硬化两种。退火的塑性较好,强度较低;冷却硬化的塑性较差,而强度较高。为了改变铝的性能,在铝中加入一种或几种其它元素(如铜、镁、锰、锌等)制成铝合金。铝合金板的强度比铝板的强度大幅度增加,但化学耐蚀性不及铝板。由于铝板具有良好的耐蚀性能和在摩擦时不易产生火花、故它常用于化工环境的通风工程及通风工程中的防爆系统。在施工过程中,应核实板材的产品性能与设计要求的一致性。

2. 非金属板

(1) 硬聚氯乙烯塑料板

硬聚氯乙烯塑料(硬 PVC)是由聚氯乙烯树脂加入稳定剂、增塑剂、填料、着色剂及润滑剂等压制(或压铸)而成。它具有表面平整光滑,耐酸碱腐蚀性强(对各种酸碱类的作用均很稳定,但对强氧化剂如浓硝酸、发烟硫酸和芳香族碳氢化合物以及氯化碳氢化合物是不稳定的), 物理机械性能良好,易于二次加工成型等特点。硬聚氯乙烯塑料板的厚度一般为 2~40mm,板宽 700mm,板长 1600mm。密度为 1350~1600kg/m^3;拉伸强度为 50MPa(纵横向);弯曲强度为 90MPa(纵横向)。

由于硬聚氯乙烯板具有一定的强度和弹性,耐腐蚀性良好,又易于加工成型,所以使用相当广泛。在通风工程中采用硬聚氯乙烯板制作风管和配件以及加工风机,绝大部分是用于输送含有腐蚀性气体的系统。但硬聚氯乙烯板的热稳定性较差,有其一定的适用范围,一般在-10~60℃。如温度再高,其强度反而下降;而温度过低又会变脆易断。硬聚氯乙烯板表面应平整,无伤痕,不得含有气泡,厚薄均匀,无离层现象。

(2) 玻璃钢(玻璃纤维增强塑料)

有机玻璃钢是以玻璃纤维制品(如玻璃布)为增强材料,以树脂为粘结剂,经过一定的成型工艺制作而成的一种轻质高强度的复合材料。它具有较好的耐腐蚀性、耐火性和成型工艺简单等优点。玻璃钢的密度为 1400~2200kg/m^3;抗拉强度为 157~226MPa(钢为 392MPa);耐热性好,使用温度为 90~190℃;导热性为金属的 1/100~1/1000。

由于玻璃钢质轻、强度高、耐热性及耐腐蚀性优良、电绝缘性好及加工成型方便,在纺织、印染、化工等行业,常用于排除腐蚀性气体的通风系统中。无机玻璃钢是以玻璃纤维为增强材料。无机材料为粘结剂,经过一定的成型工艺制成的不燃材料风管。根据无机材料的凝结特性,可以为水硬性与气硬性两种。前者具有较强的抗潮湿性能。

(3) 复合材料

复合材料是指由两种及以上性能不同材料组合成的新材料。用于风管的大都由金属或非金属板材加上绝热材料所组合的。根据国际 GB50243-2002 规定,具绝热材料必须为不燃或难燃 B 极,且对人体无危害的材料。

第2节 采暖通风与空调工程基础知识

1. 暖通空调的含义

采暖——又称供暖，指向建筑物提供热量，保持室内一定温度。通风——用自然或机械的方法向空间送入和排除空气的过程。空气调节——(简称空调)，是为满足生产、生活要求，改善劳动卫生 条件，用人工的方法使房间或密闭空间的空气温度、相对湿度、洁净度和气流速度等参数达到一定要求的技术。暖通空调包括采暖、通风和空气调节这三方面的技术，缩写为 HVAC(Heating、Ventilating、Air Conditioning)。

比热：使1克的某种物质温度升高1℃所需的热量。

显热：当物体吸热(或放热)仅使物体分子的热动能增加(或减少)，即仅是使物体温度升高(或降低)，并没有改变物质的形态，那么它所吸收(或放出)的热量。

潜热：当物体吸热(或放热)仅使物体分子的热位能增加(或减少)，使物体状态发生改变，而其温度不变，那它所吸收的(或放出)的热称为潜热。

温度：是用来表示物质冷与热的程度，分为干球温度和湿球温度。

干球温度：是温度计在普通空气中所测出的温度，即我们一般天气预报里常说的气温。

湿球温度：指同等焓值空气状态下，空气中水蒸汽达到饱和时的空气温度，在空气焓湿图上是由空气状态点沿等焓线下降至100%相对湿度线上，对应点的干球温度。用湿纱布包扎普通温度计的感温部分，纱布下端浸在水中，以维持感温部位空气湿度达到饱和，在纱布周围保持一定的空气流通，使于周围空气接近达到等焓。示数达到稳定后，此时温度计显示的读数近似认为湿球温度。

焓：是热力学中表示物质系统能量的一个状态函数，常用符号H表示。数值上等于系统的内能U加上压强p和体积V的乘积，即H=U+pV。焓的变化是系统在等压可逆过程中所吸收的热量的度量，也就是物质所带能量的多少。

湿空气的焓:为干空气的焓和相应水气的焓之和,也常用干空气为计算基准。一般规定0℃时干空气和液态水的焓和,相对应水气的焓值为零。

湿度:又称为含湿量,为单位质量干空气所带的水蒸汽质量,单位:g/kg。

绝对湿度:以单位体积空气中所含水蒸气的质量来计算,单位:kg/m^3。

相对湿度:为湿空气中水气的分压与同温度、同总压下饱和空气中的水气分压之比。(%RH)相对湿度是湿空气饱和程度的标志。相对湿度愈低,距饱和就愈远,该湿空气容纳水气的能力就愈强。当相对湿度为100%时,湿空气中的水气已达饱和,该湿空气不再能容纳水气,也就不能用途作干燥介质。绝对干空气的相对湿度为零。

能效比反映空调机组性能的重要指标,数值越大代表机组匹配性能越好,运行越经济。空调功能的分类按室内空气环境要求以及功能的不同可以分为舒适性空调及工艺性空调。

舒适性空调:能够向人们提供一个适宜的工作环境或生活环境,从而提高工作效率或维护良好的健康水平的空调系统。服务对象为人。适用场合写字楼、商场、剧院、酒店等等。

工艺性空调:是能够满足室内生产、科研等工艺过程所要求的特定空气参数的空调系统。服务对象为生产、科研、设备等工艺。适用场所:研发实验室、医院手术室、纺织车间、电子产品车间等。

2. 通风与空调系统的分类

按通风的范围可分为全面通风和局部通风,按通风动力分为自然通风和使用机械动力进行有组织的机械通风。例如:热车间排除余热的全面通风,通常在建筑物上设有天窗与风帽.依靠风压和热压使空气流动,是不消耗机械动力、经济的通风方式。

按空气处理设备、通风管道以及空气分配装置的组成.在工程中常见的有:集中进行空气处理、输送和分配的单风管、双风管、变风量等集中式空调系统;集中进行空气处理,和房间末端再处理设备组成的半集中系统;各房间各自的整体式空调机组承担空气处理的分散系统。

3. 风管系统

风管系统主要由输送空气的管道、阀部件、支吊架及连接件等组成。风管系统按其系统的工作压力(P)划分为三个类别：系统工作压力：P≤500Pa为低压系统；500Pa<P≤1500Pa为中压系统；P>1500Pa为高压系统。风管系统施工的主要内容包括风管制作、风管部件制作、风管系统安装及风管系统的严密性试验四个环节。

施工中，金属风管如果钢板的厚度不符合要求，咬口形式选择不当.没有按照规范要求采取加固措施.或加固的方式、方法不当，会造成金属风管刚度不够，易出现管壁不平整，风管在两个吊架之间易出现挠度；系统运转启动时，风管表面颤动产生噪声.造成环境污染；风管产生疲劳破坏，影响风管的使用寿命。又如非金属复台板风管，若板材的外层的铝箔损坏或粘结不牢、板材拼接处未做好密封处理、胶粘剂量不足或过稠，都会造成风管漏气，而造成系统风量不足、冷量或热量损失，达不到预期的使用效果。

4. 净化空调系统

洁净度等级是指洁净室(区)内悬浮粒子洁净度的水平.洁净度等级给出规定粒径粒子的最大允许浓度，用每立方米空气中的粒子数量表示。现行规范规定了N1级至N9级的9个洁净度等级。N1级洁净度的水平最高。

施工技术要求：净化空调系统风管、附件的制作与安装，应符合高压风管系统(空气洁净度NI~N5级洁净室)和中压风管系统(空气洁净度N6~N9级的洁净室)的相关要求。风管制作和清洗应选择具有防雨篷和有围档相对较封闭、无尘和清洁的场所。矩形风管边长小于或等于900mm时，底面板不得采用拼接；大于900mm的矩形风管，不得采用横向拼接；洁净度等级N1~N5级的风管系统，不得采用按扣式咬口。风管内表面平整、光滑，不得在风管内设加固框及加固筋。风管及部件的缝隙处应利用密封胶密封；风管经清洁水二次清洗达到清洁要求后，应及时对风管端部封口，存放在清洁的房间内，并应避免积尘、受潮和变形。净化空调系统风管的安装，应在其安装部位的地面已施工完成，室内具有防尘措施的条件下进行。经清洗密封的风管、附件在打开端口封膜后应即时连接安装；当需暂停安装时，应将端口重新密封。送回风口、各类末端装置以及各类管道等与洁净室内表面的连接处密封处理应可靠、严密;净化空调机组、静压箱、风管及送回风口清洁无积尘。现场组装的组合式空气处理机组安装完毕后应进行漏风量检测,空气洁净度等级 N1~N5 级洁净室(区)所用机组的漏风率不得超过 0.6%,N6~N9 级不得超过 1.0%。高效空气过滤器应在洁净室(区)建筑装饰装修和配管工程施工已完成并验收合格,洁净室(区)已进行全面清洁、擦净,净化空调系统已进行擦净和连续试运转 12h 以上才能安装。高效过滤器经外观检查合格后,即框架、滤纸、密封胶等无变形、断裂、破损、脱落等损坏现象,应立即进行安装.安装方向必须正确;与风管、风管与设备的连接处应有可靠密封;过滤器四周和接口应严密不漏;带高效空气过滤器的送风口,应采用可靠的固定方式。

5. 供暖通风的控制要素

(1) 室内温度定值设定

确定合理的室内温度,是在空调系统安装运行后建立科学而合理的建筑室内供暖通风系统的必然要求。选择全年固定的室温值,这样的设定方式只适用于具有特殊要求的少量工业空调,而对于大部分的空调系统,冬天将温度处理到偏高的温度将消耗更多热量,夏天将温度降低也将消耗较多的冷量。由此,全面不变的室温值的设定方式,既不具有完善的舒适度,同时也将造成能量的浪费。由此,还应根据室内的实际温度需求,建立供暖通风系统。实际而言,是在满足了基本的温度设定要求基础上,建筑室内产生的温度以及湿度应尽量提高,而冬季则应尽量降低,所设区间越大,越能节约空调系统能耗。

(2) 控制室外新风量

通过合理室外新风量控制,为建筑建立良好的通风和供热系统。空调系统的室外新风量的控制和利用,能有效节约空调系统能量的消耗。空调系统的新风量越大,系统的能耗也将越大。由此,室外的新风量还应控制到要求的最小值。一般而言,对于空调系统的冬季和夏季的最小新风量,是根据身体的卫生要求冲淡有害物质、补偿局部排风、保证空调房间的一定正压值设定的。

6. 通风与空调工程的一般施工程序

施工前的准备→风管、部件、法兰的预制和组装→风管、部件、法兰的预制和组装的中间质量验收→支吊架制作安装→风管系统安装→通风空调设备安装→空调水系统管道安装→通风空调设备试运转、单机调试→风管,部件及空凋设备绝热施工→通风与空调工程系统调试斗通风与空调工程竣工验收→通风与空调工程综合效能测定与调整

(1) 制定工程施工的工艺文件和技术措施，按规范要求规定所需验证的工序交接点和相应的质量记录,以保证施工过程质量的可追溯性。

(2) 根据施工现场的实际条件,综合考虑土建、装饰,其他各机电专业等对公用空间的要求。核对相关施工图,从满足使用功能和感观要求出发.进行管线空间管理、支架综合设置和系统优化路径的深化设计,以免施工中造成不必要的材料浪费和返工损失。深化设计如有重大设计变更,应征得原设计人员的确认。

(3) 与设备和阀部件的供应商及时沟通,确定接口形式、尺寸、风管与设备连接端部的做法。进口设备及连接件采购周期较长,必须提前了解其接口方式,以免影响工程进度。

(4) 对进入施工现场的主要原材料、成品、半成品和设备进行验收.一般应由供货商监理、施工单位的代表共同参加,验收必须得到监理工程师的认可,并形成文件。

(5) 认真复核预留孔、洞的形状尺寸及位置,预埋支、吊件的位置和尺寸,以及梁柱的结构形式等,确定风管支,吊架的固定形式,配合土建工程进行留槽留洞,避免施工中过多的剔凿。

第3节 采暖通风与空调施工技术要求

1. 管道安装施工技术要点

管道施工技术要点是要尽量避免对建筑内的采光造成影响,同时还要防止因为管道施工不合理造成门窗难以开合,管道的安装还要考虑到后期维护的便利性,确保不会对人们操作供热通风和空调设备造成影响。另外,

在实际的施工过程中经常会遇到管道交叉的情况，相关的施工人员要严格的执行施工方案，同时还要结合现场施工情况，尽可能避免管道交叉现象出现。施工方案都是提前设计的，和实际施工有一定的出入，在施工中如果发现了施工方案和现场情况不符的问题，就必须马上停止施工，和施工方案设计人员进行有效沟通，当方案设计人员对施工图纸做出重新调整之后，按照新的图纸继续施工。

供热通风和空调工程的水暖安装是重点，在实际的施工中要遵照国家标准，在安装各种水管的时候要慎重选择吊架，一般情况下必须要使用减震吊架，严禁将吊架安装在楼板上，要将其安装在建筑物的梁上。在施工的过程中遇到水管需要安装在墙、楼板、地板上的时候，就必须为水管配上套管，同时还要做好填封，确保使用的是有防止燃烧的材料，在保护水管的同时还能提高暖通空调系统安全性。另外，风管安装的施工技术要点是防噪音，在风机处要配置消除噪音的阻抗器，在新风处要配备上百叶，风管上安装的消声器都要确保质量达标，并且就有良好的保温功能和吸音功能。

2. 相关设备安装技术要点

在供热通风与空调工程施工之前，施工人员必须要做好测量工作，要根据实际情况确定各种暖通设备的安装位置，这是非常关键的，暖通空调设备安装不能影响到建筑装饰，所以选择的位置必须要科学，要统筹布局和布置，最终确定的设备位置要是最佳的。在暖通空调设备的安装过程中要妥善处理，特别是在安装风机和空调的时候必须要使用减震器，减少暖通设备和空调运行对建筑物结构的损害，这样就能解决暖通设备运行过程中的振动问题，同时还能降低设备运行噪音。供热通风和空调安装施工需要将风机和风管连接在一起，在这个施工中必须要使用软接头，也就是说施工要采取软连接的模式，在设备的安装过程中还牵扯到了管盘的安装，要尽可能的使用弹簧吊钩，同时还需要完成风机和管盘的连接工作，在连接的时候需要用到软管。空调工程机房部分施工的重点是要做好吸音处理，需要使用具有极强吸音能力的材料在进行施工，凹凸型的材料吸音效果更好，因此就要尽可能选择这种吸音材料。

3. 重视各个施工程序控制处理

供热通风与空调施工建设，需要将工程工序进行严格的管控，保证操作流程的规范性与有效性。在进行空调设计阶段，需要找设计能力强以及设计经验丰富的工作人员，将空调系统各方面的设计工作有效落实。在进行图纸检查或应用阶段，需要恪守道德底线严格按照行业标准进行。在施工阶段，则需要工作人员进行标准化的操作，将审核通过的图纸应用于施工建设之中，而采购人员则是需要加强对购买材料的审核，经过合理的监控管理，避免劣质材料投入到施工建设环节，影响空调设备的使用效果。

4. 合理规划管线布置

在布置管线时，通常基于结构便捷和线路最优的理念着手设计。一是引入口位置的管线布置，即采暖系统与热源管路连接处且具有必要的仪表、控制装置、设备的地点，此时通常根据管线方位、热源位置等将线路布置在地下室内。若为大规模建筑，则应根据具体情况将其设在指定位置，并安装相应设备，如热计量表、平衡阀、温度显示器等装置；二是在规划环路和布置干管时，应坚持经济合理、线路最优的原则，认真分析系统形式和水流方向，优先选择同程式管路系统，尽量在负荷中心铺设管线。针对向阳和背阳房间容易产生温差较大的问题，管线可以分南北环路分别布置并安装相应的流量控制装置。

针对工业项目和仓储类建筑，普遍使用的是室内明装管线铺设方式，应保证窗顶和梁底的净空满足管道安装要求，使水平干管的坡度处于 0.002~0.003 之间，管道的坡向应利于气体顺利排除；在管路途经楼板时，在楼板处应预留相应的孔洞，并为其安装可容纳管道的套管，若管线穿越防火墙时，应预埋钢套管，并在穿墙处一侧设置固定支架，管道与套管之间的空隙应采用耐火材料封堵；为排除位于散热器下方的积水和上方的存气，应以水流下降方向敷设供水支管和回水支管，立管与散热器连接的支管，坡度不得小于 0.01。此外在采暖管道安装时，应根据工程具体情况选择合适的连接方式，如螺纹、法兰、焊接等，同时做好管道的防腐工作。

5. 科学设定室内温湿度

科学、合理的设定室内温湿度是供热通风空调系统的控制重点和必然要求,其中全年室内恒温恒湿系统的设定模式只适用于少量具有特殊用途要求的建筑物,对其它建筑的舒适性空调系统而言,室内温湿度的设定指标应当随着季节变化。如设定指标不合理,不但会影响建筑使用者的舒适感,更会浪费大量能耗。因此在进行供热通风与空调系统的设计和运行时,应立足于工程实际情况和要求,在满足建筑物使用功能和国家现行建筑节能设计标准的基础上,合理设定室内温湿度,进而实现低碳生活,节约能源,保护环境。合理确定新风量有效控制和合理利用室外新风,可在一定程度上降低整个系统的能耗,因为随着新风量的增多,会增加暖通空调系统的负荷,进而增加系统运行能耗,可见,将新风量控制在合理范围内十分必要。在空调系统中,夏季和冬季的最小新风量的设定是以不小于人员卫生要求所需新风量,补偿排风和保持空调区域室内正压所需新风量之和以及新风除湿所需新风量中的最大值确定。以往新风量的确定在综合考虑室内CO2 的浓度、湿度、温度、气味、粉尘等影响因素下,取值偏大,但是在能源短缺日益严峻的新形势下,应对上述取值进行调整,即按照不同的使用要求, 在满足建筑物的使用功能和国家现行建筑节能设计标准的基础上,确定最小新风量。过渡季节,可以采用全新风通风换气,从而实现节能目的。

6. 优化空调系统形式

空调系统包括冷热源、空气处理机组、输配管道、室内空气流速、湿度、温度、洁净度等调节和控制装置,可见其系统构成复杂,因此应根据不同建筑物的规模和功能、负荷特性、当地的气象条件、能源及价格政策、环保政策等诸多因素,通过科学论证,合理选择。一应选用运行高效节能的空调系统,特别是在一些负荷变化大、分区域控制多的建筑物中,采用变风量空调系统,可有效降低能耗,节约资源;二是应尽量采用变水量运行的空调系统,能够在负荷发生变化时,根据实际需要及时调整水量,实现节能;三是空调系统的风机和水泵尽量采用恒压变频控制技术。空调系统大部分时间在部分设计负荷状态下运行, 系统所需的风量及水量也低于设计工况,由于风机和水泵的性能受其转速影响,流量和转速呈一次方关系,而功率与转速呈三次方关系，因此采用恒压变频控制技术降低转速不仅可以实现降低能耗的目的，还能保证系统安全、高效运行。

7. 安装并调试空调系统

空调系统施工过程中不仅涉及风管及其构件、除尘器、消声器等制作、安装、保温、防腐环节，还包括风机盘管、通风机、诱导器、空气处理器、冷热水机组等设备的安装环节，因其施工工序复杂零散，加工及安装精度要求较高，因此必须严格会审图纸，及时发现和优化不足之处，并配备高素质的专业施工人员，掌握图纸设计理念和施工要点，规范施工，最好对其关键部位制作样板，并由监理人员强化现场监督，杜绝随意变更施工工艺、工序等，以此保证施工质量和进度。同时还应严把材料关，严格审核其规格、型号、合格证、出厂日期等，确认合格后方能投入使用。

在空调系统调试阶段，应严格按照国家现行的工程质量验收规范执行，在制冷和通风空调设备单机试运转合格后，整个空调系统包括冷热源的联合运转时间控制在8h以上。在系统的调试过程中应仔细观察设备的运行情况，如实记录各项参数，及时发现问题并妥善解决。若上述过程中系统运转状态良好，则表示系统调试结束。

第4节 采暖通风与空调施工技术发展方向

由于暖通空调技术的发展和变化，特别是建筑市场竞争激烈，业主需求日益现代化、多样化、重视国外技术的移植与引进，而节能、环保、绿色等概念的影响及我国能源结构的调整，对暖通空调设计的挑战越来越严峻。因此，如何结合设计的需要，重视相关技术，并有选择而合理的应用在我们的设计中，满足业主要求，提高设计水平，是我们必须努力做到的。

1. 重视CFD技术的应用

CFD是英文Computational Fluid Dynamics（计算流体动力学）的简称。它是伴随着计算机技术、数值化计算技术的发展而发展起来的。CFD相当于“虚拟”地在计算机上做实验，用以模拟实际的流体流动与传热情况。而其基本原理则是数值求解控制流体流动和传热的微分方程，得出流体流场在连续区域上的离散分布,从而近似地模拟流动情况。

因此,CFD是一种模拟仿真技术。在暖通空调领域,近年来,经过高等院校、科研和设计单位的共同努力,在模拟予测室内外或设备内的空气或其它工质流体的流动情况的应用方面,越来越多。CFD可以对一些高大空间、公共建筑(体育场馆、大型音乐厅堂)、地铁等通风空调空间的气流组织设计,以可视化的方式将速度场、温度场,用动态或静态予以展示;对一些建筑小区或建筑群(如:CBD地区)的二次风、热环境等进行模拟分析,以求能设计出合理的建筑风环境;暖通设备的质量的提高、性能的改进,也可以借助CFD得以实现。

CFD以成本低、速度快、资料完整且可以模拟各种不同工况的特点,成为分析和竞标工程项目的有力工具。许多设计院都在奥运及相关工程中,应用了CFD分析,并配以彩色的温度场、速度场图示,得到业主好评。清华大学开发了通用三维流动与传热的数值模拟程序STACH-3, 同济大学、湖南大学及北京工业大学在CFD方面也都作了不少开拓性工作。北京市建筑设计院,专用设置了CFD应用机构,用以解决重大项目投标和设计上的难题,推动了设计水平的提高。

2. 重视水源热泵技术的应用

近几年,随着空调节能和环保要求的日益迫切和严格,在北美和北欧等国相当普遍与成熟的水源热泵空调系统,在我国从起步阶段而得到较快发展。我国在水源热泵理论探索、试验研究、产品开发和工程项目的应用上,都取得了可喜的成果。

据2003年统计,仅在北京推广热泵技术的厂家包括:北京恒有源科技发展有限公司、山东富尔达公司、法国CIAT公司、清华同方等9家。承担热泵系统设计的单位越来越多。北京已有187个单位使用了水源热泵系统,供暖面积达294万m^2,新开发的建设项目也都提出进行水源热泵的可行性分析,因此,了解、熟悉和掌握水源热泵系统,并在合理条件下,选择并应用,是设计人员适应建筑市场需求的必备能力。

水源热泵分为两大类,即水环热泵和地源热泵。后者又分为土壤源热泵和地(表)下水热泵。目前发展较迅速的主要是地(表)下水热泵。其特点是利用浅层低温地能(热),一般温度相对恒定(<25℃),经过热泵提升至建筑物采暖需要的温度(50~60℃)。热泵能效比高(一般COP可达3~5)。而这种能量地下储量巨大,且可以再生。夏季制冷时,将热量排入地下;冬季供暖时,在地下取热,同时将冷量排入地下,循环利用。浇层地能的采集,主要是在合适的条件下,通过打井抽灌浅层地下水来实现的。

我国地下水四季不同地区,一般为6~24℃,基本恒温。采集地下低品位水时,基本原则是只用其热,不用其水,用后必须回灌。地下水源应当保证水量充足,水温适当,水质良好,供水稳定,易于回灌。且要加以监控,严防污染和浪费。地下取水深度多在100m左右,含水层厚度一般应大于5m;冬季地下水温不应低于10℃;地下水含砂量应为1/200000;回灌水基本与抽水水质相同。地下水的抽取与回灌方式,目前分为“单井抽灌”和“异井抽灌”方式。

“单井抽灌”技术为北京恒有源公司开发,并申请了专利。在北京,已在11个单位应用,供暖面积达154万m^2。其中,包括近9万m^2的海淀区政府和3万m^2的海淀区公安局的办公楼,以及学校、银行、档案馆、高层住宅等建筑。中关村软件园信息中心,建筑面积约2万m^2,也采用了“单井抽灌”的水源热泵空调系统。其空调冷负荷为1410kW,空调热负荷为1400kW。设计中采用了三套水源热泵机组,主机型号为HT760,以R-22为冷媒。夏季提供7/12℃冷冻水,冬季提供55℃/50℃热水。

其综合能效比COP值,夏季为4,冬季为3.经过技术经济比较,水源热泵方案初投资570万元,单位空调造价285元/m^2;溴化锂直燃机方案,初投资为750万元,单位空调造价375元/m^2;燃气锅炉加冷水机组方案,初投资为700万元,单位空调造价350元/m^2。全年运行费用:水源热泵25.36元/m^2年;直燃机46.92元/m^2年;燃气锅炉加冷水机组为41.32/m^2年。同时,水源热泵机房面积小,无辅助建筑,运行中无污染物排放,无冷却塔系统。因此,“单井抽灌”的水源热泵的优势明显。

“异井抽灌”系统,在北京以北京警察学院为代表。该院占地约80公顷，建筑面积约 15 万 m^2，采暖热负荷为 15153kW，空调冷负荷为 16081kW，全院共设计两个水源热泵系统，总水量为 $1170m^3/h$，共打井 20 口，其中供水井与回灌井各 8 个，沉砂井和溢流井各 2 个。供水井间距为 200~300m，井深 300m，每口井设计流量为 150m3/h。回灌井布置在院区中部较大范围内，以使回灌水灌至上游。上述系统于 2001 年 8 月进行设计，2003 年 9 月投入运行。是水-水热泵在较大范围的工程中的实践，对水源热泵推广有借鉴作用。从目前情况来看，在城市密集区，采用“单井回灌”技术，有较明显优势。这是因为井距小，约 10m 左右，管路敷设距离短。同时，井深多为 100m 左右，有利打井。系统中无单独的回灌井、沉砂井和溢流井，管理、维护、调试相应简单。

3. 关注蓄冰空调与低温送风

近年来，由于经济的快速发展，我国电力供应在部份省市出现紧张、短缺的局面。去年和今年尤为突出。北京今年夏季最高用电负荷从去年的 846 万 kW 增加到 950 万 kW，其中，家用空调约为 300 万 kW，大型公用建筑的空调峰值用电达 100 万 kW，空调用电已占全市用电负荷的 40%.因此，空调用电的节省对缓解北京夏季用电紧张，十分重要。特别是电力系统采取了分时电价，鼓励合理用电，以解决电力负荷的峰谷差现象。而蓄冰空调技术是重要方法之一。

蓄冰技术是采用制冷机和蓄冰装置，在电网低谷时的廉价电费计时区域，进行蓄冰作业；而在空调高峰负荷时，将所蓄冰冷量释放的成套技术。蓄冰技术要合理选择蓄冰介质、蓄冰装置与设计系统组合，利用优化的传热手段，通过自动化控制，周期性地实现高密度的介质蓄冰与合理的冷量释放。凡执行分时电价，且峰谷电价差较大的地区，同时自身空调用电负荷又不均衡的用户，如办公楼、商店、宾馆、影剧院、体育馆等，经过技术经济比较，都可以采用。

蓄冰方式可分为：动态型，即将制冰与蓄冰分开，如：冰浆式、冰晶式和冰片滑落式；静态型，有盘管外结冰式（包括内融冰式和外融冰式）和封装式（冰球、冰板和芯心冰球式）。

迄今止,我国建成和在建的蓄冰空调工程已达 200 多项。北京建成的最大静态蓄冰工程——国贸二期(约 10 万 m^2),国家电力调度中心低温送风空调系统,均是成功实例。我院在海淀新技术大厦工程中,也采用了蓄冰空调。大厦建筑面积约 5.7 万 m^2,冰球蓄冷。利用环形车道内心作为蓄冷罐(3 个 4300×8900mm)的存放地,较好地解决了占地问题。该系统采用两台双工况螺杆机(510RT),蓄冷量为总冷负荷的 28.7%。自 2001 年安装运行以来,效果良好。但蓄冰技术的推广,存在着造价较高、管理复杂、运行成本高、占地面积大、取冰较难掌握等问题,这需要设计、设备制造商及运行管理部门,不断实践,提高水平,予以完善。同时,很重要一个方面,是电力部门要进一步给予优惠政策,使蓄冰系统回收年限缩短(一般应为 5 年或特殊情况不大于 7 年为限)。使业主在经济上得到实惠,以支持电网削峰填谷。

近几年,由于国内大型科技园区、大学城、CBD 等的兴起,以蓄冷为冷源的区域供冷系统,开始出现,并引起空调业界的关注。而区域供冷系统,是始于 90 年代初,在美国等发达国家,由于市场的需求因素和市场供应的因素,而得以迅速发展的。中关村西区占地约 51 公顷,规划地上建筑 100 万 m^2,地下建筑 50 万 m^2。用地主体的功能为金融、科贸、行政办公、会展等,配有商业、酒店、康体娱乐。一级开发商在区内建设了两个冰蓄区域供冷系统,为二级开发商提供空调用冷水,以节省其自建制冷站费用。现一期制冷站已建成,提供约 8000RT 冷量,1.1℃空调冷冻水。这为空调系统使用大温差低温送风,实现空调节能,提供了可能。我院设计的中关村影视城,即向该冷站购冷(2.47 元/RT.H),并作了低温送风系统,这是我院第一个这样的系统,进行了有益的探索。广州大学城有 500 万 m^2 的建筑物,采用了外融冰——蓄冷区域供冷站,共设 4 个制冷量 3 万 RT 的制冷站。采用美国 BAC 技术,采用的是内置翅片换热器外融冰金属盘管。提供 2℃空调冷冻水。整个系统投资 14 亿元,是国内最大区域供冷站。现正在进行建设中,将为区域供冷探索和积累经验。因此,为解决电力紧张,以及夏季电力系统削峰填谷的需要,不少地方和业主,将对蓄冰技术的应用提出要求,我们应当进一步作好技术、经济的准备和研究,适应蓄冰技术的发展。

4. 重视大规模建筑群的能源多元化和多路能源的供应,实现电力和燃气的互补

由于空气调节的作用,既要满足人民生活质量提高需求,又要满足工业,特别是高新技术产业的保障需求,因此空调与室内空气品质、人居环境的健康,与工作和生产效率、高新技术产品质量,甚至与城市经济运转和环境的安全等方面,关系愈加密切。

空调使用的季节性、间歇性和不稳定性,对于任何城市而言都造成了能源供应的巨大压力。例如:北京市现有建筑面积 3.5 亿 m^2,予计 2008 年将达到 5 亿 m^2,空调对能源的需求和环境的影响都是巨大的。我国建筑耗能约占总耗能的 40%,空调耗能约占建筑耗能的 40%,而北京目前能源末端方式主要是电力和天然气，而其消费又呈现季节与昼夜的极大不平衡。天然气冬季消耗量是夏季的 7~10 倍,这主要是采暖需要造成的。电力负荷除一天内的峰谷差外,冬夏之差也在扩大。2002 年夏季峰值用电达 824 万 kW,冬季峰值不足 580 万 kW,冬夏季差值主要是空调用电造成的。

因此，在有电力与天然气供应的大型建筑群，应考虑合理匹配冷、热源,使电力和天然气的使用上,能达到“双赢”。这是一个值得认真对待的课题。

燃气空调的特点是:

(1) 可帮助削去夏季电力负荷高峰,而同时又填平燃气负荷的低谷,从而有效地提高发电设备和燃气设备的利用率,提高投资效益。

(2) 如果将一部份不稳定空调负荷转给燃气，将大大提高电网供电质量和安全。

(3) 相对于传统的集中式供电方式而言，分布式供电将发电系统以小规模(数千千瓦至 50MW 的小型模块式)、分散的方式布置在用户附近,独立地输出电、热和冷量,可以提高供电可靠性。

(4) 燃气空调和热电冷联产技术以天然气为燃料，可以大大减少燃煤发电的污染物和温室气体的排放。而发展天然气空调的关键在于天然气的价格，目前天然气价格偏高，如果实行季节天然气价差，将促进天然气空调的发展。经测算，若天然气为 1.40 元/m³·h 时，直燃机使用成本基本可以与电力驱动的离心制冷机持平；若天然气为 1.80 元/m³·h 时，直燃机的使用成本基本与电力驱动风冷冷水机组持平。

目前，有不少项目的前期，业主都提出了热、冷源多元化方案的要求。如：首都机场扩建工程设计方案，遵循以制冷为主辅以供热的原则，确定以最大日负荷 30000Rt 为基准，针对电制冷+蓄冷、电制冷+蓄冷+直燃机、电制冷+直燃机和电制冷四个基本方案，经过对运行费用和初投资的综合比较，最终确定了电制冷+直燃机的方案。实现了电力与燃气的“双赢”方案。因此，积累工程项目资料，搜集能源政策及相关价格，关注各种技术和设备的成熟度，认真作好技术经济比较，作好调研，实事求是地结合项目的特点和情况，作出一个好的冷、热源供应设计，将是暖通专业为主并与技经、动力和自控专业协作的共同结果。

第 5 节 质量控制要点及通病预防

1. 建筑暖通设计要点与优化策略

(1) 严格控制施工材料质量

不断提高的国民经济水平为建筑行业的发展提供新的机遇的同时也带来了更大的挑战，建筑暖通系统作为重要工序，不可避免的会用到大量的施工材料，对于建筑暖通设计人员来说，合理的选择施工材料是优化暖通系统的关键因素。现阶段，越来越多的建筑材料出现在市面上，给相关设计人员提供了更多选择的同时，也带来了一系列亟待完善的问题。比如很多生产厂家为了降低成本，而生产一些不满足工程要求的建筑材料，部分建筑企业为了控制施工成本，对其进行应用，不仅无法防治噪声与振动等问题，还会给人们的生命财产安全带来威胁。因此，在建筑暖通设计过程中，相关设计人员应注意以下两方面内容：一是在设计过程中，对暖通系统所应用的材料进行精准计算，严格审查钢制管接头处的尺寸参数、质量等是否满足设计要求，对于弯头及其他钢管，应对其结构参数等进行严格审查，避免后续施工过程中出现不必要的矛盾；二是在施工准备阶段，安排相关人员对暖通系统所需要的材料质量进行严格审查，避免不合格材料出现在施工现场，一旦发现问题，及时与生产厂家及项目负责人进行联系，确保建筑暖通设计得以发挥良好作用效果。

（2）完善通病评价防治系统

随着政府及相关管理部门对于生态环境重视程度的不断提高，建筑暖通系统噪声与污染问题逐渐成为设计师需要考虑的关键问题。然而，现阶段，对于暖通系统内相关设备所产生的噪音问题，如何界定其噪声污染等级尚未有统一的标准，从而导致市面上出现多种多样的低噪声设备。因此，相关技术人员应首先完善暖通系统噪声与振动的评价系统，对其噪声参数进行精准计算的同时建立严格的等级划分标准，从而为建筑暖通设计人员提供优化依据的同时更好的帮助其创新防治思路，也为暖通设备的更新换代提供一定参考。除此之外，随着我国能源转型脚步的逐渐加快，传统能源所带来的环境污染逐渐成为阻碍各行各业落实节能减排措施的关键因素，建筑行业作为高能耗行业，特别是暖通系统对于能源的大量需求，相关设计人员应积极引进先进能源利用技术，充分利用新能源及可再生能源对暖通技术进行优化，保证运行效果的同时最大程度的降低对环境所带来的不利影响。

（3）加强专业人才队伍建设

不断出台的利好政策为建筑行业的飞速发展奠定了坚实基础的同时，也加速了建筑企业之间的竞争。建筑暖通系统作为工程项目不容忽视的关键环节，相关企业想要在激烈的竞争中占据一席之地，首先要提升自身综合实力。因此，加强人才队伍建设就成为了建筑企业实现可持续发展的必经之路，主要包括以下两方面内容：一是建筑企业应加强暖通设计人才的引进，通过提升薪资待遇等方式避免出现人才流失的问题。同时不断吸收国内外先进的设计方法，对现有建筑暖通设计方案进行优化，推动建筑行业更好的发展；二是定期对相关人员进行专业技能培训，提升其专业能力的同时加强安全责任意识，从而更好的帮助建筑企业实现进一步发展。除此之外,政府及相关部门应加大人才培训方面的资金投入力度,推动我国建筑暖通设计人员的发展,为其提供更多就业机会的同时,为人们提供更为舒适、健康的居住环境。

(4) 降低噪声与振动的影响

暖通设计中,噪声与振动是影响人们居住舒适度的关键因素,这就要求建筑暖通设计人员结合自身专业知识与工作经验,不断对设计理念进行创新与优化,在保证其良好使用性能的同时,更好的对噪声与振动进行防治,提高建筑工程质量,为人们营造更为舒适、健康的生活环境。比如对于送风系统噪声与振动问题,就需要相关技术人员在容易产生噪声的设备中加装消音装置的方式来降低噪音分贝,避免产生噪声污染。与此同时,在送风系统正常运行过程中, 可以通过对风机等装置的转速进行合理调控,并在排风口位置安装消音设施的方式降低噪声与振动对人们日常生活所带来的影响。比如对于排风设备的噪声与振动问题,就需要建筑暖通设计人员在对其进行设计过程中, 全面考虑排风设备的运行故障及噪声污染问题,根据建筑暖通系统的运行需求,合理采用消声器等设施,最大程度的降低噪声对人们所产生的不利影响。

2. 建筑暖通设计中噪声与振动通病的防治分析

现阶段,随着我国科技水平的不断提高,建筑行业相关人员也在不断对暖通设计进行优化与创新,但由于暖通设计极易受到外部环境等因素的综合影响,在使用过程中经常会出现噪声与振动等问题,影响人们日常工作和生活。通常情况下,建筑暖通设计中噪声与振动通病发生的原因主要包括以下几个方面:

(1) 排风设备噪声与振动

排风设备作为暖通系统中的重要组成部分, 主要起到通风换气的作用,一方面排出建筑内部的原有空气,另一方面将外部自然空气输送到室内,从而保证良好的空气质量。然而,排风设备在正常运转过程中,通常会产生大量的噪声污染,对人们日常工作和生活产生不利影响。特别是现阶段,很多企业为了提高换气效率,提升人们的居住舒适度,通常会选用大功率排风机,较大的空气流速以及较高的转速将会导致更大的噪声污染。特别是对于离排风口较近的区域,其产生的噪音将直接影响人们的正常工作与生活。

（2）排风口噪声与振动

排风口的合理设计是建筑暖通设计中的关键环节,为了更好的保证空调设备具有良好的散热效果,通常会在空调上方安装风机等装置。一旦相关设计人员没有进行科学的计算,导致空调与排风口之间的距离无法满足噪音在空气中扩散消失的条件,极有可能导致噪音分贝的增加,即使散热装备转速较小,无法形成过高的噪音,也会经由排风口进行扩大,形成噪音污染。一旦缺乏相应的降噪设备,将会对人们的居住环境产生一定影响。

（3）空调机房噪声与振动

空调机房所产生的噪声与振动通常是对于会议室来说,现阶段,我国大部分会议室在暖通设计中都更倾向于使用低转速的设备,然而很多建筑由于空调位置安装不合理以及墙面存在的孔洞等原因仍会有明显的噪声污染问题。除此之外,对于空调设备来说,其运行过程中所产生的振动也会造成一定噪声,影响会议室的正常使用。

（4）冷却塔噪声与振动

为了更好的保证暖通系统的运行效果,现阶段,很多建筑暖通设计人员会利用冷却塔的功能来实现更高的通风效率。然而,冷却塔的运行时间通常较长,在其正常运行过程中会产生较大的噪音,倘若缺乏相应的防治措施,极有可能导致噪声污染的出现。特别是对于夜深人静的时候,其噪声污染会更加明显,从而影响人们的正常休息。除此之外,由于冷却塔的合理安装对于噪声污染程度有着较为直接的影响,而很多建筑暖通设计人员在对其安装位置进行设计时,缺乏系统性与科学性,从而导致对人们的日常生活带来长期影响;还有部分技术人员由于缺乏精准的计算,导致冷却塔无法按照要求在固定的时间停止运行,从而无法保证噪声污染的防治有效性。

（5）送风系统噪声与振动

现阶段，很多建筑暖通设计人员会在送风系统中安装消音装置，在一定程度上降低了噪声的分贝。然而，由于回风口的不合理设计以及关键部分的消音设施缺乏，也会导致较为明显的噪声污染。比如现在应用较为广泛的无风道式排风系统，该方式虽然会保证空气的良好流动，但同时也会将噪声通过机组传送至室内，从而导致较为明显的送分系统噪声。

建筑暖通设计中噪声与振动通病防治措施主要包括以下几个方面：

(1) 排风口噪声与振动的防治

如上文所述，排风口作为暖通系统中较为重要的关键部分，需要建筑暖通设计人员结合工程实际需求，对其进行综合考虑，最大程度的避免排风口出现噪声污染问题。防治措施主要包括以下三方面：一是对于建筑物内部安装的空调系统来说，其顶部安装的散热装置通常会与空调系统正常运行时产生的声音共同作用形成噪音，因此，相关设计人员在对排风口进行设计过程中，首先要对空调系统正常运行所产生噪音的参数进行测量，一旦出现噪声污染等问题，及时采取调整排风口位置、安装消音设备等方式避免对人们正常工作和生活产生影响。对于建筑物内的供暖设施来说，相关设计人员应在安装前对其噪声情况进行检测，确保其产生的噪声情况在人们可承受范围之内；二是对暖风系统来说，相关技术人员应对容易产生噪声的设施进行定期检测，一旦出现噪声分贝过大的问题，及时采用合理的隔声材料进行处理，降低对周围环境产生的影响；三是对排烟风机进行设计的过程中，建筑暖通设计人员应充分考虑排风速度与噪声污染之间的关系。通常情况下，噪声分贝不仅与风机叶片数量有关，还与安装距离有着较为直接的关系。这就要求相关人员在保证排风效果的同时，科学的选择设备型号，同时合理的选择安装位置，避免较大分贝噪声和较为明显的振动出现；四的对于回风口来说，应采用合理的措施消除其内部正常运行时所产生的噪音，同时可以通过安装玻璃棉等方式避免外界噪音对建筑内部产生影响。

(2) 冷却塔噪声与振动的防治

当前阶段，冷却塔是建筑暖通系统应用过程中提高运行效率的重要受到，然而其风机运行过程中所产生的噪音也会对人们日常生活产生一定影响。通常情况下，建筑暖通设计人员通过在风机出口处安装消声器的方式降低噪音的产生分贝，同时在系统内部利用玻璃棉良好的隔音效果降低落水所产生的噪声污染。然而，上述两种方式对于冷却塔来说均有着较为不利的影响，加大其运行阻力的同时影响其运行效率。随着我国科技水平的发展，越来越多的冷却塔装置出现在市面上，这就要求相关设计人员根据工程实际需要，选择超低噪声冷却塔等新型系统，更好的防治噪声与振动。

（3）空调机房噪声与振动防治

空调机房所产生的噪声污染通常与设置位置及预留的孔洞有关，因此，建筑暖通设计人员应合理设置其安装位置，避免与人们的居住空间距离较近。倘若无法避免，则应采用合理的隔音减震材料，降低其噪声污染情况。与此同时，对于预留的安装孔洞，应及时采取措施对其进行封堵，从而避免空调设施运行过程中产生的噪声及振动对人们产生影响。

第十章 全水系统

第1节 全水系统概述

1. 全水系统的组成

全水系统——全部以水为介质把热量或冷量传递给所控制的环境，以承担其热负荷或冷负荷的系统。全水系统由热源或（和）冷源、输送热水或冷水的管路系统和末端装置（向室内供热或供冷设备）组成。

2. 全水系统的末端装置

对流型末端装置——以对流换热为主的末端装置，如暖风机、风机盘管等。

辐射型末端装置——辐射换热相对较大的末端装置，如辐射板。

供暖用的末端装置的热媒可以采用水、蒸汽等。

3. 全水系统的分类

只具有供暖功能的全水系统通常称为热水供暖系统统和全水空调系统。供热的全水系统：由热源、输送热媒的管道系统和供热设备(末端装置)组成。供冷的全水系统由冷源、输送冷媒的管道系统和供冷设备(末端装置)组成。既供冷又供热的全水系统中同时有冷源和热源，末端装置是供热或（和）供冷的设备。

（1）热水采暖系统

定义：热水采暖系统即供热的全水系统。

分类：按热媒分为热水采暖系统和蒸汽采暖系统。

优点：①运行管理简单，维修费用低。②热效率高，跑、冒、滴、漏现象轻，可比蒸汽供暖节能20%-40%。③可采用多种调节方法，特别是可采用随室外温度变化改变采暖供、回水温度的质调节。④供暖效果好。连续供暖时，室内温度波动小。房间温度均匀，无噪声，可创造良好的室内环境，增加舒适度。⑤管道设备锈蚀较轻,使用寿命长。

缺点:①散热设备传热系数低,因此在相同供热量下,所需供暖设备②蒸汽采暖主要靠蒸汽冷凝时放出的汽化潜热;热水采暖靠水的温降。在相同供热量下,热水为热媒时流量大,管径大,造价高。③输送热媒消耗电能多。

适应范围:是民用和公用建筑的主要采暖系统型式,也可用于工业建筑及其辅助建筑中。

(2) 全水空调系统

定义:全水空调系统中房间的冷负荷或热负荷全靠水来承担。由于全水空调系统的末端装置为风机盘管,因此全水空调系统又称为全水风机盘管系统。

优点:①由于水的比热比空气大得多,系统水量比全空气空调系统中的空气量小得多,输送能耗低,水管所占空间比风管小得多。对现有建筑改造时,易于解决布管问题。②可兼备集中供冷和供热的优点,同时各末端装置又有独立开关和调节的功能。使用灵活方便,各个房间可单独开关、调节与控制,节省运行费用。③各房间设末端装置处理空气,各房间之间的空气互不串通,避免了空气交叉污染,有利于保证室内空气品质。④除冷、热源机房外,无其他空调机房,末端装置吊挂或靠墙安装,比全空气空调系统占用建筑面积少。

缺点:①比全空气空调系统运行维护量大。②有冷却去湿功能,无加湿功能,靠门窗渗风或定期开窗来满足房间对新风的要求,不能解决房间有组织的通风换气问题。③风机盘管运行时有噪声。

第2节 散热器和散热器热水供暖系统

散热器的功能是将供暖系统的热媒(蒸汽或热水)所携带的热量,通过散热器壁面传给房间。对散热器的基本要求,主要有以下几点;

(1) 热工性能方面的要求散热器的传热系数K值越高,说明其散热性能越好。提高散热器的散热量,增大散热器传热系数的方法,可以采用增加外壁散热面积(在外壁上加肋片)、提高散热器周围空气流动速度和增加散热器向外辐射强度等途径。

（2）经济方面的要求，散热器传给房间的单位热量所需金属耗量越少，成本越低，其经济性越好。散热器的金属热强度是衡量散热器经济性的一个标志。金属热强度是指散热器内热媒平均温度与室内空气温度差为1℃时。每公斤质量散热器单位时间所散出的热量。即

$$q=K/G \quad W/kg\cdot℃$$

式中，q—散热器的金属热强度，w/kg℃；

K—散热器的传热系数，$W/m^2\cdot℃$；

G—散热器每1m^2散热面积的质量，kg/m^2。

q值越大，说明散出同样的热量所耗的金属量越小。这个指标可作为衡量同一材质散热器经济性的一个指标。对各种不同材质的散热器，其经济评价标准宜以散热器单位散热量的成本(元/w)来衡量。

（3）安装使用和工艺方面的要求散热器应具有一定机械强度和承压能力；散热器的结构形式应便于组合成所需要的散热面积，结构尺寸要小，少占房间面积和空间，散热器的生产工艺应满足大批量生产的要求。

（4）卫生和美观方面的要求散热器外表光滑，不积灰和易于清扫，散热器的装设不应影响房间观感。

（5）使用寿命的要求散热器应不易于被腐蚀和破损，使用年限长。目前，国内生产的散热器种类繁多，按其制造材质，主要有铸铁、钢制散热器两大类，按其构造形式，主要分为柱型、翼型、管型、平板型等。

1. 铸铁散热器

铸铁散热器长期以来得到广泛应用。它具有结构简单，防腐性好，使用寿命长以及热稳定性好的优点；但其金属耗量大、金属热强度低于钢制散热器。我国目前应用较多的铸铁散热器有：

（1）翼型散热器

翼型散热器分圆翼型和长翼型两类。圆翼型散热器是一根内径75mm的管子，外面带有许多圆形肋片的铸件。管子两端配设法兰，可将数根组成

平行叠置的散热器组。管子长度分 750mm,1000mm,最高工作压力:对热媒为热水,水温低于 150℃,P=0.6MPa;对蒸汽为热媒,P=0.4MPa。圆翼型型号标记为:TY0.75—6(4)和 Tyl.0bb—6(4)。

长翼型散热器的外表面具有许多竖向肋片，外壳内部为一扁盒状空间。长冀型散热器的标准长度 L 分 200mm,280mm 两种,宽度 B=115mm,同侧进出口中心距 H=500mm,高度 H=595mm。长翼型型号标记分别相应为:TC0.28/5—4(俗称大 60)和 TC0.20/5—4(俗称小 60)。翼型散热器制造工艺简单,长翼型的造价也较低;但翼型散热器的金属热强度和传热系数比较低,外形不美观,灰尘不易清扫,特别是它的单体散热量较大,设计选用时不易恰好组成所需的面积,因而目前不少设计单位,趋向不选用这种散热器。

（2）柱型散热器

柱型散热器是呈柱状的单片散热器。外表面光滑,每片各有几个中空的立柱相互连通。根据散热面积的需要。可把各个单片组装在一起形成一组散热器。我国目前常用的柱型散热器主要有:二柱、四柱两种类型散热器。国内散热器标准规定：柱型散热器有五种规格，相应型号标准记为 TZ2—5—5 (8),TZ4—3—5 (8),TZ 4—5—5 (8),TZ4—6—5 (8) 和 TZ 4—9—5 (8)。如标记 TZ4—6—5,TZ4 表示灰铸铁四柱型,6 表示同侧进出口中心距为 600 mm.5 表示最高工作压力 0.5MPa。

柱型散热器有带脚和不带脚的两种片型,便于落地或挂墙安装。柱型散热器与翼型散热器相比,其金属热强度及传热系数高,外形美观,易清除积灰,容易组成所需的面积,因而它得到较广泛的应用。

2. 钢制散热器

目前我国生产的钢制散热器主要有下面几种型式:

（1）闭式钢串片对流散热器由钢管、钢片、联箱及管接头组成。闭式钢串片式散热器规格以高×宽表示,其长度可按设计要求制作。

（2）板型散热器由面板、背板、进出水口接头、放水门固定套及上下支架组成。背板有带对流片和不带对流片两种类型。

（3）钢制柱型散热器其构造与铸铁柱型散热器相似，每片也有几个小空立柱。这种散热器是采用 1.25~1.5mm 厚冷轧钢板冲压延伸形成片状半柱型,将两片片状半柱型经压力滚焊复合成单片,单片之间经气体弧焊联接成散热器。

(4) 扁管型散热器它是采用 52×11×1.5mm(宽×高×厚)的水通路扁管叠加焊接在一起,扁管型型散热器外形尺寸是以 52m m 为基数,形成三种高度规格:4l 6mm(8 根),520mm(10 根)和 624mm(12 根)。长度由 600mm 开始, 以 200mm 进位至 2000mm 共八种规格。扁管散热器的板型有单板、双板,单板带对流片和双板带对流片四种结构形式。单双板扁管散热器两面均为光板,板面温度较高,有较多的辐射热。带对流片的单、双板扁管散热器,每片散热量比同规格的不带对流片的大,热量主要是以对流方式传递。钢制散热器与铸铁散热器相比,具有如下一些特点:

金属耗量少。钢制散热器大多数是由薄钢板压制焊接而成。金属热强度可达 0.8~1.0W/kg·℃, 而铸铁散热器的金属热强度一般仅为 0.3 W/kg·℃左右。

耐压强度高。铸铁散热器的承压能力一般 P=0.4~0.5MPa。钢制板型及柱型散热器的最高工 b0.8Mpa。因此,从承压能力的角度来看,钢制散热器适用于高层建筑供暖和高温水供暖系统。

外形美观整洁,占地小,便于布置,如板型和扁管型散热器还可以在其外表面喷刷各种颜色的图案,与建筑和室内装饰相协调。钢制散热器高度较低,扁管和板型散热器厚度薄,占地小,便于布置。

除钢制柱型散热器外,钢制散热器的水容量较少,热稳定性差些。在供水温度偏低而又采用间歇供暖时,散热效果明显降低。

钢制散热器的主要缺点是容易被腐蚀,使用寿命比铸铁散热器短。此外,在蒸汽供暖系统中不应采用钢制散热器。对具有腐蚀性气体的生产厂房或相对湿度较大的房间,不宜设置钢制散热器。

由于钢制散热器存在上述缺点,它的应用范围受到一定的限制。因此,铸铁柱型散热器仍是目前国内应用最广泛的散热器。除上述几种钢管散热器外,还有一种最简易的散热器:光面管(排管)散热器,它是用钢管在现场或工厂焊接制成。它的主要缺点是耗钢量大,也不美观,一般只用于工业厂房。我国也有生产铝串片和铝合金的散热器。铝制散热器的重量轻,外表美观;铝的辐射系数比铸铁和钢的小,为补偿其辐射放热的减小,外型上应采取措施以提高其对流散热量。陶瓷散热器和混凝土板内嵌钢管的散热器型式,在苏联也曾一度推广应用,但并不理想。西欧一些国家近年来很重视发展塑料散热器,我国也有试制品。它重量轻,节省金属.防腐性好,是有发展前途的一种散热器。研制耐高温的塑料,并在经济上能与传统散热器竞争,是目前发展塑料散热器的关键。

第3节 暖风机和暖风机热水供暖系统

暖风机是由通风机、电动机及空气加热器组合而成的联合机组。暖风机分为轴流式与离心式两种,常称为小型暖风机和大型暖风机。根据其结构特点及适用的热媒不同,又可分为蒸汽暖风机、热水暖风机,蒸汽、热水两用暖风机以及冷热水两用暖风机等。目前国内常用的轴流式暖风机主要有蒸汽、热水两用的NC型和NA型暖风机和冷热水两用的S型暖风机;离心式大型暖风机主要有蒸汽、热水两用的NBL型暖风机。

采用小型暖风机供热,为使车间温度场均匀,保持一定的断面速度,布置时宜使暖风机的射流互相衔接,使供暖房间形成一个总的空气环流;同时,室内空气的循环次数每小时不宜小于1.5次。常见的小型暖风机布置方案主要包括以下三种:直吹布置,暖风机布置在内墙一侧,射出热风与房间短轴平行或外窗方向,以减少冷空气渗透。斜吹布置,暖风机在房间中部沿纵轴方向布置,把空气向外墙斜吹。此种布置用在沿房间纵轴方向可以布置暖风机的场合。顺吹布置,若暖风机无法在房间纵轴线上布置,可使暖风机沿四边墙串联吹射,避免气流互相干扰,使室内空气温度较均匀。

1. 天然气空气能暖风机的优势

天然气空气能暖风机和原来的锅炉方式比较有以下优势:

(1)天然气是清洁能源,排放产物是二氧化碳和少量水汽。

(2)整体投资小,周期短,不需要建锅炉房,没有基建配套,没有管道配套。电路配套微乎其微。

（3）没有水循环系统，不需要24h运转，只需要在工作时间启动就可以；空气能暖风机仅根据天气温度需要启动，热量没有传输，热量没有浪费，直接加热室内空气温度，热量利用效率基本为100%。

（4）空气能暖风机没有辅机，耗电比锅炉少得多。不属于特种设备，无需备案，无需专门操作人员，根据需要随时启动，或停机，温度调节随意设定，无需预热过程，一般5-10分钟就可以达到正常车间的工作温度。

（5）运行费用，根据试点企业的运行情况分析，采用天然气空气能暖风机方式的取暖运行费用是原来燃煤锅炉方式的50~70%左右，比原来燃煤还要经济，效益明显，整体热负荷是天然气锅炉热负荷的20-25%左右就能够满足要求。同时减少了人工费用，电费及管理成本。

（6）电力消耗：空气能暖风机没有辅机设备，耗电非常低，大约是原来锅炉耗电量的2%左右，几乎是全部节约了。

（7）管理成本：天然气空气能暖风机因为不属于锅炉这样的特种设备，没有压力，没有水系统，无需备案，不需要上岗证手续，没有年检，基本不需要专人操作。每台天然气空气能暖风机尺寸为高2m、宽1m、厚0.6m，供暖负荷约1000平方面积（3.5米以内层高），天然气耗气量为2~5立方/小时，不同保温车间使用效果有差异，同样面积车间使用天然气空气能暖风机成本低于燃煤锅炉水暖方式。

2. 热风采暖与热风幕

传统散热器热水供暖，是以自然对流为主，在高大厂房中，由于热空气上升，形成了垂直方向上较大的温度梯度，使得厂房上部温度偏高，下部工作区温度偏低，降低了采暖的舒适感，同时热量大量消耗在建筑物上部，下部工作区难以获得足够的热量，有资料显示屋顶散热量占总的热负荷的70%左右，造成严重的能源浪费。实践证明散热器热水供暖方式不适用于高大厂房，因此，合理选择采暖方式成为高大厂房采暖的重点。

热风采暖是目前高大厂房的主要采暖形式之一，该系统通过散热设备向房间内输送比室内温度高的空气，直接向房间供热。热风采暖对流散热几乎占100%，因而具有热惰性小、升温快的特点。热风供暖能降低高大厂房内的温度梯度，是比较经济的供暖方式之一，但热风供暖一般是采用1台或多台暖风机直接将热风喷射向工作区，因此，送风比较集中，造成室内温度分布不均匀，人体有较强的吹风感，而且由于热气流上升，仍然会有较多的热量从建筑物顶部散失。为了解决此类问题，可以采用横向热风幕采暖方式。横向热风幕分层采暖系统是沿高大厂房两侧墙布置送风管道，并设置下倾送风口，送出适度的加热空气，形成两侧对喷，使热流覆盖整个工作区。适当密布风口，可使喷出的气流扩散后形成横向热风幕，沿厂房高度方向分为3个区域，即下部采暖区、中部风幕隔离区、上部非采暖区。从机理上讲“横向热风幕”能够主动隔断热气上升、改善厂房温度分布，提高采暖区的气温，减小车间上部气温，也可减少车间上部散热，达到改善采暖效果、减少热量消耗的目的，从而降低了能源消耗。横向热风幕分层采暖系统要求密布风口，采用轴流风机下倾送风投资高，且轴流式暖风机的风速太低，无法达到使热流覆盖整个区域的目的。如果采用离心式暖风机通过风管送风虽然可以满足要求，但系统需要投入锅炉、离心式暖风机和管道铺设多项费用，经济性差且系统复杂。热风炉热风采暖系统采用了热风炉作为热源，直接加热空气，完全可以采用横向热风幕分层采暖方案解决温度分层的问题，省去了暖风机的投资费用，且为“一次传热”，较暖风机这样的“二次传热”水暖系统，传热效率增加，可以节省运行费用。以空气作为热媒的供暖称为热风供暖。

（1）暖风机

暖风机是热风供暖的主要设备，它是由风机、电动机、空气加热器、吸风口和送风口等组成的通风供暖联合机组。按风机的种类不同，可分为轴流式暖风机和离心式暖风机，在通风机的作用下，室内空气被吸入机体，经空气加热器加热成热风，然后经送风口送出，以维持室内一定的温度，轴流式暖风机为小型暖风机，它的结构简单，安装方便、灵活，可悬挂或用支架安装在墙上或柱子上。轴流式暖风机出风口送出的气流射程短，风速低，热风可以直接吹向工作区。离心式暖风机送风量和产热量大，气流射程长，风速高,送出的气流不直接吹向工作区,而是使工作区处于气流的回流区。暖风机供暖是利用空气再循环并向室内放热, 不适于空气中含有害气体,散发大量灰尘,产生易燃、易爆气体以及对噪声有严格要求的环境。

(2) 热风采暖与热风幕

热风采暖与热风幕的热媒系统一般应独立设置。如果必须与采暖系统合用时,应有可靠的水力平衡措施。热风采暖的热媒宜用高于或等于 90℃的热水或 0.1~0.3MPa 的蒸汽。采用蒸汽时,每台机组应独立设置阀门和疏水器。

下列场所宜采用热风采暖:①能与机械送风系统合并时;②供暖负荷较大,但无法布置大量散热器的高大建筑;③仅没有防陈值班采暖散热器,但又需要间歇正常采暖的房间;④由于防火、防爆和卫生需要,必须采用全新热风采暖时,⑤利用热风采暖经济合理的其他场所。

民用建筑的热风幕可采用电加热或温度低于或等于 90℃的热水。下列场所宜用热风幕:①建筑物出入频繁的无门斗的出人口内侧;②两侧温度、温度或洁净度相差较大,且有人员频繁出入的通道。热风幕送风参数应符合厂列要求:①送风温度,般外门不宜高于 50℃,高大外门不得高于 70℃。②送风速度:公共建筑外门不宜大于 6m/s,工业建筑外门不宜大于 8m/s,高大外门不得大于 25m/s。

第 4 节 热水供暖和暖风机热水供暖系统

以热水为热媒的供暖系统,称为热水供暖系统。热水供暖系统是目前广泛使用的一种供暖系统。居住和公共建筑常采用热水供暖系统。按系统循环动力不同,可分为重力(自然)循环系统和机械循环系统。靠水的密度差进行循环的系统,称为重力循环系统;靠机械(水泵)力进行循环的系统,称为机械循环系统。按系统供、回水方式不同,可分为单管系统和双管系统。热水经立管或水平供水管依次流过多组散热器,并顺序地在各散热器中冷却的系统,称为单管系统。热水经供水立管或水平供水管平行地分配给多组散热器,冷却后的回水自每个散热器直接沿回水立管或水平回水管流回热源的系统,称为双管系统。按系统的管道敷设方式不同,可分为垂直式系统和水平式系统。按热媒温度不同,可分为低温热水供暖系统(热水温度低于 100℃)和高温热水供暖系统(热水温度高于 100℃)。室内热水供暖系统大多采用低温水作为热媒。设计供、回水温度多采用 95℃/70℃(也有采用 85℃/60℃)。高温水供暖系统一般宜在生产厂房中应用。设计供、回水温度大多采用 120~130℃/70~80℃。

1. 重力(自然)循环热水供暖系统

(1) 系统工作原理及其作用压力

当水在锅炉内加热后,水的密度减小;在散热器内被冷却后,水的密度增加。整个系统将因供回水密度差的不同而维持循环流动。维持该系统循环流动的压力称为自然作用压力。 重力循环热水供暖系统的循环作用压力的大小取决于水温(水的密度)在循环环路的变化。 起循环作用的只有散热器中心和锅炉中心之间这段高度内的水柱密度差。如果取供水温度 95℃,回水 70℃;则每米高差可产生的作用压力为:9.81×1×(977.81−961.92)=156Pa。重力循环热水供暖系统维护管理简单,不需消耗电能。但由于其作用压力小、管中水流速度不大,所以管径就相对大一些,作用范围也受到限制。自然循环热水供暖系统通常只能在单幢建筑物中使用,作用半径不宜超过 50m。

(2) 膨胀水箱的作用:吸收膨胀水量;补充收缩水量;排放热水中的空气泡。

2. 机械循环热水供暖系统的主要形式

系统中设置了循环水泵,靠水泵的机械能使水在系统中强制循环。

(1) 机械循环上供下回式热水供暖系统

机械循环系统除膨胀水箱的连接位置与自然循环系统不同外,还增加了循环水泵和排气装置。在机械循环系统中,水流速度往往超过自水中分离出来的空气气泡的浮升速度。为了使气泡不致被带入立管,供水干管应按水流方向设上升坡度, 使气泡随水流方向流动汇集到系统的最高点,通过设在最高点的排气装置,将空气排出系统外。供回水干管的坡度宜采用

0.3%,不得小于0.2%。回水干管的坡向与自然循环系统相同,应使系统水能顺利排出。

(2)机械循环下供下回式双管系统

系统的供水和回水干管都敷设在底层散热器下面。在设有地下室的建筑物中或在平屋顶建筑棚下难以布置供水干管的场合,常采用下供下回式系统。在地下室布置供水干管,管路直接散热给地下室,无效热损失小。在施工中,每安装好一层散热器即可采暖,给冬季施工带来很大方便。免得为了冬季施工的需要,特别装置临时供暖设备。

(3)中供式

从系统总立管引出的水平供水干管敷设在系统的中部,下部系统为上供下回式,上部系统可采用下供下回式,也可采用上供下回式。中供式系统可用于原有建筑物加建楼层或上部建筑面积小于下部建筑面积的场合。

(4)机械循环下供上回式(倒流式)供暖系统

系统的供水干管设在下部,而回水干管设在上部,顶部还设置有顺流式膨胀水箱。水在系统内的流动方向是自下而上流动,与空气流动方向一致,可通过顺流式膨胀水箱排除空气,无需设置集中排气罐等排气装置。对热损失大的底层房间,由于底层供水温度高,底层散热器的面积减小,便于布置当采用高温水采暖系统时,由于供水干管设在底层,这样可降低防止高温水汽化所需的水箱标高,减少布置高架水箱的困难。供水干管在下部,回水干管在上部,无效热损失小。这种系统的缺点是散热器的放热系数比上供下回式低,散热器的平均温度几乎等于散热器的出口温度,这样就增加了散热器的面积。但用于高温水供暖时,这一特点却有利于满足散热器表面温度不致过高的卫生要求。

(5)异程式系统与同程式系统

同程式系统特点:回水干管水流方向与供水干管相同;水流离开设备1后,必须经过全部回水管路才回到冷热水机组;第一个供水的设备是最后一个回水的设备;通过各设备环路的压降相同在较大的建筑物内宜采用同程系统。

异程式系统特点:水从供水管进入设备1;水离开设备1后直接回到冷热源;第一个设备是第一个供水的设备,也是第一个回水的设备;各环路压降不均匀。

低温水系统:水温低于或等于100℃的热水系统;设计供回水温度多采用95℃/70℃,适用于住宅、办公楼、医院等建筑。

高温水系统:水温超过100℃的热水系统;设计供回水温度多采用130/80℃,适用于其他民用及工业建筑。

3. 蒸汽供暖

(1)蒸汽供暖系统的分类

按蒸汽干管布置,分为上供式、中供式、下供式;按立管的布置特点,分为单管式、双管式;按回水方式分为重力回水、机械回水(高压蒸汽系统均采用机械回水方式)。

(2)低压蒸汽供暖系统的基本形式

重力回水低压蒸汽供暖系统由蒸汽管道+散热器+凝结水管构成一个循环回路,其特点主要包括以下两个方面:重力回水低压蒸汽供暖系统型式简单,宜在小型系统中采用;当供暖系统作用半径较大时,就要采用较高的蒸汽压力才能将蒸汽输送到最远散热器。因此,当系统作用半径较大,供汽压力较高(通常供汽表压力高于20kPa)时,就采用机械回水系统。

(3)机械回水低压蒸汽系统是一个开式系统,凝结水返回凝结水箱,再由凝结水泵送回锅炉加热。蒸汽管道中沿途凝结水被高速运动的蒸汽推动产生的浪花或水塞与管件相撞产生振动和巨响的现象。减少水击的措施主要包括:及时排除凝结水;降低蒸汽流速;设置合适的坡度使凝结水与蒸汽同向流动。

4. 热水供暖与蒸汽供暖的比较

(1)蒸汽供暖系统所需蒸汽质量流量比热水流量少得多(相同负荷时)热水供暖系统依靠其温度降放出热量,而且热水的集态不发生变化。蒸汽供暖系统依靠水蒸汽凝结成水放出热量,集态发生了变化。蒸汽的汽化潜热比起每千克水在散热器中靠温度降放出的热量要大得多。因此,对同样的热负荷,蒸汽供暖时所需的蒸汽质量流量要比热水流量少得多。

(2) 蒸汽供暖系统比热水供暖系统在设计和运行管理上较为复杂

热水在封闭系统内循环流动,其状态参数(主要指流量和比容)变化很小。蒸汽和凝水在系统管路内流动时,其状态参数变化很大。例如湿饱和蒸汽沿管路流动时,由于管壁散热会产生沿途凝水,使输送的蒸汽量有所减少。蒸汽和凝水状态参数变化较大的特点是蒸汽供暖系统比热水供暖系统在设计和运行管理上较为复杂的原因之一。由这一特点引起系统中出现“跑、冒、滴、漏”问题解决不当时,会降低蒸汽供暖系统的经济性和适用性。

(3) 对同样热负荷蒸汽供暖要比热水供暖节省散热设备的面积

在热水供暖系统中, 散热器内热媒温度为热水进出口温度的平均值。若热水进出口温度为95℃/70℃,散热器内热媒的平均温度为82.5℃。蒸汽在散热器内定压凝结放热,散热器的热媒温度为该压力下的饱和温度。在低压及高压蒸汽供暖系统中, 散热器内热媒的温度等于或高于100℃。因此,对同样热负荷蒸汽供暖要比热水供暖节省散热设备的面积。

(4) 蒸汽供暖系统散热器表面温度高,易烧烤积 在散热器上的有机灰尘,产生异味,卫生条件较差。由于上述跑、冒、滴、漏而影响能耗以及卫生条件差两个主要原因,在民用建筑中不适宜采用蒸汽供暖系统。

(5) 蒸汽供暖系统静压小,升温快,适用于某些公共场所

由于蒸汽具有比容大(密度小)的特点,在高层建筑供暖时不会像热水供暖那样产生很大的水静压力。此外,蒸汽供暖系统的热惰性小,供汽时热得快,停汽时冷得也快。对于人数骤多骤少或不经常有人停留而要求迅速加热的建筑物如俱乐部、会议室、礼堂等是比较合适的。

(6) 蒸汽供暖系统不能调节蒸汽温度, 采用间歇运行时, 系统腐蚀较快,使用年限比热水采暖系统短

一般蒸汽供暖系统不能调节蒸汽温度,当室外温度高于供暖室外计算温度时,蒸汽供暖系统必须运行一段时间,停止一段时间,即采用间歇运行。这样会使房间温度上下波动。另外,由于蒸汽供暖系统间歇工作,管道

内时而充满蒸汽,时而充满空气,管道内壁的氧化腐蚀要比热水供暖系统快。蒸汽供暖系统的使用年限要比热水供暖系统短,特别是凝水管更易损坏。

第 5 节　热水供暖系统的失调与调节

热水供热系统包括热源、管网、末端三部分组成;管网连接热源、输送热源达到热源用户,管网呈树状分布;末端用户要求、热源供热情况决定了管网设计路由及参数,热源供水压力、末端阻力及系统整体安装运行的经济性决定了管网设计要求。目前国内常采用单管系统、双管系统及单双管混合系统,从形式上又分为上供下回系统、上供上回、下供下回、下供上回系统及辐射状系统，由于主管线布位置不同因此产生水力失调情况也不同。但对于形式简单、规模较小的建筑,由于水力失调而引起的供热不均或不理想的情况都表现不明显。如果建筑规模庞大、热用户情况复杂,系统选用不合理引起的水力失调问题就不能忽视了。因此合理选择设计系统对于解决水力失调问题是根本途径。

1. 水力失调的成因

供热系统水力失调主要是指在供暖系统中理论供热流量和实际系统流量之间存在较大的差值,而引起末端用户用热无法达到设计要求。可能引起系统水力失调,供热效果差的因素有:

(1) 外网热用户分组不合理。部分环路所带支路过多,最不利环路管线过长,沿程阻力过大,与其他管路不协调,造成水平失调。

(2) 系统分环路由选取不合理。各环路所分担热负荷差值较大,引起各分支管线存在水平水力失调的情况。

(3) 纵向管线用户多,系统选择形式不合理,产生垂直水力失调,导致立管段上部分用户无法满足用热要求。

(4) 管路管径选取不合理。凭借经验选取管道尺寸借助管道阀门调整系统阻力,当阀门无法正常工作或者安装不到位时就导致管道的水力失调情况无法通过调节来缓解。

(5) 阀门安装不到位。管路阻力无法根据需要调节,造成流量不能按需分配,也会导致用户用热问题。

(6) 阀门选取不合理。用户端采暖设备具备自动调温功能,而干管上没有安装相互对应的自动调节阀,干管不能根据末端的用热情况调整流量,导致实际运行参数与设计参数偏差较大,产生供热问题。

(7) 局部热用户私自改造供热系统,随意调节关闭系统阀门,引起系统阻力数改变,影响到周边热用户的供热效果。

2. 解决方法

(1) 提高热水输送网路的稳定性

为了使系统的平衡便于调节,必须提高热水输送网路的稳定性。目前为提高热水网路的稳定性主要是通过相对增大采暖用户系统的压降或相对减小网路干管的压降。首先,管路设计计算选经济比摩阻值,在增加成本投资与获取较小的压降二者之间找一个折中点,既满足稳定性要求也可以降低投资。其次,在计算靠近热源的干管管径时,适当放大管径,对于提高供热管网的稳定性有着显著的作用。再次,适当增加靠近热源支干管的比摩阻,有利于平衡系统末端其他支干管的压降;外管网最不利环路应适当减小比摩阻降低压降。另外,设计计算过程中,网路正常运行状态所有的阀门应按照最大开度考虑,通过合理设计来达到用户所需要压头与系统资用压差之间的平衡,在初运行过程中弱化阀门的调节作用,依靠管路自身的缩放调节系统阻力。最后,通过采用调压板、安装高阻力小管径阀门、水喷射器等措施就可以增大采暖用户系统的压降,配合网路运行工况。

(2) 合理选用末端系统及设备

首先,选择合理的系统。低于六层的建筑用户均可以考虑采用下供下回双管系统,供回水立管的沿程阻力损失与管程内自然循环作用压力基本可以低效,不会产生垂直水力失调的情况,各层用户都可以满足供热要求。高于建筑可以采用中供式系统,能够有效的避免上供下回式、下供下回产生的垂直水力失调的情况。其次,若资用压头与末端用户所需压头不符,可通过减压阀、调压板、设高位水箱来降低压力,或者采用增压泵增加水压等，通过调整供热参数保障供热效果。再次，室内宜选择南北分环，或者按功能分区分环；每条环路所带立管数不宜超过15组，每组立管与干管连接处设阀门，便于调节各组管路流量；各立管所带用户负荷尽量相当，便于缓解水平水力失调的状况。另外，采用变流量系统，热力入口以及主要环流均宜在回水管路上设平衡阀，当热用户根据室内情况调节流量时，系统能够较好的调整阻力数以满足流量变化要求，并对水泵采用变频控制应对系统流量、压力变化，起到节能运行的效果。

（3）附加压头平衡技术

在用户供暖系统入口安装不同规格的小水泵来补足资用压头欠缺部分的方法称为附加压头技术。附加压头平衡技术能够很好地改善供暖系统水力失调问题并能降低能源消耗，在系统末端安装加压水泵，可以在不改动原来的集中供热系统的前提下平衡各用户环路阻力，工程小、投资小的解决水力失调问题。采用附加压头技术可以补足系统循环水泵所缺少的扬程，由于水泵电耗与水泵效率成反比，与水泵流量和扬程之积成正比，因此附加压头平衡技术还具有节能降耗的特点。

（4）加强热水供暖系统的运行管理

由于在系统运行过程中的水力失调现象主要受人为因数的影响，因此为使系统经济安全地运行并保证其供热质量，就要求在日常运行中加强对系统的管理。为方便及时发现系统漏水、不热、和其他不正常现象，水路管网系统应设立巡回检查制度，同时为避免管网系统因“空气塞”、污物堵塞及排污不及时等原因造成的水力失调，就要求热水供暖系统严格按制度办事。

3. 平衡调节

（1）质调节

在进行质调节时，只是改变供暖系统的供水温度，而热用户的循环水量保持不变。为了确保热用户室内温度达到标准，（如卧室的设计温度为18℃，良好的供热质量标准为18±1℃，合格的供热质量标准为18±2℃）供暖系统供水温度的变化所造成室温的波动，应严格控制在室温标准的范围之内,这也要就是最大的室温变化幅度,超过或者不足均属不正常的状态。供、回水温度的确定:供暖实践证明,只有适时实量地向供热管网提供最恰当的供热量,才能维持室内的热平衡,保持室内温度的舒适性、合理性。而供水温度的高低,对散热器的散热量是极其敏感的。在各种相同的流量;相同的散热面积的条件下,散热量的多与少,总是能与供水温度保持着一种近似的关系。按常规的方法计算或确定供、回水温度已不现实。目前[供暖通风设计手册]规定的设计供水温度为95℃,设计回水温度为75℃,然而实际的供、回水温度一般为75/55℃,有时甚至更低一些。形成这一事实的原因:是设计热负荷偏高,促进循环水泵片选择偏大,增加了循环流量,使锅炉或换热器的水温上不去,再加上住户散热器偏多。所以,不需要提高水温(即实际的供、回水温度)就可以满足室温的要求。

循环水量的确定:合理确定循环水量、降低循环水泵的电耗,是供暖系统的一项重大节能措施。在质调节的供暖系统中,按设计热负荷确定的循环水量;按热指标计算单位面积的循环水量,是最合理的循环水量。但是,实际的循环水量要比计算或确定的循环水量大很多。产生问题的主要原因:是供、回水温度低,水平和垂直失调严重,造成了近端热,远端冷、顶层热、底层冷的现象比较普遍的。前些年,为了解决水力失调的问题,我们采用了安装孔板及调节管网或分支管路的阀门等诸多措施,也取得了一定的效果,但其缺欠也很大。在运行期间,孔板更换非常麻烦,工作量大,浪费热媒。阀门使用时间过长后,调节极易出现故障,而且排除故障也非常的困难。现在,我们在系统中安装了动态水平平衡元件(自立式平衡阀),采暖系统处在动态的自控状态下,水力失调的问题可以从根本上得到解决。所以单位面积的循环水量一般控制在3-3.5千克/平方米·小时,而且可以满足7-8层以下住宅的采暖要求。由于室外供暖管网为枝状,把动态平衡元件安装在每个热用户的入口处,用其控制每个热用户的流量和压力,达到采暖系统平衡的目的地。当第一分支管路流量的减少,耗热量的降低时;第二,第三……流量依此增加,耗热量依次提高,按序调整使其水力平衡和热平衡,使水力失调降低到最小的程度。总之,循环水量的确定,应是合理的循环水量或是最小的循环水量,这样既保证了供暖系统的需求,又节省了循环泵的电耗。

(2)量调节

在量调节时,只是改变供暖系统的循环水量,但必须恒定供暖系统的压差,合理地控制回水的温度。我们使热用户室内的温度恒定,是靠采暖系统每座楼房入口处安装的动态平衡阀来控制。

锅炉循环水流量的调整:循环水量的改变。原来是循环水泵输出的水要经过三台 **7mw/h** 的锅炉,这就造成了进入锅炉的水量超过了锅炉的额定流量,影响了锅炉的燃烧效果,现在改为在系统的末端加装了旁通管路,调整旁通管路的旁通阀,控制每台锅炉的进水量,保证每台锅炉的出力在额定的流量范围内,改善了锅炉的燃烧状态,提高了锅炉的效率。

恒定供暖系统压差:恒定供暖系统的压差是根据供暖系统的总阻力来确定。实践证明,供暖系统的总压差不宜小于 **0.1Mpa**。

供暖回水温度的确定:供暖回水温度的确定是用常规的计算方法,结合我们的实际情况来确定。由于散热量的变化对回水温度影响很小,因此供暖回水温度在一个采暖期内,并非恒定。一般情况下,需要根据室外温度的变化规律分成几个阶段,至少亦应按初寒期,严寒期和末寒期来划分,进行 **3-4** 次的调整,供暖系统才能达到理想的状态。我们控制的回水温度的办法是用当天室外最低来温度控制锅炉回水的温度。使其更加科学合理,从而减少了许多无用的消耗。

第十一章　采暖通风与空调施工新技术的应用

在能源危机的大背景之下,暖通空调技术的开展对建筑节能有着至关重要的作用。同时,随着人们对生活条件的舒适性以及卫生条件要求越来越高,许多有关暖通空调的新技术也应运而生。暖通空调系统的新技术丰要以暖通空调系统的设计、暖通系统的运行管理以及采用新型空调方式、新的控制方法和新的节能技术的开发应用为主，推广使用可再生能源、低品位能源或者提高能源利用率的新技术。同时,新技术还有另外一个作用,那就是改善人们的生活工作环境,提高房间的舒适度。

随着我国国民经济的迅速开展,能源和环境问题日益锋利,城市化的飞速开展和人们生活水平的提高,建筑能耗在总能耗中所占的比例越来越大,而在建筑能耗里,用于暖通空调的能耗又占建筑能耗的 **30-50%**,且在逐年上升。对这些能源的大量使用,使得地球资源日益匮乏,同时也带来严重的环境问题,如在我国的一些地区酸雨、飘尘、雾霾问题呈日益严重之势,对生态环境和可持续开展带来了很大影响。暖通空调行业作为建筑行业中的能耗大户,所有的设计、施工、以及运行维护的技术都事关能源的利用,一不小心就可能造成巨大的能源浪费。所以在暖通空调行业中采用一些新技术的意义是非凡的,尤其是从节约能源的角度来说。同时,随着室外空气环境的恶化,人们进一步关注生活条件问题,随着新技术的应用,也能更好的解决这一问题。

第 1 节　可再生能源空调系统的开发应用

现阶段，很多新能源和可再生能源已经被应用到了人们的实际生活中。不仅带给了人们极大的便利,也有效地保护自然环境。其中,最常见的能源供应设备为暖通空调,其应用了太阳能、潮汐能、风能等自然能源,在暖通空调系统中发挥了重要作用。

1. 具体应用形式

（1）风能具体应用形式

风能在暖通空调系统中的应用可以分为两部分，一部分是通风系统，一部分是空调系统。在通风系统中，利用热压和风压的原理，可用自然风解决通风问题。通风换气系统可以稀释环境空气有害物质浓度，保障空气质量干净卫生。若不利用洁净的自然风，还需要采用机械送风的方式去输送干净卫生的空气供通风系统使用。在空调系统中，自然风在过渡季节具有天然冷量，根据地域不同，有些地方的过渡季节自然风冷量可直接满足室内设计温湿度要求，就可以完全节省这部分空调消耗能源。有些地方过渡季节自然风冷量无法直接满足室内要求，需要额外补充冷量来满足，即使这样，也节约了很大一部分能耗。

（2）太阳能具体应用形式

太阳能在暖通空调系统中的应用主要分为主动式和被动式。被动式的应用无具体的设备利用形式，主要依靠建筑材料的选择和内部空间布局的控制，在冬季充分利用太阳能辐射供暖，减少热量损失，降低供暖能耗；在夏季减少太阳辐射和室内冷却设备，降低供冷能耗。还可以有效地收集、储存和分配太阳能，使室内环境舒适。主动式的应用是指利用太阳能集热器、风机、蓄热装置、辅助热源、管道及末端装置等物理元件组成一种供热系。应用在暖通空调系统中主要是采暖系统，比如利用收集的太阳能供热的地板辐射系统和热水供应系统，就可以大大降低采暖需要的能耗。除了上述两种方式太阳能转化为热能可直接应用于暖通空调系统外，还可以间接利用太阳能的能量应用于暖通空调系统，也有两种方式。

一种是利用太阳能转化为热能驱动制冷机工作产生冷量供应给建筑使用，比如利用热能驱动的溴化锂吸收式制冷机，它就是利用热能驱动工作的，相当于太阳能间接地驱动了制冷机工作。另外一种是利用太阳能转化为电能，用于某些需要高品位电能驱动空调采暖制冷设备工作的地方。比如热泵系统，热泵系统已经应用的非常成熟有效，是利用高位能（一般为电能）使热量从低位热源空气流向高位热源的节能技术。还有常见的中央空调系统、半集中式空调系统、多联机系统、家用分体空调系统等，都需要电能的辅助才得以运行。用太阳能光伏发电技术将太阳能转化为电能，就相当于太阳能间接地使用于暖通空调系统。

（3）水能具体应用形式

水能在暖通空调系统中的应用最广。水受气温的影响很少，水温相对稳定，在暖通空调系统中的应用主要是作为冷热源的提供者。比如现在应用已经十分广泛的各种各样的水源热泵系统，已经为众多建筑物提供热量和冷量，节约了大量能耗。需要注意的是，水作为冷源对水资源的利用仅限于热量转换。这里的水指的是江、河、湖泊、地下水以及城市污水等各种水资源。在使用过程中严格限制对水资源进行处理，保证水资源干净卫生，才是可再生能源。

（4）潮汐能具体应用形式

潮汐能在暖通空调系统中的应用属于间接应用，无直接的具体利用形式。目前我国对于潮汐能的利用主要运用于潮汐发电这一方面，在沿海国家利用潮汐能发电供给暖通空调系统作为高品位能源使用，比如利用少量电能驱动的热泵技术，为建筑物提供冷量和热量，相当于潮汐能间接地应用于暖通空调系统，也节约了能耗。

（5）地热能具体应用形式

地热能在暖通空调系统中的应用具体形式有两种。一种是地源热泵系统。暖通空调中的地源热泵系统，是指利用地下土壤资源的蓄热能力，将暖通空调系统吸收的室内热量通过地源热泵传输到地下。热量交换的介质是土壤和水。在冬季，把土壤的热量转到地上室内建筑物内；在夏季，将地下土壤的制冷量转移到地上室内建筑物内，形成冷却和加热循环系统，达到节约能耗的目的。一种是地道风系统。暖通空调中的地道风系统和地源热泵系统的利用形式是一样的，都是利用土壤源热能。利用土壤的蓄存能量，为建筑物提供维持室内热湿环境所需的冷热量。例如，夏季室外高温空气流经地道，空气被冷却，由送风系送入室内，为室内提供凉爽的空气。冬季室外低温空气流经地道，空气被加热，由送风系统送入室内，保证室内温暖的环境。无论是地源热泵系统还是地道风系统,由于利用了土壤的能量,就降低了暖通空调系统的能耗。

(6)生物质能具体应用形式

生物质能主要是由自然界中有生命的植物将前期储存的太阳能转化为能够被人类所使用的能量,属再生能源。自然环境中分布有大量的生物质,种类十分丰富。根据其来源不同,可将生物质能分为林业资源、农业资源、生活污水和工业有机废水、城市固体废物以及畜禽粪便五类。其特点是,储存量丰富,产量大,清洁低污染,可再生。持续研究生物质能的应用,发掘其潜在的优势,可实现我国低碳和可持续发展的要求。在现阶段我国生物质能发展的现状下,在暖通空调系统中的应用包括采暖供热系统和空调系统。在采暖供热系统中的应用主要是通过热电联产集中供热来实现生物质能的清洁供热这是当前生物质供热的主要方式,主要用于城镇的清洁供暖。还可以通过生物质锅炉供热、生物质炉具供热这两种供热方式,主要用于小规模住宅建设和环境空旷,以及供热管网基础修建十分薄弱的北方农村地区。

2. 利用要点

新能源的开发和消费对现代城市的发展具有重要意义。相关工作人员要做好新能源和可再生资源的开发利用工作。发展要点如下:

(1)严谨的评估和合理的规划

随着现代社会能源消耗的逐渐加快,合理利用新能源和可再生资源变得非常重要。为了实现这一理想状态,在使用新能源之前必须进行合理的规划和严格的评估。坚持科学评价原则,开展前期股票交易,提高业绩质量。新能源发展后期,要合理规划整个过程所需的资金和时间。为确保新能源的有效开发,国家还应出台相应的法律制度,对成功开发的新能源进行合理规划和管理,以确保可再生资源的利用效率,实现可持续发展。

(2)建立低碳结构,调整产业结构

在开发新能源和可再生资源之前,中国和许多其他国家一直在利用煤炭资源作为一系列社会活动的支撑。到目前为止,仍有许多以煤炭资源为核心的能源消费模式。这种能源消耗所带来的碳消耗和温室效应，必然会对地球生态环境产生不良影响，最终危及人类生命健康安全。针对这种情况，中国必须建立低碳结构，调整中国的产业结构，通过设定低碳发展目标来选择和利用新能源，严格遵循低碳原则，更好地发挥新能源和可再生能源的重要作用。保持各种能源的利用率处于平衡状态。

(3) 重视前期调查工作

对于部门能源的开发，主要是通过前期地质调查发现新能源，然后通过前期调查、研究、开发等一系列具体工作措施完成新能源的开发。在这一系列工作中，前期土地调查非常正确，是整个新能源开采过程的基础和保障。通过制定符合实际作业要求的方案，选择地质勘探目标，可以实现对各种能源存量的调查和分区了解，确保地质勘探的重要作用能够充分发挥。

3. 发展趋势

(1) 开发和利用低品位能源

顺应暖通空调技术的发展趋势，就要多注重低品位能源的使用，以满足其节能环保的要求，同时也为可持续发展做出了贡献。其主要的应用展示如下：采用热泵系统。该系统能够提取低品位能源中的热量，然后用于供给需要热能的单位或公司。通过使用高位能源的驱动后，热泵可以将温度在 50℃~250℃之间的烟气和工业余热转化为可供使用的热能。这样不仅能够充分利用了低品位能源，还大大提升了供热效率，可谓一举两得。通过对压缩式热泵的改进，还可以形成不需电能即可正常工作的化学式热泵。

采用太阳能供热系统。太阳能是一种健康无污染的能源，并且取之不尽、源源不断，但由于其平均有效功率太低的原因，致使无法对其直接利用。而采用太阳能供热系统就可以将低品质的太阳辐射能转换为我们生活和工业所需的热能，这也是对建筑供热的一大贡献。太阳能供热系统主要由太阳能集热器组成，就其种类来说，有适用于房间供暖的平板式集热器，安装简便，可直接安装在建筑物的屋顶，同时也可以节省费用，还能够充分利用太阳的辐射能。另外，还有适用与工业方面的太阳能供热系统。利用给该系统加装的蓄热装置，可以大大提高太阳能供热系统的季节适用性。并且，该系统的运行费用只包含管理和维护方面，无需其他额外投入，增强了其经济性。

（2）提高总的能源利用效率

除了开发和利用低品位能源，还可以提高对能源的利用效率来达到节能环保的目的。暖通空调技术固然可以为人们提供舒适的环境，但仍需要大量的能源作为基础。因此，为了提高总的能源利用效率，就要加强对自然条件的利用，以减少对暖通空调运行所需能源的使用。

（3）充分利用计算机信息技术

随着计算机技术的迅速发展，计算机技术逐渐深入到了各个行业，因此在暖通空调技术中加强对计算机信息技术的使用也是必然的。通过使用计算机技术的智能特性，可以给暖通空调技术带来极大的便利，一方面可以消除很多传统的布线，另一方面，还能直接通过数字控制得到更多有用的信息，以加强对暖通空调系统的控制力度和准确度。另外，通过建立信息网络，还可以方便信息的沟通，改善整个系统的性能。通过不断地发展，还可以将计算机的智能性应用到单独的重要元器件上，实现对暖通空调系统更好的控制。

第 2 节　暖通空调制冷设备的新能源应用

1. 应用技术要点

（1）温度传感器的安装

传感器不能安装在阳光直射的位置，远离有较强振动、电磁干扰的区域，其位置不能破坏建筑外观的美观与完整性，室外形温、湿度传感器应有防风雨保护罩。温度传感器至 DDC 之间的边接应符合设计要求，应尽量减少因接线引起的误差，对于镍温度传感器的接线电阻小于 3 欧姆，1 千欧姆铂温度传感器的接线总电阻应小于 1 欧姆。传感器在风管保温层完成后安装，安装在风管直管段或应避开风管死角的位置，蒸汽放空口位置，以及风速平稳，能反映风温的位置。

（2）压力、压差传感器、及其压差开关的安装风管型压力、压差传感器的安装应在风管保温层完成之后。安装应在风管的直管段,如不能安装在直管段,则应避开风管内通风死角和蒸汽放空口的位置。安装压差开关时,宜将薄膜处于垂直于平面的位置。风压压差开关安装离地高度不应小于0.5m。风压压差开关在风管保温层完成之后安装,安装在便于调、维修的地方,避开蒸汽放空口。风压压差开关不应影响空调器本体的密封性,线路应通过软管与压差开关连接。

(3)水流开关的安装

水流开关的安装,在工艺管道预制、安装的同时进行。开孔与焊接工作,必须在工艺管道的防腐、衬里、吹扫和压力试验前进行,不宜安装在管道焊缝及其缘上开孔及焊接处,不能安装在垂直管段上,不能影响空调器本体的密封性。

(4)执行器安装

电动阀的安装,电动阀体上的箭头的指向与水流方向一致;风机盘管上的电动阀安装在风机盘管的回水管上;电动阀垂直安装于水平管道上,对大口径电动阀不能有倾斜;电动调节阀的输入电压、输出信号的接线方式,符合产品说明要求,安装后进行模拟动作。电磁阀的安装,电磁阀体上的箭头的指向与水流方向一致;空调器上的电磁阀与管径不一致时,采用渐缩管件,同时电磁阀的口径不低于管道口径的二个等到级;执行机构应固定牢固,手轮便于操作;阀位指示观察方便;安装前进行模拟动作。

2. 优化措施

(1)冷水机组运行控制

加机的控制:系统冷量需求增加,系统比较新冷水机组组合与现有冷水机组组合的效率,并考虑一定的余量及死区,在满足系统冷量需求的前提下,若新组合的效率大于现有组合的效率加余量及死区,则切换到新的组合。

减机的控制:系统冷量需求减少,系统比较新冷水机组组合与现有冷水机组组合的效率,并考虑一定的余量及死区,在满足系统冷量需求的前提下,若新组合的效率大于现有组合的效率加余量及死区,则切换到新的组合。

（2）冷却水/冷冻水温度控制

冷水机组的选型通常是按照系统的峰值负荷计算值来进行选型，但是在实际运行过程中，系统在峰值负荷运行时间比较短。峰值负荷时，冷水机组常规的设计状态下运行，冷冻水进出水温度维持在7℃/12℃。因此群控系统对冷却塔的出水温度控制，采用实时的湿球温度加逼近度的方式来控制，而湿球温度通过增加室外温湿度传感器再通过运算得出。

（3）冷冻泵变频运行控制

冷源群控系统主机控制程序模块会根据需要启动的主机组合，计算出总需求冷冻水流量，并在程序内部告知冷冻水泵控制模块。冷冻泵变频控制采用压差控制，系统采集冷冻水供回水总管的压差，与压差设定值的对比，通过运算实时调节冷冻泵的运行频率，为保证各个水泵出口压头一致性，每台水泵运行频率保持一致通过接口采集BAS末端阀门的开端状态，还可以对压差设定值进行重设，这样既能保证末端用冷需求，也能最大限度节约水泵能耗。

（4）冷却泵变频运行控制

冷却水泵采用的是变频水泵。主机控制程序模块会根据需要启动的主机组合，计算出总需求冷却水流量，并在程序内部告知冷却水泵控制模块，冷却水泵控制模块会结合水泵的效率特性，自动选择出可以满足流量需求的最优水泵运行组合，并启动相应的水泵。

（5）冷却塔运行控制

主机控制程序模块会根据需要启动的主机组合，计算出总需求冷却水流量，并在程序内部告知冷却塔控制模块，冷却塔控制模块会结合冷却塔的效率特性，自动选择出可以满足流量需求的最优冷却塔运行组合，并启动相应的冷却塔。冷却塔运行频率根据冷却水温度设定值控制，冷却水温度设定值=冷却塔逼近度+室外湿球温度，调节冷却塔频率，使冷却塔出水温度保持在设定值。

（6）低负荷运行控制

当冷源系统负荷较低时，继续运行冷水机组从经济角度看并不高。群控系统不允许单台冷水机组在低于可选工况点（如变频离心机15%的负荷）下运行，除非只有单台冷水机组用于承担冷负荷。当冷负荷低于设定值时，且冷冻水温也很低时，系统将选择冷水机启停控制，以便充分发挥其效率。此时系统可以自动停止正在运行的主机，依靠管道内所蓄冷量为系统供冷，当水温高于设定值时，系统可以自动重新启动主机。

（7）开机策略优化

根据控制系统监测的冷量需求以及冷冻机组的能效曲线和运行时间，决定冷冻机组队启停台数及组合，并启动相应的水泵、冷却塔，以此达到以最节能的方式满足冷量需求。

3. 空间低温制冷技术的发展

（1）辐射制冷器

辐射制冷器是依靠宇宙冷黑背景降温的被动式制冷装置。自1966年首次在美国获得成功应用后，已先后开发成功了适合不同轨道的多种类型辐射制冷器，制冷温度由200K降低到80K，制冷量从几毫瓦提高数百毫瓦级。辐射制冷器主要优点是无运动部件、寿命长、可靠性高、无噪声干扰、耗功小，非常适合空间红外遥感需求。缺点是对航天器轨道、飞行姿态和安装位置有严格的要求，不能有太阳帆板等阻挡物，制冷量小，体积较大，地面试验困难，其应用有一定的局限型。发展方向是改进辐射交换的面型结构，扩大视场，降低地球辐射和阳光辐射的影响，减少支撑及级间耦合的热损，提高制冷量，以满足焦平面器件对制冷量的要求。

（2）固体制冷器

固体制冷器是利用固态制冷剂在空间直接升华而产生冷源的一种制冷设备，具有不消耗航天器能源、无振动、不受轨道限制、结构简单的优点。常用的制冷剂有氮、氢、氩、氖等，可制成单级或双级固体制冷器。制冷剂一般存贮在铝制容器内，通过高强度、低热导的复合材料支撑固定在外壳，内外层之间采用高效真空多层绝热，降低漏热。探测器通过导热杆与制冷器相连，所产生的气体通过排气管排到空间。双级固体制冷器是利用各种制冷剂升华潜热不同,用一种升华潜热高的工质作为辅助制冷剂来保护主制冷剂,减小漏热损失,延长工作时间。

(3)超流氦制冷器

空间超流氦制冷系统包括超流氦杜瓦、与探测器的热耦合组件以及长期运行时的液氦再加注系统。超流氦杜瓦是通过一系列高强度、低热导复合材料支撑固定在主体结构上,既要满足漏热小,又要耐受恶劣的发射力学环境考验。在空间微重力条件下,需要采用多孔塞相分离器实现气液两相分离,通过控制在多孔塞出口处的加热器热量控制超流氦流量。超流氦杜瓦内液体晃动对航天器姿态控制有很大的影响,通过在杜瓦内部加上挡板,依靠液体与固体之间的摩擦以及气液表面张力对晃动进行衰减。另外,在工作期间必须保持超流氦与被冷却对象良好的热耦合,维持制冷温度的稳定性;系统还必须能够经受长期低温、辐射等恶劣的外空间环境考验。

(4)吸附制冷机

吸附制冷机是利用热开关控制吸附床加热解析与冷却吸附获得高低压气源,与 J-T 节流阀结合来实现制冷。其特点是工作寿命长,无运动部件,不会产生振动,可靠性较高。工作温度取决于工质气体与吸附床的种类,吸附式压缩机可远离冷端放置在航天器平台上。

第 3 节 热回收和低温地板辐射采暖技术

1. 热回收技术

(1)空调冷水机组余热回收

中央空调的冷水机组在夏天制冷时,一般机组的排热是通过冷却塔将热量排出。在夏天,利用热回收技术,将该排出的低品位热量有效地利用起来,结合蓄能技术,为用户提供生活热水,达到节约能源的目的。目前,酒店、医院、办公大楼的主要能耗是中央空调系统的耗电及热水锅炉的耗油消耗。利用中央空调的余热回收装置全部或部分取代锅炉供应热水,将会使中央空调系统能源得到全面的综合利用, 从而使用户的能耗大幅下降。通常,该热回收一般有部分热回收和全部热回收。

部分热回收。部分热回收将中央空调在冷凝(水冷或风冷)时排放到大气中的热量,采用一套高效的热交换装置对热量进行回收,制成热水供需要使用热水的地方使用,如图1所示。由于回收的热量较大,它可以完全替代燃油燃气锅炉生产热水,节省大量的燃油燃气。同时,减轻了制冷主机(压缩机)的冷凝负荷,可使主机耗电降低10~20%。此外冷却水泵的负荷大大地减轻,冷却水泵的节电效果将会大幅度提高,其节能率可提高到50~70%。

全部热回收。全部热回收主要是将冷却水的排热全部利用。但一般冷水机组的冷却水设计温度为出水37℃、回水32℃,属低品位热源,采用一般的热交换不能充分回收这部分热能,所以在设计时要考虑提高冷凝压力,或将冷却水与高温源热泵或其他辅助热源结合,充分回收这部分热量,系统简单可靠。

(2) 排风和空气处理能量回收

在建筑物的空调负荷中,新风负荷所占比例比较大,一般占空调总负荷的20%~30%。为保证室内环境卫生,空调运行时要排走室内部分空气,必然会带走部分能量,而同时又要投入能量对新风进行处理。如果在系统中安装能量回收装置,用排风中的能量来处理新风,就可减少处理新风所需的能量,降低机组负荷,提高空调系统的经济性。目前热回收设备主要有两类:间接式,如热泵等;直接式,它利用热回收换热器回收能量。

(3) 能量回收用换热器简介

空调排风或空气处理中地能量回收地关键设备是能量回收换热器。该装置有多种,常用的回收装置有:金属壁换热器、热管换热器、转轮式换热器、静止型板翅式换热器等。其中金属壁换热器和热管换热器只能回收显热,转轮式换热器、静止型板翅式换热器不仅能回收显热,还能回收潜热,因此效率较高。但转轮式换热器存在新风和排风混合的问题。而静止型板翅式换热器没有运动部件,可靠性高,混风率低。板翅式热交换器:具有换热系数高,结构紧凑,经济性好等优点,是广泛使用的换热器之一。近年来已用于回收空调排风中的能量,具有良好的效果。一般热交换器的效率可达 70%左右。是一种空气与空气直接换热式的换热器,它没有转动部件,因此也被称作固定式换热器,是一种比较理想的能量回收设备。静止型板翅式换热器采用多孔纤维材料为基材，对表面进行特殊处理后制成单元体;单元体的波纹板交叉叠积,并用胶使其峰谷与隔板粘结而成,两股气流呈交叉形流过换热器。显热换热器的隔板是非透过性的、具有良好导热特性的材料,一般多为铝质材料;全热换热器是一种透过型的空气----空气热交换器,隔板是由经过处理的、具有较好传热透湿特性的材料构成。显热的换热机制是介质两侧流过不同温度的空气时,热量通过传导的方式进行换热。全热换热器中潜热的换热通过下述两种机制进行。一是通过介质两侧水蒸气分压差进行湿度交换;二是高湿侧的水蒸气被吸湿剂吸收,通过纸纤维的毛细管作用向低湿侧释放。当隔板两侧存在温差和水蒸气分压力差时,两者就产生传热和传质进程,从而来进行显热和全热的换热。在板翅式换热器中,波状翅片既起辅助传热的作用,又起支撑和导流作用。根据翅片所形成的流道和气流方向的不同,板翅式换热器可分为叉流式、逆流式和顺流式。

转轮式换热器:是一种蓄热能量回收设备。分为显热回收和全热回收两种。显热回收转轮的材质一般为铝箔,全热回收转轮材质为具有吸湿表面的铝箔材料或其他蓄热吸湿材料。转轮作为蓄热芯体,新风通过转轮的一个半圆,而同时排风通过转轮的另一半圆,新风和排风以相反的方向交替流过转轮。新风和排风间存在着温度差和湿度差,转轮不断地在高温高湿侧吸收热量和水分,并在低温低湿侧释放,来完成全热交换。转轮在电动机的驱动下以 10r/min 的速度旋转，排风从热交换器的上侧通过转轮排到室外。在这个过程中,排风中的大多数的全热保存在转轮中,而脏空气却被排出。而室外的空气从转轮的下半部分进入,通过转轮,室外的空气吸收转轮保存的能量,然后供应给室内。当转轮低于 4r/min 的速度旋转时,效率明显下降。转轮换热器的特点是设备结构紧凑、占地面积小,节省空间、热回收效率高、单个转轮的迎风面积大,阻力小。适合于风量较大的空调系统中。

热管换热器:热管由于其具有很高的传热系数,因而近年热管用于空调热回收系统中的研究得到很大的发展。热管由于热传递速度快、传递温降小、结构简单和易控制等特点，因而将被广泛用于空调系统的热回收和热控制。

2. 低温地板辐射采暖技术

近年来,人们对居住舒适度的要求日益提高,但由于能源利用效率很低,建筑耗能迅速增长,已大大超过了能源增长的速度,建筑能耗占总能耗的比例已接近 30 %,仅采暖能耗一项,就已占到能源总消耗的 10%左右,能源紧张已严重制约着经济建设,影响到人民生活水平的进一步提高。目前,我国北方城镇居民大多是采用散热器对流采暖,最近几年低温地板辐射采暖开始走进千家万户。低温地板辐射采暖并不是一项新的采暖技术,国外于 20 世纪初就开始在一些工程中采用，但由于金属管材容易产生腐蚀和渗漏等问题,这种采暖方式未能得到迅速发展。直到 20 世纪 70 年代,“以塑代钢”技术的发展以及联聚乙烯管的出现,使得低温热水地板辐射暖焕发了生机。

随着居住条件的不断改善,人们对室内采暖也提出了新的要求。许多工程采用低温地板辐射采暖系统来代替传统的散热器采暖,克服了诸如能耗大、舒适性差、难于分户计量、占用房间使用面积等问题。低温热水地板辐射采暖是一种利用建筑物内部地面进行采暖的系统,它将塑料管敷设在楼面现浇混凝土层内,热水温度≯60℃,工作压力≯0.4MPa。该系统以整个地面作为散热面,地板在通过对流换热加热周围空气的同时,还与人体、家具及四周的维护结构进行辐射换热,从而使其表面温度升高,其辐射换热量约占总换热量的 50%以上,是一种理想的采暖系统,可以有效地解决散热器采暖存在的问题。低温热水地板辐射采暖节省燃料,电能消耗低,是最经济的供暖系统。

(1) 应用优势

舒适、卫生、保健。传统的散热器采暖热量主要集中在房间的中上部,上热下凉,人们有口干舌燥的感觉。而低温地板辐射采暖是以均匀辐射的方式散热，这是最舒适的采暖方式，室内地面温度均匀，室温自下而上逐渐递减，给人以脚暖头凉的感觉，符合“温足凉顶”的中医健身理论，能改善人体血液循环，促进新陈代谢。同时，散热器采暖方式主要依靠自然对流方式传热，由于热源温度较高，因而空气流速较大；而地板采暖主要依靠辐射和自然对流两种方式传热，使用较低温度的热媒，避免了室内空气的强烈对流热交换，空气流速低，大大减少了因对流所产生的尘埃对室内空气的二次污染。由于风速是影响室内扬尘的重要因素，所以，采用地板采暖的房间扬尘很小，比较卫生，改善了家居环境。

美观，不占使用面积。室内各种管线均可铺设在地暖结构层中，取消了散热器的立、支管，不但增加了使用面积，而且房间可以任意分隔，便于装修和家具布置。

保温隔音，热稳定性好。目前，我国隔层楼板一般采用预制板或现浇板，其质地脆硬，隔音效果很差。地板采暖由于增加了保温层，可以大大减少上层对下层的噪声干扰，具有非常好的隔音效果。由于地暖特殊的地面构造，当上下层不采暖时，中间层的采暖效果几乎不受影响；地面层及混凝土层蓄热量大，因而在间歇供暖的情况下，室内温度变化缓慢，热稳定性好。地板辐射采暖由于有较厚的混凝土和砂浆层作为蓄热结构，系统的蓄热能力强，因而热惰性更强，热稳定性好，抵抗外界干扰的能力强。因此，即使是在间歇供暖的条件下，房间内的温度波动较小。试验表明，在室温 20℃时停止供热，12h 后的室温仍可保持在 18℃左右。

高效节能，运行费用低。散热器采暖通常采用 95~70℃供水温度，需要耗费大量的热能。而地板辐射采暖所用热媒温度较低，一些低温热源也能被利用，如太阳能、地热水。此外，还可利用热电厂余热、城市供热管网回水等热能。这些低温热源的有效利用，不仅节约了数量可观的不可再生资源，同时减少了废气、废渣的排放，既节能又环保。地暖系统在达到同样舒适条件的前提下，室内设计温度的能耗可以比其他采暖形式降低 20%~30%，提高了热效率，而且各房间的温度可以独立调节。

（2）材料准备

一般规定:敷设于地面填充层内的加热管,应根据耐用年限要求、使用条件等级、热媒温度、工作压力、系统水质要求、材料供应条件、施工技术条件和投资费用等因素，选择采用 PAP 管或 PE-RT 管。加热管下部的绝热层,应采用轻质、有一定承载力、吸湿率低和阻燃型的高郊保温材料。管材、管件和绝热材料,应有明显的标志,标明生产厂的名称、规格和主要技术特性,包装上应标有批号、数量、生产日期和检验代号。施工、安装的专用工具必须标有生产厂的名称,并有出厂合格证和使用说明书。

质量要求:管材应符合有关国家标准,在国家标未制定前,企业标准应等同国际标准或国外先进标准:PAP 管，等同采用中华人民共和国城镇建设行业标准 CT/T108-1999 PE-RT 管,等同采用德国标准 DIN4721。与其它供暖系统共用同一集中热源水系统且其它供暖系统采用钢制散热器等易腐蚀构件时,PAP 管和 PE-RT 管宜有阻氧层,以有效防止渗入氧而加速对系统的氧化腐蚀。管材以盘管方式供贷,长度宜不小于是 100m/盘。

管件与螺纹连接部分配件的本体材料应为锻造黄铜。管件外观应完整、无缺损、无变形、无开裂。管件的力学性能应符合附录 D 的要求。管件的螺纹应符合国家标准《非螺纹密封的管螺纹》(GB/T7307-1987)的规定。螺纹应完整,如有断丝和缺丝,不得大于螺纹全扣数的 10%。

绝热板材宜采用聚苯乙烯泡沫塑料，其物理性能应符合下列要求:密度不应小于 20kg/m³；导热系数不应大于 0.05W/m·k；压缩应力不应小于 100kPa;吸水率不应大于 4%;氧指数不应小于 32。

为增强绝热板材的整体强度,并便于安装和固定加热管,绝热板材表面可分别作下处理:敷有真空镀铝聚脂薄膜面层。敷有玻璃布基铝箔面层。铺设低碳钢丝网。

管材和管件的颜色应一致,色泽均匀,无分解变色。管材的内外表面应光滑、清洁,不允许有分层、针孔、裂纹、气泡、起皮、痕纹和杂质,但允许有轻微的、局部的不使外径和壁厚允许公差的划伤、凹坑、压入物和斑点等缺陷。轻微的矫直、车削痕迹、细划痕、氧化色、发暗、水迹和油迹,可不作为报废的依据。管材和绝热板材在运输、装卸和搬运时,应小心轻放,不得受到碰撞和尖锐物体冲击，不得抛、摔、滚、拖，应避免接触油污。管材和绝热板材应码放在平整的场地上，垫层高度要大于是 100mm，防止泥土和杂物进入管内。PAP 管、PE-RT 管和绝热板材不得露天存放，应储存于温度不超过 40 ℃、通风良好和干净的仓库中，要防火、避光，距热源不应小于是 1m。材料的抽样检验方法应符合国家标准《逐批检查计数抽样程序及抽样表》（GB/T2828-1997）的规定。

第 4 节 蓄冷空调的开发应用

蓄冷空调系统具有移峰填谷、均衡用电负荷、提高电力建设投资效益等优点，但这种宏观经济效益是就国家的全局利益而言的。若要建设蓄冷空调工程，还必须让建筑业主获得经济效益。设计人员应根据建筑物的使用功能要求、建筑物的冷负荷特性、当地的电价政策、对蓄冷装置与主机的选配及控制策略、与控制模式的组合等方面进行多种方案的经济比较与优化分析，得出科学的、实事求是的结论。

蓄冷技术是一种投资少、见效快的调荷措施，目前已成为许多经济发达国家所积极推广的一项促进能源、经济和环境协调发展的实用系统节能技术。国对发展新型蓄冷技术已经取得了一定的成就，但是除了要看到在我国发展蓄冷空调有上述种种客观需要之外，还要认识到与美国、日本等技术先进的国家相比，我国还缺乏必要的技术准备与工程建设经验.因此，我们应在积极引进国外先进技术的同时，积极开发适合国情的新型蓄冷空调设备，并尽量多搞一些试点示范工程，以加快新型蓄冷在我国的发展.随着我国社会主义市场经济体制的建立，大力推广蓄冷空调技术对于提高我国能源利用水平，促进我国的经济发展将会具有积极的影响。

1. 蓄冷空调系统原理及主要优缺点

蓄冷技术，即是在电力负荷很低的夜间用电低谷期，采用制冷机制冷，利用蓄冷介质的显热或者潜热特性，用一定方式将冷量存储起来。在电力负荷较高的白天，也就是用电高峰期，把储存的冷量释放出来，以满足建筑物空调或生产工艺的需要。蓄冷空调系统具有以下主要特点：降低空调系统的运行费用；制冷机组的容量小于常规空调系统，空调系统相应的冷却塔、水泵、输变电系统容量减少；在某些常规空调系统配上冰设备，可以提高30%~50%的供冷能力；可以作为稳定的冷源供应，提高空调系统的运行可靠性；制冷设备大多处于满负荷的运行状况，减少开停机次数，延长设备寿命；对电网进行削峰填谷，提高于电网运行稳定性、经济性，降低发电装机容量；减少发电厂对环境的污染。

蓄冷系统的主要优点包括转移制冷机组用电时间，起到了转移电力高峰期用电负荷的作用；蓄冷系统的制冷设备容量和装设供率小于常规空调系统；蓄冷系统的运行费用由于电力部门实施峰、谷分时电价政策，比常规空调系统要低，分时电价差值越大，得益越大；蓄冷系统中制冷设备满负荷运行的比例增大，状态稳定，提高了设备利用率。

蓄冷系统的主要缺点包括是一次性投资比常规空调系统要高。如果计入共电增容费及用点集资费等，有可能投资相当或者增加不多。蓄冷技术是利用峰谷电价的差别将用电高峰时的空调负荷转移到电价较为便宜的夜间，从而节约运行费用，缓解目前“电力不足、电量有余”的状况。但是，传统的蓄冷空调系统只能节省运行费用而不节能，从能量利用角度来看，实际上是一种耗能系统。要想蓄冷技术真正得到推广，首先要实行峰谷电价政策，继续拉大峰谷电价差。其次，解决蓄冷系统较常规系统的能量损耗和减少增加的初投资问题。

2. 蓄冷技术的现状

在常规全空气空调系统中，送风温差一般控制在8~10℃，送风温度在15~18℃范围，如果系统有再热，则盘管出口空气温度可低到12℃左右。而在蓄冷系统中，利用低温冷水，可将盘管出口空气温度降到4~6℃，送风温差可达20℃左右，形成所谓“低温送风系统”。20世纪末期，我国的蓄冷技术日趋完善，于是全面提出蓄冷与低温送风相结合的技术的理论，对这种系统的特点、技术性能、设计方法以及要注意的问题进行探讨，说明蓄冷与低温送风相结合的系统的优越性，这是蓄冷技术的重大突破，理论方面也已经很完善.进入21世纪以后，蓄冷与低温送风空调系统的理论日趋成熟，在吸取了国外大量先进技术以后，2002年首次由国内设计完成的集成蓄冷、低温送风、变风量等多项国内国际先进的空调新技术的系统在国家电力公司所属国家电力调度中心圆满竣工，接着西北电力调度中心等电力部门都成功应用了蓄冷与低温送风相结合的技术。至此，我国已经完全实现了这项技术从理论到实践的过渡，近年来，对于这种新型的蓄冷空调技术，我国虽然取得初步成果，但是仍有很多需要改进的地方，在实践方面还需要进一步完善。

3. 蓄冷与低温送风空调系统在应用中存在的问题及解决方法

（1）空气中水蒸汽的凝结和室内空气品质低的问题使用蓄冷与低温送风相结合的系统最大的问题就是空气中水蒸汽的凝结. 由于通过管网中的空气温度很低，在输送过程中很容易使管外的空气中水蒸汽凝结，常常引起顶棚的破坏和脱膜，因此在对管道的保温提出了更高的要求的同时，在系统开启时，应采用“软启动”，使冷冻水供水温度和送风温度逐渐降低，来防止水蒸汽的凝结。由于大温差送风，使得系统的送风量较小，流速也低，从而严重影响了室内的空气品质，在设计系统时，可以采用变风量方式，确定一个最小新风量，随着室内负荷的减小，新风比增大，这样可以适当提高室内的空气品质。

（2）室内空气的温度分布和射流分离距离短引起的吹风感以及造成的停滞区由于空气的性质，温度低的空气密度比较大，易于下沉，从低温送风系统末端吹出的冷空气下沉而影响室内的空气分布，冷风射流的贴附长度不够，造成冷风直接进入工作区，使室内人员有吹风感；当风量随负荷减少时，冷风射流与室内气流的混合不充分，会造成室内工作区中存在着气流的停滞区. 这些问题是可以在送风末端加设空气诱导箱或者用低温送风专用的散流器来解决，美国已推出适用于不同送风温度的新型散流器.实践证明，在采用了低温送风散流器后，风口的送风诱导比和出风贴附性能都有显著的提高，其送风诱导比较常规风口大100%~300%.但是这种散流器成本仍然很高，我国虽然很早就开始研究末端装置，但是还没有取得突破性的进展，有待于进一步开发. 总之，由于低温送风空调系统在技术上已经有了很大的进步,一次投资只是常规空调造价的76%~86%,节电显著的蓄冷结合低温送风空调系统,年运行费用可降低18%~28%。这在一定程度上弥补了增加蓄冷设备而引起的初投资的增加.目前就国内情况来说,要使蓄冷与低温送风系统结合得更加完美,一方面要大力引进国外先进技术和经验,开发新产品,降低整个系统的成本,另一方面还要努力实现蓄冷系统的高效率化,降低系统的耗电率,提高性能系数.当然蓄冷与低温送风空调系统作为新生事物,对整个系统的评价显得及其重要,这方面有待于进一步的研究,有利于其在我国的推广。

4. 发展蓄冷空调技术的重要性和必要性

现代空调设备已成为人们生产与生活的迫切需要,空调用电量已占建筑物总耗电量的60%一70%。当前由于能源紧缺,电力紧张,空调事业的发展受到极大影响。例如江苏、上海因电力紧缺曾规定空调不允许进人家庭,有的家庭安装了空调由于缺电无法使用。因此,研究如何节能,如何提水蓄能发电,如何推广采用水蓄冷与蓄冷等等,乃是当务之急。我国广东、北京十三陵、杭州安吉天荒坪等处抽水电站,各耗资150亿元以上,发电成本每度高达1.5元。用水蓄冷则要建大面积的水池,在建筑中一般难以解决。唯有蓄冷工程既可以节省大量的建设资金,又可以给业主和国家带来巨大的社会效益与经济效益。因此,当前如何迅速发展与应用蓄冷空调,已由倡导性而发展到必要性阶段了。众所周知,蓄冷空调就是利用非峰值电能,使制冷机在最佳节能状态下运行,将空调系统所需要的制冷量用显热与潜热的形式部分或全部地储存于冰中,当出现空调负荷时,即用融冰释放的冷量来满足空调系统冷负荷的需要,用来储存冰的容器称为蓄冷设备。蓄冷系统包括蓄冷设备、制冷机械、连接管路及自动控制系统等。蓄冷空调系统则是蓄冷系统与空调常规系统的总称。应用蓄冷空调利国利民,已经得到全世界的高度重视和普遍推广。我国仅杭州市,近年来已经设计了30多个蓄冷空调系统,已投产运行的有10多个,都取得了很好的经济效益。该市还成立了四个专门设计与生产蓄冰设备的厂家,堪称发展十分迅速。

5. 蓄冷空调技术的应用前景及发展方向

（1）蓄冷空调技术应用领域

宾馆、饭店、银行、办公大楼等建筑物中，夏季空调负荷相当大，且随着白天气温的变化而变化。冷负荷高峰期基本上是在午后，这和供电高峰期相同。另外，体育馆、影剧院等场所冷负荷量大，持续时间短，且无规律性，适宜采用蓄冷空调系统。

（2）蓄冷空调技术的应用前景

目前在我国发展蓄冷空调技术，已成为国家能源与环境战略要求的必然趋势.单纯的蓄冷与常规空调相结合的系统，国内外的一些工程建设与运行经验已经证明，虽然可以转移 40%~50%尖峰用电时段的空调用电负荷，但其初投资比常规空调系统要增加 40%~60%.而蓄冷与低温送风系统相结合后，明显地缩小了风管、水管、空气处理设备、风机、水泵的尺寸，可压低建筑层高，减少机房、管井占有的建筑面积，其所节省的一次投资费可有效地补偿蓄冷装置及其控制系统所增加的设备投资费，因而提高了这种系统的竞争力.同时采用地下水源热泵等技术，使用清洁的电能和自然能源并结合蓄冷技术，既可转移大量的日间高峰电力到夜间低谷时段使用，又可实现高效清洁的供暖方式。成功应用新型蓄冷技术工程的建成和良好运行，为我国新型蓄冷空调工程的设计、施工、运行管理等积累了经验，今后这样的工程会越来越多。

（3）蓄冷空调技术的发展方向

蓄冷技术作为一种电力调荷手段已经引起了人们的高度重视，许多国家和研究机构都在积极进行研究开发，主要表现在如下几个方面：

建立区域性蓄冷空调供冷站。实践证明，区域性供冷或供热系统对节能较为有利。对于单个供冷站而言，区域供冷不仅可以节约大量初期投资和运行费用，而且减少了电力消耗及环境污染。

建立与蓄冷相结合的低温送风空调系统。蓄冷低温系统具有优越的经济特性，如推行蓄冷空调配合低温送风，将大大降低能耗，提高 COP 值，使初投资比常规空调更节省，进而提高蓄冷空调系统的整体竞争力。

开发新型蓄冷、蓄热介质。蓄冷技术的普遍应用要求人们去研究开发适用于空调机组，且固液相变潜热大，经久耐用的新型蓄冷材料。新型便于放置的、无腐蚀性的有机蓄冷介质也在被不断发现，如常温下胶状的可凝胶。

第5节 空气源热泵技术及应用

暖通空调领域新能源热泵技术的有效落实，一方面能够为现代建筑功能空间的使用提供更舒适的环境，使居民生活质量水准显著提升；另一方面，凭借能源循环系统，更便于借助可循环利用的能源系统降低传统资源的损耗，使我国经济可持续发展观念得以落实。热泵技术是利用卡诺循环原理转换热量的装置，通过完善的循环系统，能够以小部分电能启动设备系统，从地下、空气、太阳等环境中摄取其他能源，再通过能源转换装置使此类能源具备可利用性。比较传统暖通空调技术，热泵技术能够更直接的满足新能源技术需要，使能源转换效率与运行稳定性得到提升，使暖通空调系统的适用范围得到更广泛的发展。

空气能是取之不尽用之不竭的可再生能源，空气源热泵正是采用这种可再生能源辅以清洁的电能进行能量提升的节能设备。相对于地源热泵、太阳能热泵和污水热泵，空气源热泵适用区域更为广阔，除了气候条件的限制外几乎不受其他任何限制。空气源热泵空调节能效果显著，通过输入少量的电能可以得到3~4倍的热能，系统安装维护简单，运行费用低。据空气源热泵采暖系统冬季运行费用数据显示：在严寒地区比燃气壁挂炉节省15%，比电采暖节省60%；在寒冷地区比燃气壁挂炉节省50%，比电采暖节省70%；在夏热冬冷地区比燃气壁挂炉节省41%，比电采暖节省24%。在运行过程中，空气源热泵空调系统对于环境的污染物排放也极低，实现了节能环保的目标。随着新型建筑保温材料的发明和空气源热泵技术的不断完善，空气源热泵空调系统凭借其节能、环保、安全和美观等优点快速商品化，逐步应用于商场、酒店、大型车站、综合医院等集中供暖制冷的场所。

空气源热泵低温适应性差，普遍存在的问题有：a 热泵的热输出功率远低于热负荷需求;b 低温环境下压缩机运行容易过热导致停机,需要电加热辅助;低温环境下的 COP 值偏低等。需要攻克的技术难点有:减少室外机的霜冻现象和缩短化霜时间;压缩机实现多级压缩和变频运行;与其它热泵耦合使用等。

1. 工作原理

热泵技术是基于逆卡诺循环原理实现的。通俗的说,如同在自然界中水总是由高处流向低处一样,热量也总是从高温传向低温。但人们可以用水泵把水从低处提升到高处,从而实现水的由低处向高处流动,热泵同样可以把热量从低温热源传递到高温热源,所以热泵实质上是一种热量提升装置。热泵的作用就是从周围环境中吸取热量(这些被吸取的热量可以是地热、太阳能、空气的能量),并把它传递给被加热的对象(温度较高的媒质)。

热泵热水装置,主要由蒸发器、压缩机、冷凝器和膨胀阀四大部件组成,通过让工质不断完成蒸发(吸取环境中的热量)→压缩→冷凝(放出热量)→节流→再蒸发的热力循环过程,从而将环境里的热量转移到水中。热泵热水机组工作时,蒸发器吸收环境热能,压缩机吸入常温低压介质气体,经过压缩机压缩成为高温高压气体并输送进入冷凝器,高温高压的气体在冷凝器中释放热量来制取热水,并冷凝成低温高压的液体。后经膨胀阀节流变成低温低压液体进入蒸发器内进行蒸发,低温低压液体在蒸发器中从外界环境吸收热量后蒸发,变成低温低压的气体。蒸发产生的气体再次被吸入压缩机,开始又一轮同样的工作过程。这样的循环过程连续不断,周而复始,从而达到不断制热的目的。

2. 技术性分析

空气源热泵机组可以达到一机两用的效果, 即冬季利用热泵采暖,夏季进行制冷。既节约了制冷机组的费用,有节省了锅炉房的占地面积,同时达到了环保。如业主已有地热井,则可利用空气源热泵装置进行梯级转换,能大大便于热资源的充分有效地利用。用于生活采暖和生活水加热等需要的能源消耗,如果依靠直接电热会造成能源再浪费,是不可取的,采用热泵供热和加温才能更有效的利用电能。使用空气源热泵技术供热采暖对大气及环境无任何污染，而且高效节能，属于绿色环保技术和装置，符合目前我国能源、环保的基本政策，对用户本身也无形中起到自我宣传的作用。

3. 经济性分析

空气源热泵的经济性是由多方面来确定的，它与锅炉房供热相比，显然具有以下特点：

（1）运行附加费较小

热泵装置不需要燃料输送费用和保管费、排渣运输费等；检修周期较长，因锅炉设备与高温烟气接触，构件极易受损；而热泵系统只有两个部件运动，磨损少，平时无需任何检修。管理人员与劳动强度均可减少，节省工资开支。

（2）运行直接费用（电费）一般比燃煤锅炉大，这是热泵的主要开支。

（3）热泵初投资费用常大于锅炉房设备（指单纯为冬季供热而设）。相同容量的制热设备比锅炉设备为贵。此外，初投资与装置规模，机房土建规模投资亦有关。

4. 能量利用分析

地下水的差温蓄能量大，属于低位热源，通过热泵的转换即可成为生活和生产过程的有用热量。而热泵拥有大于 1（1：3.2—5.4 以上）的能效，对能量的利用远远优于其他方式的采暖方式。

5. 空气源热泵与能源价格的关系

空气源热泵供热比锅炉供热是先进的，将热泵与煤、燃气、油等多种方式采暖时，以加热为 10000kcal 热量所需的费用做一个综合比较，我们可以得出：

用空气源热泵机组：设热泵的 COP（指其制热量与所消耗的电能的比值，即机组的性能系数）值为 4，则耗电量为 2.91kW，若电费平均价格为 0.5 元/kWh（北京地区），则电费为：2.91x0.5 元=1.75 元

用煤：煤大约能够产生 70%的热量，则所需的燃料为 2.13kg。若煤价为 0.35 元/kg，则费用为：2.13x0.35 元=0.75 元

用燃气：燃气大约能够产生 75%的热量，则所需的的燃气量为 $3.81m^3$。

若燃气价格为 0.8 元/m³,则费用为:3.81x0.8 元=3.05 元

用燃油:燃油大约能够产生 80%的热量,所需的油量为 1.16kg。若油价为 2.4 元/kg,则费用为:1.16x2.4 元=2.78 元

由此可见,用煤取暖是最便宜的,而用燃气最贵。利用空气源热泵的动力费用与电价由直接的关系,与其他加热方式相比还要视其他燃料的价格而定。

第 6 节 地源热泵技术及应用

地源热泵系统可分为供暖与制冷两方面进行分析。首先,在供暖系统中,地源热泵他压缩机能够对地下水源进行气——液化的转换,并且凭借水源循环不断吸取岩土与地下水环境中的热量,以便以便借助冷媒循环系统在蒸发器中的应用,将热量排向建筑空间内;其次,在制冷系统中,压缩机应通过对冷媒做功使其流向转变,通过蒸发器将室内热量转移至地下水源循环中,以便室内持续保持在适当的温度环境内。根据地源热泵系统运行原理可知, 地源热泵供暖系统比较传统电能供暖系统能源的损耗耕地,并且在系统运行过程中,不会对水源造成任何损耗与污染。其次,地源热泵设备构件较小,结构安装也非常紧凑,不但能够有效降低建筑空间占比,同时运行稳定性与安全性能够得到显著提升,以此提升系统运行的寿命。在长期研究使用过程中也发现了地源热泵的许多不足之处。首先,必须采取安全可靠的地下水回灌措施,保证不会对地下水源造成污染和浪费;其次,基于我国地质状况复杂的特点,在展开地源热泵设计与施工期间,必须对地方岩土质量环境进行勘测,以避免大量开采地下水期间不会导致基土塌陷与下沉的问题。最后,地源热泵在技术投资方面,初期投资通常较大,通常在系统打井至一定深度时,才能进入恒定的温度环境,若想此类新能源技术得以全面落实与推广,地方政府必须给予大力支持。

地源热泵是利用了地球表面浅层地热资源(通常小于 400m 深)作为冷热源,进行能量转换的供暖空调系统。地表浅层地热资源可以称之为地能,是指地表土壤、地下水或河流、湖泊中.吸收太阳能、地热能而蕴藏的低温位

热能。地表浅层是一个巨大的太阳能集热器，收集了47%的太阳能量，是人类每年利用能量的500多倍。它不受地域、资源等限制，真正是量大面广、无处不在。这种储存于地表浅层近乎无限的可再生能源，使得地能也成为清洁的可再生能源的一种形式、地源热泵能够充分利用可再生能源，是一种可持续发展技术。传统空调系统无论是水冷还是风冷，由于它的换热器必须置于暴露的空气中，因此会对建筑造型造成不好的影响，破坏建筑的外观；而地源热泵把换热器埋于地下，且远离主建筑物，故不会对其造型产生影响。风冷换热器与水冷换热器的换热环境均为大气，故不可避免地受到环境条件变化的影响，会明显降低换热效率；而地源热泵换热器是和大地换热，大地初始温度大约等于年平均温度，基本不受外界环境的影响。

1. 地源热泵系统分类

（1）土壤垂直埋管式系统

该系统也称地下耦合热泵系统，通过中间介质（通常为水或加入防冻剂的水）作为载体，通过载体在土壤内部的封闭环路内循环流动，实现与大地土壤之间热交换目的，为制冷机组提供冷热源。

（2）地下水源热泵系统

该系统即通常所说的深井回灌式水源热泵系统。通过建造抽水井，将地下水抽出，通过二次换热或直接送至水源热泵机组，经提取热量或释放热量后，由回灌井群回灌入地下，只进行热交换，不消耗水资源。

（3）地表水源热泵

通过直接抽取或间接换热的方式，利用包括江水、河水、湖水、水库水作为热泵冷热源。该方式又分为开式循环系统或闭式系统。开式为直接抽取地表水换热，提取其中热量，不污染水源。闭式即通常所说的地下埋管，通过热载体在埋于水下的闭式环路内循环流动，达到和地表水之间的热交换，从而为热泵机组提供冷热源。

（4）单井换热热井系统

即单管型垂直埋管地源热泵系统，在国外称为热井。其特点是在地下水位以上用钢套作为护套，直径和孔径一致；地下水位以下为自然孔洞，不加任何固井设施。热泵机组出水直接在孔洞上部进入,其中一部分在地下水位以下进入岩石层换热,其余部分在边壁处与岩石换热。换热后的水体在孔洞底部通过埋在底部的回水管抽出,为热泵机组供水。改方式主要应用于岩石地层。

2. 经济性分析

（1）在初始投资方面。热源热泵系统可以代替原来的锅炉加制冷剂两套装置或系统,实现对建筑物的供热和制冷,省去了锅炉房和冷却塔,减少初投资。地源热泵的钻井费昂贵,但从总体初投资来看,地源热泵系统的初投资比传统空调系统高。

（2）在运行费用方面。地源热泵使用电能大大提高了一次能源的利用率。通常通过直接燃烧矿物燃料(煤、石油、天然气)产生热量,并通过若干个传热环节最终为建筑供热,锅炉及供热管线的热损失比较大,一次能源利用率比较低。如果先利用燃烧燃料产生的高温热能发电,然后利用电能驱动热泵从周围环境吸收低品位的热能，适当的提高温度再向建筑供热,就可以充分利用燃料中的高品位热能,大大降低供热的一次能源消耗。供热用热泵的性能系数,即供热量与消耗的电能之比可达 3~4。天然气、轻柴油价格比电贵,再加上利用率低,致使传统空调的燃料费比地源热泵系统高。地源热泵系统不需要冷却塔,故冷却塔的运行费用可省去。地源热泵系统的运行费用要比传统的空调低。

（3）综合计算每年初投资与运行费之和，可以计算出地源热泵系统较其它常规空调系统经济。普通空调寿命一般在 15 年左右,而地源热泵的地下换热器由于采用高强度惰性材料,埋地寿命至少 20 年。因此,从使用寿命和运行费来考虑,地源热泵经济性是高于传统空调的。地源热泵空调系统的经济性取决于多种因素。不同地区,不同地质条件,不同能源结构及价格等将直接影响到其经济性,根据国外的经验,由于地源热泵运行费用低,增加的初投资可在 3 年~7 年内收回。地源热泵系统在整个服务周期内的平均费用将低于传统的空调。

3. 设计要点

（1）浅层地热能资源的状况评估

设计人员首先要做的就是掌握该设计地域的浅层地热能资源的情况。对有地表水的地域，需要掌握该水域的相关资料，包括：地表水水源性质、水面用途、深度、面积及其分布；不同深度的地表水水温、水位动态变化；地表水流速和流量动态变化；地表水水质及其动态变化；地表水利用现状；地表水取水和回水的适宜地点及路线。对有地下水资源的区域，需要掌握：地下水类型、含水层岩性、分布、埋深及厚度、含水层的富水性和渗透性、地下水径流方向、速度和水力坡度、地下水水温及其分布、地下水水质、地下水水位动态变化及当地的相关规定，在满足相关规定的条件下，分析决定是否适合采用地下水地源热泵系统。

对建筑周围有大量空地可利用时，需要掌握该地域的地质资料，可通过查手册、取样或现场测试三种方法来获取岩土层的结构、岩土体热物性、岩土体温度、地下水静水位、水温、水质及分布、地下水径流方向、速度、冻土层厚度。通过分析地质结构，以决定是否适合采用地埋管地源热泵系统。在对方案进行分析的时候必须对方案在成本、运行费用、是否会对原浅层地热能资源造成影响或破坏等因素进行综合评价比较，如果会对原浅层地热能资源造成影响或破坏，则即使其他方面的条件比较优越，也不能采用。所以设计人员不仅需要做认真调查，还需要详细分析，和承建商做好充分的沟通，最后确认方案。

（2）地源热泵系统的负荷计算

对采用地源热泵系统而言，负荷计算应计算该建筑物全年的冷热负荷，通常采用专业负荷计算软件进行计算，通常有两种方法：一种是静态法，即假定传热过程是稳态的；另外一种是动态法，即考虑现实传热过程的延时及衰减效应。在早些时期，由于计算机的相对落后和缺乏，所以只能采用静态法进行计算，而对科技日新月异的今天，动态计算法已经可得到非常好的实现。所以现在基本都是采用动态法来进行负荷计算。在计算出冷热负荷后，由于冷热负荷的不一致性，所以需要考虑不同的方案来确定装机容量。通常冬季热负荷要小于夏季冷负荷，所以通常需要选择其他冷热源作为地源热泵系统的补充,以达到冷热量的相互平衡。所以对只设计冬季供暖而不同时设计夏季供冷的建筑物(以居民住宅居多),是不能采用地源热泵系统的,否则将导致浅层地热能的消耗,能源品味降低,最终使地源热泵系统失效。

4. 地源热泵系统设计

(1) 地表水地源热泵系统

可用作地源热泵空调系统冷热源的地表水包括:湖水、江河水、海水、污水。地表水水源热泵在我国各典型气候区具有普适性;关于地表水地源热泵系统的设计,其具体各种水源的设计又存在一定的特殊性。对海水,因各海域水质的不同,应用的换热装置、管材都不尽相同。另外还有一些特殊水如中水、煤矿坑道水等的设计案例还要进行具体分析。

(2) 地下水地源热泵系统

地下水地源热泵系统的设计根据各地域地下水的水质条件而定。如果水质条件较好,可采取开式环路系统;如果水质条件不太好,可采用闭式环路系统,即采用板式换热器把地下水和通过热泵的循环水分隔开,以防止地下水中的泥砂和腐蚀性杂质对热泵机组的影响。

(3) 地埋管地源热泵系统

地埋管地源热泵系统的设计,根据地质条件的不同,地埋管的敷设方式可分为水平埋管、垂直埋管和螺旋型埋管三类。水平埋管又分单层和多层,串联和并联埋管。垂直埋管根据地质情况又可采用单U管或双U管。

5. 设计中应注意的问题

海水利用方面,采用间接的方式将海水作为冷热源,基本上对环境不会造成破坏,但对系统所在附近海域由于热泵系统的放热和取热对海洋生物是否会造成一定的影响和破坏还有待研究。通过对热泵系统对环境的影响进行分析,对江河水的利用效果不算太满意,从保护环境及生态平衡方面来讲还存在影响和争议,对湖水的利用虽符合热泵的设计理念,但是否会对湖水中的生态平衡造成影响还有待研究。污水热泵系统相对环境而言没什么影响值得大力推荐和应用,只是因污水水质的不同,在技术上还存在特殊性，设计时需要特殊考虑和处理。

地下水设计方面，从理论上来说，抽水后地下水经过地源热泵机组的能量交换能够全部回灌到同一含水层，很多成功的工程经验也印证了这一点，但实际工程中未能达到全部回灌要求或根本未进行回灌的工程也不在少数。热源井设计和施工时，应同时留出观测井或观测孔，抽水、回灌井计量仪表，有些城市为加强对地下水的保护，可在达到上述监测手段的基础上，对抽水、回灌量及水质进行在线监测，有利于地下水地源热泵系统合理取水并避免对地下水的破坏和污染，同时回灌技术也还需要进一步发展和完善。在地埋管地源热泵系统的设计中，土壤源热泵系统的实施前提，但各地方的地质情况均不尽相同，所以最好对该地域进行现场取样测试，掌握数据资料，以使设计满足使用要求。虽然在试运行阶段可能满足要求，但长期而言可能会逐渐失效，不满足地源热泵的设计理念。对在住宅建筑中的应用，除非同时设计空调和采暖系统且利用其他能源平衡冷热量的高档社区外，一般只设采暖的住宅小区不适合采用。

第 7 节 太阳能采暖通风技术在节能中的应用

随着我国建筑业的持续发展，对建筑节能的要求也越来越高，其中采暖系统和空调系统是建筑能耗的主要部分，因此，控制这两部分的能耗已成为国内关注的焦点。太阳能是清洁、廉价的可再生能源，取之不尽用之不竭。每年到达地球表面的太阳能辐射能约为目前全世界所消耗的各种能量的 1 万倍。我国有较丰富的太阳能资源，约有 2/3 的国土年辐射时间超过 2200h，年辐射总量超过 5000MJ/m。因此，太阳能技术越来越受到暖通空调界人士的重视。

1. 太阳能采暖

（1）主动式太阳能采暖

主动式太阳能采暖用电作为辅助能源，驱动被太阳能加热的水在管道中循环流动，向房间供热。这种采暖系统通常包括太阳能集热器、风机、水泵、散热器和储热器等。随着太阳能集热器产品的研制开发，具有工作温度高、承压能力大、耐冷热冲击、抗冰雹等独特优点的热管式真空管太阳能集热器使主动式太阳能采暖系统的应用成为可能。在某些高纬度地区为解决冻结问题，还采用了双回路强制循环系统。在储热水箱中设计与太阳能集热器连接的换热器，由集热器、换热器及循环水泵组成第一回路，在该回路中灌注防冻液。由热水箱、散热器及相应水管路组成第二回路，被加热的水在水箱内通过换热器盘管进行间接加热。第一回路的大部分管路暴露于室外，第二回路置于室内。为了弥补太阳能供给功率与供热负荷需求在时间上的不一致性，燃油锅炉和电加热器等辅助热源应用在不同的系统中。利用显热、潜热和化学反应等各种方式的储热技术也在不断地应用和研制开发。此外，地板辐射采暖在欧洲国家有着广泛的应用。地板辐射采暖的供水温度 50℃、回水温度 40℃，地板表面温度 24℃，具有节省房间有效面积、便于房间装修、使人感到舒适等特点。由于所需的供水温度与太阳能集热器出口水温接近，因此太阳能地板辐射采暖是节能采暖发展的方向。

（2）被动式太阳能采暖

另一种是目前正在大力发展的被动式太阳能采暖。它通过建筑朝向和周围环境的合理布局，对建筑内部空间和外部形体的巧妙处理，以及对建筑材料和结构的恰当选择，使建筑物在冬季能采集、贮存和分配太阳能，从而解决采暖问题，在夏季又能遮蔽太阳辐射，散逸室内热量，从而进行降温，达到冬暖夏凉的效果。被动式太阳能采暖的一个典型应用就是被动式太阳房。它是在墙体的外面装一个玻璃墙面，让太阳光通过玻璃透射到重质墙体涂黑的吸热表面上，使墙表面温度升高，墙体同时进行蓄热。在冬季室内需要供热时，玻璃和墙体之间的热空气通过自然对流送入房间，而室内冷空气经墙下通风口进入玻璃和墙体间的夹层被加热，形成自然循环；当太阳停止照射后，则可利用重质墙体所存储的热量，继续加热空气，从而最大限度地利用太阳能。但是，自由运行的被动式太阳房的室温常常不能维持在所要求的采暖温度。因为从傍晚到夜间，白天存储的太阳辐射热量慢慢地向室内释放，傍晚时释放的热量较多；到了深夜，释放的能量就越来越少。因此，从子夜到黎明时分，室温会逐渐下降，而室温的波动，将给人以不舒适感。因此,现代的被动式太阳房均备有辅助能源,如小锅炉或电热器等,供夜间和阴雨天使用。这在一定程度上增加了初投资,但用于被动式太阳房的辅助能源的消耗量比用常规采暖的能源消耗量要少得多,可节省大量的运行费用。

2. 太阳能空调制冷

太阳能制冷系统从原理上看主要包括两种,一种是以热能为驱动能源,如吸收式、吸附式、喷射式制冷等;另一种是以电能为驱动能源,先把太阳能转化成电能,然后再利用电能来制冷,如光电式制冷、热电制冷等。目前,研究和应用较多的光热制冷方式是吸收式、吸附式、喷射式。

(1)太阳能吸收式制冷

吸收式制冷最有代表性的就是溴化锂吸收式制冷,它利用沸点较低的水作为制冷剂,沸点较高的溴化锂作为吸收剂,太阳能作为吸收式制冷中加热溶液产生高压蒸汽的热源。在溴化锂吸收式制冷循环中,从太阳能集热器出来的热水,在发生器中加热溴化锂溶液;溶液被加热后,沸点较低的水被蒸发,蒸发后的水蒸气进入冷凝器冷凝成水,冷凝水经膨胀阀降压后进入蒸发器,在蒸发器中低温低压的水吸收冷水的热量蒸发,从而达到降低冷水温度的目的。此时,由于发生器中溴化锂溶液中的水分不断析出而使溶液浓度升高,后经调节阀降压后流入吸收器,吸收来自蒸发器中的水蒸气,使溶液浓度降低,并再次送入发生器循环使用。

(2)太阳能吸附式制冷

太阳能吸附式制冷系统主要是将太阳能用于吸附材料的再生活化,该系统主要包括太阳能集热板、吸附发生器、冷凝器和蒸发器。它利用太阳能加热吸附发生器,使被吸附的气态制冷剂不断地受热解析出来,在冷凝器中冷凝成液体,再流入蒸发器。液态制冷剂在蒸发器中不断蒸发而实现制冷,而蒸发的气态制冷剂在吸附发生器中又被吸附剂吸附,吸附饱和后再次被太阳能加热而解吸,完成循环使用。

(3)太阳能喷射式制冷

太阳能喷射式制冷主要是利用太阳能集热器加热制冷剂产生一定压

力的蒸汽,然后制冷剂蒸汽通过喷嘴喷射进行制冷。在冬、夏季太阳能制冷系统都可以充分利用太阳能,设备利用率高,并且其制冷系统设计简单,控制方便,机组的噪声和振动比较小。但是,为了保证系统的可靠运行,往往需另设辅助锅炉,导致其初投资比较大,特别是太阳能吸收式制冷,制冷机的构造复杂,国内尚无小型吸收式制冷机商业生产厂家。

3. 太阳能与热泵节能干燥技术

太阳能干燥室一般可分为温室型和集热器型两大类,实际应用中还有两者结合的半温室型或整体式太阳能干燥室。

(1) 温室型太阳能干燥室

温室型太阳能干燥室是一种具有排湿口的温室。这种干燥室的东、西、南墙及倾斜屋顶均采用玻璃或塑料薄膜等透光材料,太阳能透过玻璃进入干燥室后,辐射能转换为热能,其转换效率取决于木材表面及墙体材料的吸收特性。一般将墙体(或吸热板)表面涂上黑色涂料以提高对太阳能的吸收率。温室型干燥室一般为自然通风,如有条件也可以装风机实行强制通风,以加快木材的干燥速度。温室型干燥室的优点是:造价低;建造容易;操作简单;干燥成本低。它的缺点是:保温性能不好,昼夜温差大;干燥室容量少。

(2) 集热器型太阳能干燥室

这类干燥室是利用太阳能空气集热器把空气加热到预定温度后,通入干燥室进行干燥作业的。从操作系统来看,此类型太阳能干燥室可以比较好地与常规能源干燥装置相结合, 用太阳能全部或部分地代替常规能源。且集热器布置灵活,干燥室容量较大。但集热器型比温室型投资大,干燥成本高一些。集热器型干燥室都采取了强制通风,除集热器系统有风机外,干燥室内设有循环风机。为克服太阳能间歇性供热的弱点,常需要与其他能源和供热装置联合。如太阳能一炉气,太阳能一蒸汽、太阳能一热泵除湿机等各种联合干燥。太阳能一热泵除湿机联合干燥是一种没有污染的比较理想的联合干燥方式。太阳能供热系统由太阳能集热器、风机、管路以及风阀组成。热泵除湿干燥机与普通热泵工作原理相同,具有蒸发器、压缩机、冷凝器与膨胀阀四大部件。但它具有除湿和热泵两个蒸发器,除湿蒸发器中的制冷工质吸收从干燥室排出的湿空气的热量,使空气中水蒸气冷凝为水而排出,达到使干燥室降低湿度的目的。热泵蒸发器内的制冷工质从大气环境或太阳能系统供应的热风吸热,制冷工质携热量经压缩机至冷凝器处放出热量,同时加热来自干燥室的空气,使干燥室升温。木材干燥过程中,干燥室的供热与排湿由太阳能供热系统和热泵除湿机两者配合承担。二者既可以单独使用也可联合运行。如果天气晴朗气温高,可单独开启太阳能供热系统;阴雨天或夜间则启动热泵除湿机来承担木材干燥的供热与除湿。在多云或气温较低的晴天,可同时开启太阳能供热系统和干燥机,但从太阳能集热器出来的热空气不直接送入干燥室,而是经风管送向热泵蒸发器。此时由于送风温度高于大气环境温度,故可明显提高热泵的工作效率。

4. 太阳能通风烟囱

(1) Trombe 墙体式

Trombe 墙体式太阳能通风烟囱通风量受到诸如空气通道宽度、太阳辐射强度、烟囱进出口宽度及烟囱高等的影响。同时,在这么多因素中,对通风量影响最大的就是空气通道宽度,最佳的空气通道宽度依赖于太阳能烟囱的高度和进出口尺寸。

(2) 竖直集热板屋顶式

与 Trombe 墙体式太阳能烟囱相比,竖直集热板屋顶式太阳能烟囱有着自己明显的不同之处,其空气通道宽与进出口尺寸相同,最佳空气通道宽度主要取决于烟囱的高度。

(3) 倾斜集热板屋顶式

此类型太阳能烟囱通风量随空气进出口宽喝通道宽增大而增大,不存在最佳的空气通道宽度问题。

对比以上 3 种典型太阳能烟囱,我们看到,前两种太阳能烟囱均有空气通道宽和烟囱高最佳关系比,其对室内通风量大小影响较大,需要设计者格外注意。同时,太阳能烟囱的结构形式、空气通道宽度、进口面积、出口面积、壁面热流、太阳辐射强度、烟囱的高度和厚度对建筑物所形成的速度场、温度场都存在较大影响，它们直接影响建筑物室内的通风换气效果。

现在对于太阳能烟囱改善居住环境主要集中在集热墙体和玻璃窗距离及进口面积上，通常是需要经过实验研究和理论模拟得到最大气体流速条件下对应的结构参数。如果烟囱宽度过大，在通道中心存在空气回流。如果间隔距离在 0.2~0.3m 时气体的质量流速最大；间隔距离低于 0.1m 时，进口面积对质量流速无影响；间隔距离升至 0.3~0.5m 时，若面积增大，气体流速也随之增大。同时，流速还随着表面温度的增加而增大。

第 8 节　太阳能 + 燃气壁挂炉供暖技术应用

1. 太阳能的普及

近年来，全球能源问题不断凸显，各国政府都在追求新的能源替代方法，可再生能源在这么的前提之下得到了前所未有的广泛发展。中间太阳能以其容易获取、容易实施的特点在众多可再生能源中标新立异，其销量在近十年的历程中以每年平均 23.5%的速度增长。与销量同时增长的是人们对于太阳能的认知，开始时人们只是为了用上免费的热水。尽管那时的太阳能热水器只能是季节性的应用，但是不用花钱就能得到热水满足了人们那个时期的简单心理需求，因而也得到了一定的应用。此后随着太阳能技术的不断进步，新的太阳能转化技术大幅度提升了太阳能热水器的效率，太阳能市场赢来了空前的繁荣。随着太阳能热水器的逐步普及，人们对于太阳能热水的要求也越来越深入。现在用户对于太阳能的要求已经到了第三阶段，即系统功能方面的需求：太阳能与其他能源优化组合举行无缝连接，避免各个系统各自为战，各施其能造成的能源挥霍与不足，同时实现克制系统功能完美、操纵简易、界面人性化。现在太阳能厂家已经意识到了这一点，也在纷纷追求与其他能源合作的解决方案。

2. 燃气壁挂炉的应用

燃气壁挂炉源于欧洲，于上个世纪 90 年代来到中国。固然进入中国市场的时间比较晚，但是由于国内生活程度的迅速提高、气源的普及、以及中国住宅市场的商品化过程等等因素，壁挂炉在较短的时间里就得到了很快的发展。分户式采暖逐渐成为集中采暖有效的补充方式,满足了没有城市供热管网地区的采暖需求以及有集中供热地区停暖期补充采暖的需求。作为纯耗气设备,壁挂炉满足用户需求的前提必然是要消耗足够的燃气,从而带来了舒适性与经济性的分歧。面对这么的场面,如何节能应用壁挂炉成为关注的焦点。壁挂炉生产厂家一方面不断完美产品性能,比如设置“四点温控”更加准确地克制出水温度和燃气供给量,从设备克制上尽量节俭消耗;另外就是提倡行为节能,在壁挂炉的克制器中设置多种采暖模式及时间克制,从用户应用方式的角度来实现节能。近几年来,人们开始把眼光又逐步转向了系统节能,即将壁挂炉与其他的耗能或供能设备联合到一个系统里,例如除了直接提供采暖以外,也可为空调、热泵、太阳能等设备提供辅助热源。依靠完美的克制系统充分配挥各个设备的优势,扬长避短,最后实现能源的优化,达到降低总消耗的目的。

3. 太阳能与壁挂炉联合系统解决方案

如前所述,太阳能和壁挂炉都已经有了一定的应用历史和市场背景,人们已经接受并习惯了采用太阳能提供生活热水、壁挂炉提供采暖的生活模式。随着近几年来环保呼声的日益高涨,在节俭能源的大环境感召下两者不再拘泥于独立的形式,联合运行走上了意识日程,但是这么做是否有必要、又是否具有可行性呢?

太阳能源的特点是数量宏大,取之不尽,用之不竭;获取便利、转化率较高;但是时间性、季节性较强。在夏季时太阳能源密度最高,冬季达到最低,因而同样面积的太阳能系统在冬季得到的热量最少。如果将其用于采暖系统,则对它的热量需求远非生活热水可比。在北京地区,每平米的集热面积在充分考虑各种波及因素后最后为建筑可提供的热量在 200w 左右,以此为依据可知太阳能用于采暖其集热面积将达到采暖面积的四分之一左右,如果建筑的维护构造达不到节能要求则必要的面积会更大。由此引发的初投资数量宏大,不在合理的接受范围之内。同时由于太阳能的季节性、时间性变化,太阳能不足时仍需预备其他能源辅助,还有考虑夏季的能量消耗都成为太阳能采暖发展的障碍。源于众多理由,单纯应用太阳能作为采暖热源不具可行性。

壁挂炉独立提供采暖+生活热水热负荷较低，运行时间分布均匀的采暖相比较，生活热水用时集中、加热时间较短，固然总热量需求不高，但热负荷较大。举例举行计算，加热300升水，温升40℃时，壁挂炉功率为13.9kw；建筑面积200m2，热负荷为50w/m2时，壁挂炉功率为10kw。鉴于上述计算，采用壁挂炉同时提供采和煦生活热水，壁挂炉应挑选比较大的功率，但在采暖时会长期处于低负荷工作状态，因此会降低壁挂炉的应用效率，进而波及壁挂炉的应用寿命。

由上述分析我们可知单纯采用太阳能或壁挂炉举行生活热水的加热及采暖都有各自的局限性。如将两者相结合，则可以充分配挥各自的特长，实现优势互补，最后达到能源优化，减少环境污染、降低用户经济付出等多重成效。

4. 系统功能

（1）冷热水循环换热

太阳能与壁挂炉系统中分别加装1个太阳能水泵，由单片机控制，通过温度传感器感应温度差，控制系统工作状态，使冷热水进行循环与换热。

（2）居民生活用水

太阳能水箱为储热水箱，外接阀门提供生活用水，开启阀门时系统循环关闭，保证对居民热水的供应。

（3）太阳能供热

太阳能加热储水箱下层的水，再通过冷热水之间密度的差异使冷热水循环，储水箱出水连接换热水箱，达到采暖供热的?的。

（4）地暖供热

温度传感器测量地暖回水温度，得到与换热水箱的温度差，如果达到系统预设的温差，进行水循环，利用太阳能为地暖水加热，达到供热目的；如果没达到预设温差，仍使用天然气加热，保证居民取暖需求。

5. 系统工作原理

系统由单片机控制，包括读取温度值、计算温差、选择工作状态和显示,下面是程序的工作流程。读取太阳能出水口、换热水箱出水口、地暖回水口温度，设为 T1、T2、T3。T1 和 T2 的温差为△T1,T2 与 T3 的温差为△T2,2 号水箱换热水泵为 1 号泵,换热水箱和壁挂炉间为 2 号泵,控制冷水从换热水箱和地暖流回太阳能水箱和壁挂炉的电磁阀分别为 1 号阀和 2 号阀,它们同时开启或关闭,3 号阀为换热水箱和地暖之间的电磁阀,系统开启后温度传感器和 LED 屏先初始化，之后 1 号泵开启 2min,2 号泵开启 1min,使管路中的水循环,读取温度与阀门状态并在 LED 屏显示,完成初始化。

进入主程序,根据△T1 和△T2 决定工作方式,当△T1<2℃时,设这种状态标志位为 0,将 1 号泵关闭,读取温度差为△T2,若△T2<1℃时,将 2 号泵关闭,1、2 号阀断开,3 号阀闭合,工作 20min 后读取温度值再进行循环,这种工作状态下换热水箱不足以为地暖供热,3 号阀切断太阳能和地热的循环，壁挂炉单独供热。若△T2>1℃,2 号泵开启,1、2 号阀闭合,3 号阀断开,读取温度值直到△T2<1℃跳出循环,此状态下换热水箱与地暖换热。当△T1>8℃时,设这种状态标志位为 1,开启 1 号泵,之后根据△T2 决定工作方式,与上述第一种情况一致,当 2℃<△T1<8℃时,首先判断标志位,工作方式与标志位相同的情况一致。系统根据△T1 判断工作状态,选择主程序,根据标志位控制 1 号泵状态,根据△T2 来选择工作方式,达到节能目的。

6. 系统组成

针对居民住房结构,系统主要由核心控制系统、循环换热系统、加热系统等组成,对于已铺设管道或住房面积大的用户,可以在系统中增加直径 0.5m、高 1.5m 的换热水箱,起到 2 种加热系统换热的作用。控制系统除去单片机,主要涉及 3 种器件,温度传感器选用防水传感器、数字输入、体积小、量程大、精度高等特点;循环泵与电磁阀均由单片机控制开启与关闭,水泵工作电压为直流电 24V,电磁阀工作电压为直流电 12V,均为数字量输出。

第十二章　工业与民用建筑的通风

通风工程指的是应用于建筑物内的送风系统、排风系统、工业除尘以及防、排烟系统等工程。空调工程指的是应用于建筑物内的舒适性空调系统、恒温恒湿空调系统以及空气洁净室的空气净化,空气调节系统等工程。一般来说,工业与民用建筑中空气会存在一些污染物。民用建筑中污染物的来源主要有:人、宠物、人的活动、建筑物所用的材料、设备、日用品、室外空气等等。污染物主要成分有:二氧化碳、一氧化碳、可吸入粒子、病原体、氮氧化物、甲醛、石棉(含在建筑材料中)、挥发性有机化合物和气味等。工业建筑中的主要污染物是伴随生产工艺过程产生的,不同的生产过程有着不同的污染物。污染物的种类和发生量必须通过对工艺过程详细了解后获得。因此,工业与民用建筑要做好通风工作,以减少室内空气中污染物的危害。

全面通风也称稀释通风,它是对整个车间或房间进行通风换气,以改变室内温、湿度和稀释有害物的浓度,并不断把被污染空气排至室外,使作业地带的空气环境符合卫生标准的要求。根据气流方向不同,全面通风可分为全面送风和全面排风。根据通风方式不同,全面通风又分自然通风、机械通风或自然通风与机械通风联合使用等多种方式。全面通风是当有害物源不固定，或局部通风后有害物浓度仍超标时对整个房间进行的通风换气。按其作用机理不同,又分为:稀释通风,又称混合通风,即送入比室内的污染物浓度低的空气与室内空气混合,以此降低室内污染物的浓度,使之满足卫生要求。置换通风置换通风系统最初始于北欧,目前在我国已有一些应用。在置换通风系统中,新鲜冷空气由房间底部以很低的速度送入,送风温差仅为 2~4℃。送入的新鲜空气因密度大而像水一样弥漫整个房间的底部,热源引起的热对流气流使室内产生垂直的温度梯度,气流缓慢上升,脱离工作区,将余热和污染物推向房间顶部,最后由设在天花板上或房间顶部的排风口直接排出。室内空气近似呈活塞状流动，使污染物随空气流动从房间顶部排出，工作区根本处于送入空气中，即工作区污染物浓度约等于送入空气的浓度，这是置换通风与传统稀释全面通风的最大区别。显然置换通风的通风效果比稀释通风好得多。局部通风是对房间局部区域进行通风以控制局部区域污染物的扩散，或在局部区域内获得较好的空气环境，即局部排风和局部送风。例如厨房炉灶的排风属于典型的局部排风。局部通风的范围限制在有害物形成比拟集中的地方，或是工作人员经常活动的局部地区的通风方式，称为局部通风。局部通风系统分为局部送风和局部排风两大类，它们都是利用局部气流，使工作地点不受有害物污染，以改善工作地点空气条件的。局部通风通风的范围限制在有害物形成比拟集中的地方，或是工作人员经常活动的局部地区的通风方式，称为局部通风。局部通风系统分为局部送风和局部排风两大类，它们都是利用局部气流，使工作地点不受有害物污染，以改善工作地点空气条件的。

机械通风与自然通风在民用建筑中都是常见的通风形式，只不过机械通风系统是依靠风机提供空气流动所需的压力，而自然通风是依靠风压和热压的作用使空气流动的。机械通风系统包括机械进风系统和机械排风系统，局部送风和局部排风系统。自然通风是一种不消耗动力就能获得较大风量的最经济的通风方法，如有可能应尽量利用。自然通风的作用原理，在第七章已述及，不再重复。需要说明的是自然通风的作用是复杂多变的，尤其是对高层建筑、对外形复杂的建筑来说更是这样，并不是在迎风面就会进风，背风面就一定会排风。对于高层建筑来说，自然通风中的热压和风压的作用很大，在采暖负荷计算中要注意对冷风渗透耗热量和外门开启的冷风侵入耗热量的增加。另外由于热压、风压的存在，高层建筑的电梯井、楼梯间等会产生“烟囱效应″，这对防火排烟很不利。

第1节 工业与民用建筑中的污染物与治理

1. 污染物(粉尘、有害气体和蒸汽)对生产的影响。

(1) 对工业生产的影响

粉尘如煤粉、铝粉和谷物粉尘在一定条件下会发生爆炸；有害气体或蒸气也会对工业生产造成很大危害。如二氧化硫、三氧化硫、氟化氢、硫化氢和氯化氢等气体遇到水蒸汽会对金属材料、油漆涂层形成腐蚀。

（2）有害气体对农作物的危害

对农作物危害较大的有害气体有：二氧化硫、氟化氢、二氧化氮和臭氧。危害表现在：高浓度有害气体影响下，产生急性危害，使植物表面产生伤斑或直接使叶片枯萎脱落；低浓度有害气体长期影响下，产生慢性危害，使植物叶片褪绿；低浓度有害气体影响下产生所谓看不见的危害，即植物外表不出现症状，但生理机能受影响，造成产量下降，品质变坏。

2. 污染物对大气的污染

工业有害物对大气、水源和土壤等自然环境的污染已成公害，全世界每年排入大气中的毒气、烟尘达 6.7 亿吨。20 年代未到 60 年代末期，国外的八大公害事件有五件是大气污染所致。如英 1952.12 连续五天(伦敦)有雾，两个星期死亡 4000 人。中国本溪市被称为“卫星找不到的城市”；兰州的污染问题；国外的大气污染可分为煤烟，二氧化硫，光化学烟雾三代污染。有些国家，如美国、日本，基本上解决了第一代污染，而开始把重点转向第二、三代污染的治理。而中国仍处于第一代煤烟控制阶段上，从能源结构看，煤占 70%。

（1）污染物的一般概念

按物态划分：气体、蒸汽、固体粒子和液态粒子。气体污染物–其状态满足理想状态方程式；蒸汽污染物–接近凝结状态、不满足理想状态方程式的气态物质；粒子污染物–悬浮于空气中的固体和液体粒子。

（2）粒子污染物

常见的固体粒子分类：

粉尘：粒径 dc=1~100μm，研磨、破碎、风化、崩溃、刮风等；

凝结固体烟雾：粒径 dc=0.1~1μm，熔化金属形成的气体在空气中的冷却凝结形成的烟雾，铅、锌、铁烟雾；

烟：粒径 dc≦0.5μm，木材、纸张、布、油、煤、香烟；

常见的液体粒子分类：

霭：粒径 dc=1~100μm，液体破碎或蒸汽凝结的微小液滴；

雾：粒径 dc=5~50μm，产生于水蒸汽凝结；

烟雾：烟与雾的混合物。

3. 污染物发生量的计量：

（1）污染物发生量（或称散发量）：单位时间内产生的污染物质量（kg/s、g/s、mg/s）或体积（m3/s、L/s）。

（2）污染物浓度：

意义：表征空气的污染程度，作为污染物的控制指标。

表示方法及换算：

a) 气体或蒸气浓度：

体积浓度（污染物与空气的体积比）：ppm（106）、ppb(109)或%；或用单位体积中污染物的体积：L/m3；或用单位体积中污染物的质量：g/m^3，mg/m^3，$\mu g/m^3$，μg/L。换算关系：1%=104ppm=107ppb $1L/m^3$=0.1%=103ppm t=25℃，P=1atm 时，（ppm）(分子量)/24.45=mg/m^3=μg/L（ppm）(分子量)/0.02445=$\mu g/m^3$（ppb）(分子量)/24.45=$\mu g/m^3$

b）粒子浓度：

质量浓度：g/m^3，mg/m^3，$\mu g/m^3$。计数浓度：粒/m^3，粒/L，粒/cm^3。当无粒子的质量、密度、粒径等确切资料时，近似有：1 mg/m^3≈210 粒/cm^3=2.1×105 粒/L=2.1×108 粒/m^3

4. 工业建筑中的污染物

工业建筑中的主要污染物是伴随生产工艺产生的，应通过详细了解工艺过程和咨询工艺人员获得。如：铸造车间、热处理车间、表面处理车间、焊接车间、油漆车间、机械加工车间、棉纺车间、水泥车间等生产工艺不同，产生的污染物也不同。下面仅介绍两种金属蒸气的危害：

汞蒸汽：在常温下或 0℃以下，也会大量蒸发，急性中毒主要表现在消化系统和肾脏，慢性中毒表现在神经系统，易怒、贫血、记忆力衰退。

铅：损害消化道、造血器官和神经系统，恶心、胃痛。

5. 民用建筑物中的污染物

（1）污染物来源：

动物（人、宠物）及其人类的活动（运动、抽烟等）；建筑材料（建筑材料、装饰材料、涂料等）；设备（复印机、空调等）；日用品（清洗剂、杀虫剂等）；室外空气（花粉、二氧化硫等）。

（2）污染物主要种类和危害：

可吸入粒子：引起各种尘肺病，如硅肺、石棉肺和棉费，肺组织纤维化，丧失呼吸功能。其它毒性强之金属进入人体后（铬、锰、镉、铅、镍等）会引起中毒以致死亡。主要通过呼吸道（主要）、皮肤（次要）、消化道（较少）进行感染，粒径愈小，愈易进入人体肺部其化学活性愈大，同时其表面活性也增大，（单位质量的表面积增大），从而加剧了人体生理效应的发生与发展。粒子表面可以吸收细菌、病毒、微生物，成为媒介物，吸收紫外线影响儿童发育。$< 1\ \mu m$ 深入到肺部，扩散作用下沉积在肺泡壁；$1\sim5\mu m$ 在呼吸道内沉积；$5\sim30\ \mu m$ 以上，尘粒阻留在鼻粘膜内和喉头壁；$100\mu m$ 以上在空气中自由沉降。

二氧化碳：燃烧、呼吸、吸烟均能产生 CO_2；CO_2 本身无毒，空气中含量的增多会引发人的不适、产生中毒症状、直至死亡。CO_2 浓度在 0.03~0.04%时，感觉正常；CO_2 浓度在 0.03~0.04%时，呼吸略有增大；CO_2 浓度在 1~3%时，呼吸加深、急促；CO_2 浓度>3%时，感觉不适、头痛；CO_2 浓度>5%时，产生中毒症状、精神忧郁；CO_2 浓度>10%时，失去知觉、甚至死亡挥发性有机化合物（Volatile Organic Compound—VOC）和气味：来源于建筑物的围护结构、装饰材料、油漆、地毯、清洁剂、香料、办公设备、烹饪、香烟烟气等。已发现 VOC 有 50~300 种。主要为醛类、烷类、酮类等气体。VOC 气体对人均有害，测试结果表明，许多建筑内单项污染物浓度并不超标，但 TVOC（VOC 总和）超过规定值，使人感觉不适，甚至死亡。原因在于：各种 VOC 物质对热体的毒性是叠加的。$TVOC<0.2mg/m^3$，对人无害；$TVOC=0.2\sim3mg/m^3$，对人有刺激或不适；$TVOC=3\sim25mg/m^3$，对人有刺激和引起头痛；$TVOC>25mg/m^3$，引起头痛，对神经有毒害作用。

一氧化碳:病原体(细菌、病毒);烟卷烟气;氮氧化物;甲醛;放射性气体氡;石棉;高温、高湿。

高温、高湿(破坏人体正常的热平衡):大量余热使用常规空调控制温度则耗能太大;人体正常的热平衡是,吃食物后得热,通过生理活动及劳动向外散热,维持正常体温;随着外界条件(温湿度)的变化,人体温度调节系统则在一定范围内通过调节人体散热来控制人体维持正常体温;若超出人体温度调节系统的能力,便会发生中暑。人体散热方式(主要):对流、辐射、呼吸、排汗等。辐射照度为280~560W/m^{2}时,人有明显热感,不能坚持太长时间;辐射照度为560~1050W/m^{2}时,已无法忍受。

第2节 室内空气质量的评价与必须的通风量

1. 室内空气品质评价

(1) 评价指标

过去:热环境(温度、湿度、空气流速);

现在:卫生、安全、舒适的环境,有诸多因素决定。涉及到热舒适、空气品质、光线、噪声、环境视觉效果。

(2) 空气品质:

工业:以各种污染物的允许浓度标准。《工业企业设计卫生标准》(TJ36-79),标准中规定了各种污染物的最高允许浓度。

民用建筑:污染物种类太多,且有些污染物难以定量和测量,如香烟烟气、人体体味等,所以允许浓度不现实。沿用CO2浓度作为衡量室内空气品质有路的指标。其依据是:民用建筑内人及其活动是主要污染源,其他污染物与CO2相伴而生,控制CO2则在一定程度上控制了污染物,虽然CO2在低浓度下对人无害。允许浓度小于0.1%。

(3) 民用建筑使用CO_2评价空气品质存在的问题:

CO_2与其他污染物并不存在一成不变的关系;装修、家具及其大量的合成材料构成了现代建筑的污染源;因此,CO_2浓度并不是可靠的评价指标。只控制污染物浓度并不能反映空气品质的真实状况。1989年美国采暖制冷和空调工程师学会颁布的 ASHRAE62-1989 标准中提出了合格空气质量的定义:合格的空气品质应当是空气中没有浓度达到有权威机构确定的有害程度指标的已知污染物,并且在这种环境中人群绝大多数(80%或更多)没有表示不满意。此定义的前一句是客观评价,后一句为主观评价。中国《公共场所卫生标准》(GBJ9663~9673—1996 和 GBJ16153—1996)规定:3~5 星级宾馆的 CO_2 允许浓度为 0.07%,其他为 0.1%或 0.15%。

第 3 节　全面通风系统

1. 通风系统分类

(1) 按气流流动方向

进气通风:将室外新鲜空气送至室内通风方法。

排气通风:将室内已污染空气排至室外的通风方法。

(2) 按气流流动动力

自然通风:借助于室内外温差所形式的密度差或风力作用而进行的通风方法。

优势:无机械设备、管理简单、不耗钢、能。

缺点:风量不稳。

机械通风:借助于机械设备对某一房间进行通风的方法。

缺点:机械设备,耗钢能、管理复杂;

优点:风量稳定

(3) 按气流作用范围

局部通风:为改善室内局部空间的条件,对局部排气或送风的通风方法。

全面通风:对整个空间(房间)进行通风换气的方法。

全面通风与局部通风相比:不经济、效果不好。

2. 建筑全面通风系统

全面通风按空气流动的动力分,有机械通风和自然通风。利用机械(即风机)实施全面通风的系统可分成:机械进风系统和机械排风系统。对于某一房间或区域,可以有以下几种系统组合方式:(1)既有机械进风系统,又有机械排风系统;(2)只有机械排风系统.室外空气靠门窃自然渗入;(3)机械进风系统和局部排风系统(机械的或自然的)相结合;(4)机械排风与空调系统相结合;(5)机械通风与空调系统相结合。

(1)机械进风系统

典型的机械进风系统的中风机提供空气流动的动力,风机压力应克服从空气入口到房间送风口的阻力及房间内的压力值。送风口的位置直接影响着室内的气流分布,因此也影响着通风效率。室外空气人口又称新风口,是室外干净空气引入的地方,新风口设有百叶窗,以遮挡雨、雪、昆虫等。另外,新风口的位置应在空气比较干净的地方;附近有排风口时,新风口应在主导风向的上风侧,并应低于排风门;底层的新风口宜高于地面 2m,以防室外地面的灰尘吸入系统; 应尽量避免在交通繁忙道路的一侧取新风,此处的汽车尾气造成的污染比较严重。新风入口处的电动密闭阀只在采暖地区使用,它与风机联动,当风机停止工作时,自动关闭阀门,以防冬季冷风渗入而冻坏加热器等。如果不设电动密闭阀时,也应设手动的密闭阀。

(2)机械排风系统

机械排风系统由风机、风口、风管、阀门、排风口等组成。风机的作用同机械进风系统。风口是收集室内空气的地方,为提高全面通风的稀释效果,风口宜设在污染物浓度较大的地方;污染物密度比空气小时,风口宜设在上方,而密度较大时,宜设在下方;在房间不大时,也可以只设一个风口。排风口是排风的室外出口,它应能防止雨、雪等进入系统,并使出口动压降低,以减少出口阻力;在屋顶上方用风帽,墙或窗上用百叶窗。风管(风道)——空气的输送通道, 当排风是潮湿空气时宜用玻璃钢或聚氯乙烯板制作,一般的排风系统可用钢板制作。阀门用于调节风量,或用于关闭系统;在采暖地区为防止风机停止时倒风,或洁净车间防止风机停止时含尘空气进入房间,常在风机出口管上装电动密闭阀,与风机联功。

(3)空调建筑中的通风

空调建筑通常是一个密闭性很好的建筑,如果没有合理的通风,其空气品质还不如通风良好的普通建筑。近年来不断有关于“病态建筑综合症”的报道，这是指在某些空调建筑的人群中出现的一些不明病因的症状，如鼻塞、流鼻涕、眼受刺激、流泪、喉痛、呼吸急促、头痛、头晕、疲劳、乏力、胸闷、精神恍惚、神经衰弱、过敏等症状，离开这种建筑症状就消失，普遍认为这主要是室内空气品质不好造成的。造成空气品质不好的原因也是多方面的，但不可否认，通风不足是其中的主要原因之一。在空调建筑中，除了工艺过程排放有害气体需专项处理外，一般的通风问题由空调系统来承担。在空气-水系统中，通常设专门的新风系统，给各房间送新风，以承担建筑的通风和改善空气品质的任务。全空气系统都应引入室外新风，与回风共同处理后送入室内，稀释室内的污染物。因此空调系统利用了稀释通风的办法来改善室内空气品质。有关稀释通风中的原理同样适用于空调系统中的通风问题。但在全空气系统中，如有多个房间(或区)，它的风量分配是根据负荷来分配的。因此就出现负荷大的房间获得新风多，而负荷小的房间获得的新风少。这有可能导致省些房间新风不足，空气品质下降。要解决新风不足，必须加大送风中的新风比例。

3. 主要设计内容

（1）空气调节设计

了解好项目所在地的室外气象条件，同时与和各方确定好室内的环境条件：

舒适性空调：主要是满足人们在日常生活与工作中所需要的温度及湿度要求，其特点一般是只控制温度，而不控制湿度的方式，其相应原理也比较简单。

恒温恒湿空调：主要是满足一些特殊要求的场所，比如电子精密车间，资讯机房等需要控制湿度和温度的场所。

洁净空调：其主要是一些对空气不光有温度和湿度要求，还有对空气中颗粒物也有要求的场所，比如医院建筑中的手术室，超精密设备制造车间等地方所运用的空调。

（2）平时通风设计

平时通风设计，主要是针对各功能房间进行通风设计的计算，列举出各房间的通风需求，进行各房间的通风量计算。

（3）消防防排烟系统设计

消防防排烟系统设计，主要是为了建筑安全，其设计很重要，关乎到人的生命财产之安全，因此其设计必须重视，严格按照国家相关规范及规定进行相应的设计。其主要类型包括前室、合用前室、消防电梯前室、楼梯间、封装楼梯间，等场合的排烟或机械加压，办公区、商业区、厂房生产区、车库等场合的自然或者机械排烟。还有一些有气体灭火保持场所的通风。

（4）通风空调系统的节能设计

空气调节系统，在建筑能耗中占有很大的比例，有的建筑中，空气调节能耗甚至达到了建筑总能耗的**40%**以上，因此空调系统的节能，有着很重要的意义，也有着很大的节能潜力。国家也出台了相应一系列的节能措施及规范，如《公共建筑节能设计标准》等规范的实施，对本专业的节能设计提出了更多的要求及具体措施。节能的技术也多种，比如有空调房间的排风热回收，利用室内外焓值对比进行全新风或者部分新风运行，冷凝水回收，直接蒸发式空调等等措施。根据项目条件，进行相应的节能技术选择与利用。

（5）厨房类通风系统设计

随着现在商业的越来越发达，餐饮业也越来多样化，特别是中餐，因其有大量的油烟产生，直接排放，不光影响着周围居住与生活及工作环境，还对大气有着不小的污染，因此也需要对其进行处理从而达到相应的国家标准后才能排放至大气中。

（6）工业通风设计

工业类通风设计，在工业中，有的设备会产生有害甚至是有毒的气体、而有的设备会产生爆炸性气体或粉尘、有的设备会产生大量的热气，为了生产安全及不对环境产生污染，也为了节能，需要对相应的设备进行相对应的工业排风。比如产生有毒或者爆炸性气体的，则需要采取安全的措施，风管需要防腐蚀，高密闭性，同时设置相应的探测及联动风机的措施。

第4节 局部通风系统

1. 局部通风系统

局部通风系统是指直接从污染源处排出污染物的局部通风方法。应用范例包括炉灶、火锅排风;化学实验的通风橱;粉状物料装袋、砂轮机、喷漆工艺等。主要组成部分包括以下几个方面:

排风罩:捕集污染物;风阀:调节及关断;排风道:输送污染气体,视污染物的性质确定材料;钢板、玻璃钢、聚氯乙烯管。净化设备:除尘、净化、回收材料,用于防止大气污染。若排气中有害物浓度不超标,可不设此设备。风机:提供输送动力,满足系统风量及阻力要求。若排风温度较高,且有害物危害较小时,可以不设风机,而依靠热压和风压进行排风(局部自然排风系统);室外排气口:排风出口,有风帽和百叶窗两种。

其划分原则主要包括以下四个方面:污染物相同或相近,工作时间相同且污染物散发点相距不远,可合为一个系统;不同污染物相混可产生爆炸、燃烧或形成新的有毒物质时,应设独立系统排放;排放有爆炸、燃烧或腐蚀的污染物时,应各自独立设置系统,且应有防燃烧、爆炸和腐蚀的手段;排除高温、高湿气体时,应单独设置系统,并有防结露和排水措施。

2. 局部送风系统

(1) 设置局部送风的原因及必要性:

大量余热的高温车间,采用全面通风已无法保证室内所有地方都达到舒适程度,只得对局部地点送风,使局部范围的环境条件达到适宜的程度,此乃一经济实惠的方法。

(2) 我国的相关规范:

《采暖通风与空气调节设计规范》(GBJ19-87)规定:当车间中的操作地点的温度达不到卫生要求或辐射照度≥350W/m2 时,应设置局部送风;当采用不带喷雾的轴流式通风机进行局部送风时,工作地点的风速,应符合下列规定:轻作业:2~4m/s;中作业:3~5m/s;重作业:5~7m/s。当采用喷雾风扇进行局部送风时,工作地点的风速应采用 3~5m/s,雾滴直径应小于

100μm。注:喷雾风扇只适于温度高于35℃,辐射照度大于1400W/m2,且工艺不忌细小雾滴的中、重作业的工作地点。

第5节 自然通风基本原理

长久以来,自然通风做为一项传统的建筑防热技术,在世界各地的传统民居中,得到了广泛的应用。在湿热地区,人们看到的传统民居往往有这样的外表:建筑都有开阔的窗户;采用轻便的墙体;深远的挑檐;高高在上的顶棚并且设置有通风口;建筑往往架空,以避开地面的潮气和热气,采集更多的凉风——这样形象的背后,隐藏着劳动人民对利用自然通风技术的朴素观念。自然通风是一种具有很大潜力的通风方式,是人类历史上长期赖以调节室内环境的原始手段。空调的产生,使人们可以主动地控制居住环境,而不是象以往一样被动地适应自然;空调的大量使用,使人们渐渐淡化了对自然通风的应用。而在空调技术得以普及的今天,迫于节约能源、保持良好的室内空气品质的双重压力下,全球的科学家不得不重新审视自然通风这一传统技术。在这样的背景下,把自然通风这种传统建筑生态技术重新引回现代建筑中,有着比以往更为重要的意义。

1. 自然通风的理论机理

通常意义上的自然通风指的是通过有目的的开口,产生空气流动。这种流动直接受建筑外表面的压力分布和不同开口特点的影响。压力分布是动力,而各开口的特点则决定了流动阻力。就自然通风而言,建筑物内空气运动主要有两个原因:风压以及室内外空气密度差。这两种因素可以单独起作用,也可以共同起作用。

(1) 风压作用下的自然通风

风的形成是由于大气中的压力差。如果风在通道上遇到了障碍物,如树和建筑物,就会产生能量的转换。动压力转变为静压力,于是迎风面上产生正压(约为风速动压力的0.5-0.8倍),而背风面上产生负压(约为风速动压力的0.3—0.4倍)。由于经过建筑物而出现的压力差促使空气从迎风面的窗缝和其他空隙流入室内,而室内空气则从背风面孔口排出,就形成了全面换气的风压自然通风。某一建筑物周围风压与该建筑的几何形状、建筑相对于风向的方位、风速和建筑周围的自然地形有关。

（2）热压作用下的自然通风

热压是室内外空气的温度差引起的,这就是所谓的“烟囱效应”。由于温度差的存在,室内外密度差产生,沿着建筑物墙面的垂直方向出现压力梯度。如果室内温度高于室外,建筑物的上部将会有较高的压力,而下部存在较低的压力。当这些位置存在孔口时,空气通过较低的开口进入,从上部流出。如果,室内温度低于室外温度,气流方向相反。热压的大小取决于两个开口处的高度差和室内外的空气密度差。而在实际中,建筑师们多采用烟囱、通风塔、天井中庭等形式,为自然通风的利用提供有利的条件,使得建筑物能够具有良好的通风效果。

（3）风压和热压共同作用下的自然通风

在实际建筑中的自然通风是风压和热压共同作用的结果,只是各自的作用有强有弱。由于风压受到天气、室外风向、建筑物形状、周围环境等因素的影响,风压与热压共同作用时并不是简单的线性叠加。因此建筑师要充分考虑各种因素,使风压和热压作用相互补充,密切配合使用,实现建筑物的有效自然通风。

（4）机械辅助式自然通风

在一些大型建筑中,由于通风路径较长,流动阻力较大,单纯依靠自然风压与热压往往不足以实现自然通风。而对于空气污染和噪声污染比较严重的城市,直接的自然通风还会将室外污浊的空气和噪声带入室内,不利于人体健康。在这种情况下,常常采用一种机械辅助式的自然通风系统。该系统有一套完整的空气循环通道,辅以符合生态思想的空气处理手段(如土壤预冷、预热、深井水换热等),并借助一定的机械方式加速室内通风。

2. 采用自然通风的的经济效益和环境效益

自然通风是当今建筑普遍采取的一项改革建筑热环境、节约空调能耗的技术,采用自然通风方式的根本目的就是取代(或部分取代)空调制冷系统。而这一取代过程有两点至关重要的意义:一是实现有效被动式制冷,当室外空气温湿度较低时自然通风可以在不消耗不可再生能源的情况下降低室内温度,带走潮湿气体,达到人体热舒适,即使室外空气温湿度超过舒适区,需要消耗能源进行降温降湿处理,也可以利用自然通风输送处理后的新风,而省去风机能耗,且无噪声。这有利于减少能耗、降低污染,符合可持续发展的思想。二是可以提供新鲜、清洁的自然空气(新风),有利于人的生理和心理健康。室内空气品质的低劣在很大程度上是由于缺少充足的新风。空调所造成的恒温环境也使得人体抵抗力下降,引发各种“空调病”。而自然通风可以排除室内污浊的空气,同时还有利于满足人和大自然交往的心理需求。

3. 建筑设计中自然通风的实现及实例分析

传统建筑对自然通风有很多值得借鉴的方法,而在我们现代的建筑设计中积极地考虑自然通风,并注意与地域建筑的有效结合,对于自然通风的合理利用、节约能源具有现实意义。

(1) 建筑体型与建筑群的布局的设计

建筑群的布局对自然通风的影响效果很大。考虑单体建筑得热与防止太阳过度辐射的同时,应该尽量使建筑的法线与夏季主导风向一致;然而对于建筑群体,若风沿着法线吹向建筑,会在背风面形成很大的漩涡区,对后排建筑的通风不利。在建筑设计中要综合考虑这两方面的利弊,根据风向投射角(风向与房屋外墙面法线的夹角)对室内风速的影响来决定合理的建筑间距,同时也可以结合建筑群体布局的改变以达到缩小间距的目的。由于前幢建筑对后幢建筑通风的影响,因此在单体设计中还应该结合总体的情况对建筑的体型,包括高度、进深、面宽乃至形状等实行一定的控制。

(2) 维护结构开口的设计

建筑物开口的优化配置以及开口的尺寸、窗户的型式和开启方式,窗墙面积比等的合理设计,直接影响着建筑物内部的空气流动以及通风效果。根据测定,当开口宽度为开间宽度的1/3~2/3时,开口大小为地板总面积的15%~25%时,通风效果最佳。开口的相对位置对气流路线起着决定作用。进风口与出风口宜相对错开布置,这样可以使气流在室内改变方向,使室内气流更均匀,通风效果更好。

(3) 注重“穿堂风”的组织

“穿堂风”是自然通风中效果最好的方式。所谓“穿堂风”是指风从建筑迎风面的进风口吹人室内,穿过房间,从背风面的出风口流出。显然进风口和出风口之间的风压差越大,房屋内部空气流动阻力越小,通风越流畅。此时房屋在通风方向的进深不能太大,否则就会通风不畅。

(4) 竖井空间

在建筑设计中竖井空间主要形式有:

纯开放空间——目前,大量的建筑中设计有中庭,主要是平面过大的建筑出于采光的考虑。从另外一个方面考虑,我们可利用建筑中庭内的热压形成自然通风。由福斯特主持设计的法兰克福商业银行就是一个利用中庭进行自然通风的成功案例。在这一案例中,设计者利用计算机模拟和风洞试验,对60层高的中庭空间的通风进行分析研究。为了避免中庭内部过大的紊流,每12层作为一个独立的单元,各自利用热压实现自然通风,取得良好的效果。

“烟囱”空间,又叫风塔——由垂直竖井和几个风口组成,在房间的排风口末端安装太阳能空气加热器以对从风塔顶部进入的空气产生抽吸作用。该系统类似于风管供风系统。风塔由垂直竖井和风斗组成。在通风不畅的地区,可以利用高出屋面的风斗,把上部的气流引入建筑内部,来加速建筑内部的空气流通。风斗的开口应该朝向主导风向。在主导风向不固定的地区,则可以设计多个朝向的风斗,或者设计成可以随风向转动。例如在英国贝丁顿零能耗发展项目中,设计了可以随风向转动的风斗,配合其他措施,利用自然风压实现了建筑内部的通风。

(5) 屋顶的自然通风

通风隔热屋面通常有以下两种方式:1) 在结构层上部设置架空隔热层。这种做法把通风层设置在屋面结构层上,利用中间的空气间层带走热量,达到屋面降温的目的,另外架空板还保护了屋面防水层。2)利用坡屋顶自身结构，在结构层中间设置通风隔热层，也可得到较好的隔热效果。在云南省永仁县异地扶贫搬迁规划设计实施工程中，多数是从冬季较寒冷的山区迁移到夏季较炎热的丘林坝子中。原住居民的住屋形式是在寒冷地区发展与延续下来的，其夏季的通风问题不是主要的空间约束。而新迁地夏季较炎热，室外亦有较大的区域风，但是室内风速则相对较小。因后墙及山墙均无窗户，所以室内通风不是很好。新搬来的住户对室内的热环境都表现出很大的不满。因此，改进建筑的通风效果是克服民居缺陷的主要途径。在新农居的设计中，二层楼的前部采用窗加百页的构造，后部加设可开启的窗户，以保证二层堆放农作物的自然晾干功能。针对夏季的炎热气候，加大了挑檐设计，精心做了堂屋、卧室与阁楼的通风设计，通过简单的构造措施，对民居的热环境做了积极的改进与引导。在该工程中，有效的将传统的自然通风这一绿色适宜技术用于对传统民居的更新，既满足了经济的要求，又符合了生态的效益。

(6) 双层玻璃幕墙维护结构

双层（或三层）幕墙是当今生态建筑中所普遍采用的一项先进技术，被誉为“会呼吸的皮肤”，它由内外两道幕墙组成。其通风原理是在两层玻璃幕墙之间留一个空腔，空腔的两端有可以控制的进风口和出风口。在冬季，关闭进出风口，双层玻璃之间形成一个“阳光温室”，提高围护结构表面的温度；夏季，打开进出风口，利用“烟囱效应”在空腔内部实现自然通风，使玻璃之间的热空气不断的被排走，达到降温的目的。为了更好地实现隔热，通道内一般设置有可调节的深色百叶。双层玻璃幕墙在保持外形轻盈的同时，能够很好地解决高层建筑中过高的风压和热压带来的风速过大造成的紊流不易控制的问题，能解决夜间开窗通风而无需担心安全问题，可加强围护结构的保温隔热性能，并能降低室内的噪音。在节能上，双层通风幕墙由于换气层的作用，比单层幕墙在采暖时节约能源 42%-52%，在制冷时节约能源 38%-60%，是解决建筑节能的一个新的方向。

(7) 太阳能强化自然通风

太阳能强化自然通风，充分利用了太阳能这一可持续能源转化为动力进行通风。太阳能强化自然通风的建筑结构主要有：屋面太阳能烟囱、Trombe 墙和太阳能空气集热器。以上三种结构可以单独设置来强化通风，但是，为了在夏季达到更好的冷却效果，通常将这些做法与其他建筑结构组合成一个有组织的自然通风系统。

第 6 节　改善室内空气质量的综合措施

室内空气品质的优劣直接影响人们的健康。通风无疑是创造合格的室内空气品质的有效手段。但是真正要达到空气品质的标准，还必须采取综合性的措施。

1. 保证必要的通风量

在工业厂房中存可以觉察到的污染物时，人们从关心自身健康的角度，能比较自觉地应用通风系统。而在一些认为“高级”的空调场所，通风往往被忽视。例如，集中空调系统在运行时令引入新风；风机盘管加新风系统中新风系统经常不开，更有甚者，空调设计者在设计系统时忽略厂新风。现在已普遍认为，这类缺少新风的建筑将导致居住者易患“病态建筑综合扯”。从设计到运行管理，必须充分重视室内空气品质，而保证必要的新风量是保证实内空气品质合格的必要条件。

2. 加强通风与空调系统的管理

通风与空调系统的根本任务是创造舒适与健康的环境。但应认识到，管理不善的通风空调系统也是传播污染物的污染源。通风空调系统中容易成为污染源的地方有过滤器、表冷器、喷水室、加湿器、冷却塔、消声器等。过滤器阻留的细菌和其他微生物在温暖湿润条件下滋生繁殖，而后带入室内。空调处理没备和冷却塔等凡是潮湿或水池的地力均容易繁殖细菌，再通过各种途径进入室内。阻性消声器的吸声材料多为纤维或多孔材料，容易产生微粒或繁殖细菌、电加湿器或蒸汽加热器因温度太高有烧焦灰尘的气味，也污染室内空气。空调系统的回风顶棚积有尘粒和微生物，也会互相传播造成污染。因此，必须加强对通风空调系统的维护管理，如定期清洗、消毒、维修、循环水系统灭菌等。

3. 减少污染物的产生

不论是工业还是民用建筑,减少或避免污染物的产生是改善空气品质最有效的措施:工业生产中改革工艺过程或工艺设备,从根本上杜绝或抑止污染物的产生,例如有大量粉尘产生的工艺用湿式操作代替干式操作,将可大大抑制粉尘的产生,又如采用焦磷酸盐代替氰化镀铜工艺,改有毒电镀为无毒电镀等。在民用建筑中,吸烟的烟气、某些建筑材料散发甲醛、石棉纤维等都是常见的污染源。禁止室内公共场所吸烟,不用散发污染物的材料无疑是从源头上改善室内空气品质的手段。但是材料应用范围的限制必须有政府立法,才有可能杜绝有污染物发生的材料进入建筑内部;发达国家已经有这类立法,如禁止石棉制品在建筑中使用。

4. 注意引入新风的品质

用室外空气来稀释室内的污染物的通风手段,其必要的条件是室外空气的污染物含量必需很低或无与室内相同的污染物。但目前城市的室外空气质量并不理想,大部分城市的大气质量达到国家“大气环境质量标准”的二级或三级标准,在城市的局部地区,各项污染物浓度会超过规定的指标。因此,通风和中调系统的室外取风口应尽量选在空气质量好的位置。室外污染物浓度高时,应在系统中装相应的处理设备。

第十三章　建筑及采暖通风与空调施工技术发展趋势

供热通风与空调安装技术是以建筑通风、给排水、供暖、空调等多种技术为手段，用于改善、创造建筑内部环境的一门学科，其不仅施工工序复杂、繁多，而且专业性很强，需要先进的施工工艺和施工技术作为保障。随着该领域的不断发展，不但产品种类多元化，技术也逐渐向智能化过渡和发展。

纵观供热发展史，其经历了局部供暖、集中供暖、区域供暖三个阶段，通风方式也不再局限于自然通风，而是利用空调等机械设备实现通风效果，并且随着设计理念和科学技术的不断创新和进步，集供热、通风、空调等于一体的供热通风与空调安装学科得以诞生，其涵盖了供暖通风与空气调节，供热、供燃气与锅炉设备，建筑能量管理，大气环境保护等四个专业方向，被广泛应用于建筑工程具体实践中，并创造了可观效益，已成为当下建筑领域重要研究课题之一。鉴于其对建筑工程的重要意义，我们应把握好其技术要点和难点，加以严格控制和监督，从而保证其安装科学、配置合理、质量达标、安全高效，很好的满足建筑功能，使其发挥良好的使用效益。

第1节　高层建筑施工及采暖通风与空调施工技术要点

1. 高层建筑施工及采暖通风与空调施工技术应用原则

考虑到二次返工造成的诸多烦扰，建筑暖通工程的施工质量已经成为建筑验收时的重要考量因素。规范合理的暖通设计是工程施工的前期和基础。技术管控中对方案的审核主要有以下几点需着重审核：

设计的适配性。暖通工程的应根据不同的建筑类型选择不同的设计方案。以采暖系统为例，当前的建筑采暖主要有地暖和暖气片两种方式。在审核采暖系统方案时，应充分结合现实情况，选择合理的方案。目前的新建高层住宅一般采用地暖方式。地暖舒适、节约空间，同时存在安装成本高，维修困难的缺陷,需全面考虑。

维修的可操作性。方案审核应考虑到日后系统的维修问题,保证留足充分的维修操作空间,做到维修可操作;同时,在设备选型审核阶段要注意尽可能选择同一厂家同一型号的设备,减少维修时间和成本,做到维修可实现。

成本最优化。在确保节能及设计效果的前提下,充分考虑施工中的材料选型,尽量选取常用的、市场上易于采购且具备可替代性的材料,避免选用唯一厂家、独立标准的非标产品,或垄断产品等不利于成本控制的材料。系统的安全性。基于消防、安防的要求,重点审核方案的防火、通风安全、对结构的影响、噪音污染等方面的问题。方案审核阶段需结合以上几点,全面审查、分析,提出合理化建议及意见,及时调整设计方案或实施方案,确保方案最优。

2. 高层高层建筑施工及采暖通风与空调施工技术应用必要性

在当前城市用地越来越紧张的大背景下,城市中越来越多的建筑采用了高层的设计方式,传统的施工技术使得高层建筑的室内环境温湿度无法得到有效保障,供热通风与空调工程技术作为改善人们群众居住环境的重要技术,可以利用空调的供热和通风功能来控制和调节高层建筑室内的空气环境,从而满足居住者的需求。此外,施工单位也将供热通风与空调系统的质量作为了招投标的重要筹码,近些年来,建筑行业内部之间的竞争日益严峻,竞争性越来越强,企业如果想要在激烈的竞争中保持不败之地,那么建筑施工单位就需要从各个方面提高和完善自己,从而让开发商能够充分的信任本企业的质量和效益,而通过提高建筑项目施工中供热通风和空调系统的质量,便可以成为建筑施工单位能够充分应用的一个谈判的筹码。建筑施工的企业可以通过组建一支专业技术水平高的空调通风系统团队,并不断加强对员工的各项业务技能的培训,能够按照开发商和业主的需求进行作业施工,让自己在行业内的认可度不断提升,最终得以增强在行业内的竞争力。

3. 高层建筑施工及采暖通风与空调施工技术要点

（1）预留孔洞和埋件的施工要点

暖通工程在土建施工过程中预留孔洞和预埋件的设置需要设计单位、土建施工、暖通工程多方共同研究和探讨，保证每个施工环节之间的衔接合理，尺寸规格与施工设计相符，才能保证暖通设备的安装顺利。就预留的暖通管道来说，由于管道是作为气体和液体的输送通道，所以管道的安全使用是暖通施工的检验指标之一。考虑暖通管道的复杂种类和多样规格，安装过程存在角度难处理的情况，施工前应根据综合管线情况，预先设定编排管道编号，排定安装顺序，并在预留预埋阶段严格核对各类管线的基准尺寸，高程关系、位置相对关系，充分利用激光水准仪等工具确保预留及埋件的位置准确合理。预留孔洞及埋件所有完成后，及时做好各类数据的复测，并及时归档，为后期实施阶段现场尺寸核对等做好基础准备工作。

（2）给排水管道施工要点

给排水管道及配件、水表的安装应充分考虑使用的便利性，也就是便于开关和日后的维修更换。比如水表前应考虑设置阀门，并且在两边与管道连接处安装活接头；管道上阀门安装位置应符合设计要求，进口及出口方向应依照介质流向方向；阀柄的朝向应遵循一般规范，比如朝向操作者的右侧并与墙面形成45°夹角，阀门后侧安装可拆装的连接件等。

（3）采暖工程的施工要点

采暖工程的施工应重点考虑如何减少热损。常见的居民楼低温热水采暖工程中，为了防止热量向四周及下层住户的散热速度过快，一般会在绝热层的上侧铺设铝塑热反射膜，以减少热量损耗。另外，采暖管道的埋设预留，需要全方面考虑建筑工程的要求，如地暖管道穿防水层，尤其是北方分集水器一般设置在卫生间或者厨房，此时就要求管道穿防水层部位做$\nless$50mm高砼反坎，防水施工上返至管道$\nless$200mm，并做加强防水处理。供暖系统的试压试验，检查是否存在漏点；还要注意的是在分水器与盘管接连部分外应使用外套波纹管防止管路氧化。最后的砂浆处理也是很重要的一道工序，科学合理的实施对地热砂浆的处理，才能够保障蓄热性能，实现供暖效果。

(4) 保温的施工要点

保温对于暖通工程而言也是非常重要的,保温做的好可以避免资源浪费,节能节煤。保温施工在选择保温材料时,应全方位考量,多方面测试。较常见的管道保温材料为铝箔玻璃棉材料、橡塑保温棉、聚氨酯发泡保温等型式,目前室内暖通工程用的较多的主要是橡塑保温(外缠阻燃聚乙烯保护膜或其他保护层),冷冻水管的保温不宜采用玻璃棉材料。保温施工应等到管道试压结束再进行,以避免出现管道跑冒滴漏现象不能及时发现。此外保温材料的安装还应考虑安装的独立性,便于后期维护或拆卸或更换。

(5) 通风排烟的施工要点

通风排烟工程由于在火灾事故中起着防范作用,因此在建筑暖通工程中也是非常重要的。在施工中应遵循施工条例与规范,比如竖向的通道管道以建筑通风烟道为主, 其他方向的风道可以采用玻璃钢等其他材质,一般情况需要在在通风管道上安装防火阀, 主要作用是当有火情发生时,可以及时的关闭防火阀,对火灾灾情能够做到及时有效地控制,降低事故的风险。对于特定场合,如会议室,除了通风排烟的功能外,装饰性也要存在。为保证装饰的完美,往往会要求风口隐藏,影响系统功能。这种情况,暖通工程的施工单位应与装饰单位协调,双方共同协商,尽可能满足功能和装饰要求。

第2节 智能建筑施工及采暖通风与空调施工技术要点

建筑工程通常施工周期长、施工流程复杂,且每个施工环节之间都具有较为紧密的联系。随着越来越多的建筑企业将计算机技术与自身的生产工艺进行结合,更好的保证了工程质量的同时,也加快了施工进度,降低了施工成本,在一定程度上推动了建筑行业实现智能化发展。然而,由于我国对于智能化技术的应用尚处于起步阶段,因此在具体的应用过程中还存在一系列亟待完善的问题,这就要求政府及相关管理部门加强与建筑企业之间的沟通,通过对相关问题的不断探索与完善,更好的推动建筑行业实现智能化发展。

1. 我国现阶段建筑行业智能化发展现状及存在问题

计算机技术的出现,不仅为人们的日常工作和生活提供了更为便利的条件,也推动了各行各业不断利用先进的生产技术提高效率。现阶段,人们对于建筑工程的需求已不仅仅停留在使用性能方面,而是将更多的关注点放在生活质量及便捷性方面,这就要求建筑企业不断提高自身的智能化水平,将施工工艺、项目管理等与先进的计算机技术进行结合,为人们提供更为舒适的居住环境。与此同时,随着能源领域专业报告的不断出台,越累越多的机构指出人类活动是造成全球增温现象日益严重的关键因素。建筑行业作为最具有减碳潜力的产业之一,应充分利用先进的施工技术进行节能降耗,推动我国资源节约型社会的建设。

通常情况下,建筑行业的智能化发展主要是指在各种计算机技术的帮助下对设计方案进行完善优化的过程,同时利用智能化设备提高管理系统的自动化,从而更好的为业主提供高品质生活。现阶段,随着我国对于大数据应用平台重视程度的不断提高,在一定程度上推动了建筑行业智能化发展的步伐,然而,由于相关经验尚有不足,从而导致一系列亟待完善的问题出现,主要包括以下几个方面:

建筑智能化发展区域不平衡。随着我国政府及相关管理部门对于建筑行业智能化发展重视程度的不断提高,现阶段,我国在建筑领域已逐渐形成较为完善的施工设计、工程监理、项目维护等产业,为人们营造了更为舒适、便利的居住环境。然而,建筑工程的智能化发展存在着较为明显的区域差异,对于经济较为落后的地区,其在资金投入、工程数量、人员能力等方面均与经济发达地区有着显著差距,从而导致建筑智能化发展区域不平衡的问题发生。

建筑智能化发展市场不公平。市场化经济的发展为建筑企业之间的竞争营造了更为公平、公开、公正的环境,但在建筑工程智能化发展的过程中,仍存在一系列不规范的问题,从而导致恶意低价等问题的发生,破坏建筑工程智能化发展的规范性。其原因主要包括以下两方面:一是部分建筑企业在发包过程中,将更多的关注点放在关系户的迎合上,而忽视了对于承包单位资质水平与信誉能力的考察，从而阻碍了建筑行业的智能化发展；二是部分承包单位在竞争过程中，为了得到工程项目而出现恶意低价的问题，从而引发恶性竞争等现象的发生，影响建筑工程智能化的有序发展。

建筑智能化发展重视不够高。虽然建筑工程的智能化发展逐渐成为建筑企业实现持续性发展的必经之路，但仍有部分建筑企业对其重视度不够。比如很多建筑企业管理人员缺乏长远的眼光，认为智能化只是工程项目的噱头，而没有从根本上认清其发展价值；还有小部分建筑企业在施工过程中，忽视了智能化技术的应用，不仅没有对相关技术进行充分了解，甚至用传统施工技术进行替代，从而阻碍了建筑工程的智能化发展。

建筑智能化发展水平不够强。众所周知，建筑工程的智能化发展离不开专业能力极强的人才队伍进行具体的设计与施工，然而，现阶段，我国很多建筑企业为了降低用工成本，而忽视了对于先进技术及相关人才的引进，从而导致智能化技术的不合理应用，不仅无法利用计算机技术实现设计方案的科学优化，也无法利用智能化设备实现建筑工程的自动化发展。

2. 智能建筑施工及采暖通风与空调施工技术应用必要性

新型计算机技术正在以不可抵挡的速度推动各行各业进行智能化发展转型，建筑行业作为我国的支柱性产业，建筑工程的智能化发展逐渐成为其未来的主要发展方向。其必要性主要体现在以下几个方面：一是提高业主的居住环境。一方面，在建筑设计中利用计算机技术对设计方案进行全面审查，可以显著提高设计方案的科学性与合理性，从而更好的为业主提供安全的居住环境；另一方面，在建筑使用中利用智能化设备提高自动化控制水平，可以显著提高相关设备的工作效率，降低运营成本，为业主提供更为便利的居住环境。二是提高建筑的灵活性。建筑工程的智能化发展可以帮助建筑企业根据工程的实际需求，迅速的改变其使用功能，从而更好的满足业主的使用需求，提高建筑工程设计的精准性。三是适应现代化发展的需求。当前阶段，随着我国能源转型步伐的日益加快，以及建筑行业市场竞争激烈程度的不断增加，为了更好的满足建筑行业的现代化发展需求,智能化发展逐渐成为建筑企业应关注的首要问题。四是推动节能环保的落实。与传统建筑相比,智能建筑通常会降低能源消耗水平,不仅可以通过能源管理相关措施的落实,降低电气设备的能耗水平,还可以通过相关设备的自动化控制,提高能效,从而更好的推动我国建筑行业走绿色化、环保化、低碳化道路,为我国资源节约型社会的建设贡献一份力量。

随着建筑工程复杂程度的日益增加,其暖通系统管道布置方式也变得日益复杂。计算机技术的具体应用主要体现在以下几个方面:一是优化暖通管道布置。相关计算机技术的应用可以帮助相关设计人员提高设计精准性,避免发生管道碰撞等问题,同时选择最优的设计方案,提高设计科学性;二是丰富产品库设计。大数据平台的建设可以更好的帮助建筑企业相关技术人员根据工程需要选择合理的产品,从而确保其结构、参数等信息符合要求的同时提高设计方案的合理性;三是精准压力计算设计。与传统的人工计算相比,计算机技术的应用可以显著提高计算精度,确定管道直径范围的同时避免不必要的资源消耗;四是优化暖通机房设计。对于建筑工程来说,其机房空间较小,且极易产生噪声及振动等问题。相关计算机技术的应用可以帮助相关人员更为准确的对结构进行分析,从而更为合理的进行空调型号的选择。

3. 智能建筑施工及采暖通风与空调施工技术要点

(1) 室内温度控制技术

室内温度控制技术属于供热通风和空调系统施工时期的一种重要技术,借助这项技术能够有效地控制室内温度变化,确保室内温度属于一个适宜的状态,给住户提供舒适的居住环境,在进行供热通风和空调工程施工的时候,对于室内温度控制技术的使用主要包括这样几点:在开展供热通风施工的过程中,需要参考施工方案来进行,掌握住户存在的各种需求,其中施工人员能够通过借助对于室内温度的感受来控制建筑室内温度,不过这样的一种形式还是难以实现对于温度变化情况的控制,因此需要按照不同的季节设置合理的温度,确保温度能够处于一个舒适的状态,防止产生能源消耗的问题。在设定室内新风量的时候,需要参考实际的规律,保障室内新风量大于室内空气所需的最低值。而且在进行施工的时候,能够选择手动的形式来调试空调系统,这样可以更好地满足住户的需求,实现节能讲好的效果,而且也能够显著改善供热通风以及空调系统的施工质量。

(2)系统节能技术的具体应用

随着我国能源消耗问题日益严重,建筑工程施工要求日益严格,更加注重节能技术的应用,供热通风和空调工程也不例外,该工程需要耗费较大的能源,所以系统节能技术的应用是非常有必要的,能够最大程度地减少能源浪费,为企业带来更大的社会效益。具体从下面几点开展。第一,随着建筑行业的稳步发展,最近几年建筑工程更加注重的绿色、环保,最大程度降低系统能源损耗。对于采暖通系统而言,供热通风与空调工程是其中比较关键的施工项目,所以系统节能技术的有效应用是大势所趋。供热通风与空调工程施工时,空调系统要采取能够进行自主调节的,充分结合室内温度情况,进行合理的调控,以确保室内环境保持恒温状态。第二,系统节能技术实际施工过程中,要充分地分析室外新风量。究其原因,是由于室内空调系统所处的环境是密封状态,因此,有效地应用室外新风量能够使室内环境良好,空气指标达到标准要求,确保供热通风与空调工程的质量。然而,施工时测定室外新风量过程中,要确保空调工程处于相对合理、稳固状态,而且要严格地检测调节系统,将各个子系统进行合理的调试,包括风系统、排烟系统等,并且要充分地把控好各个方面,如湿度、温度等,确保该工程的施工效率,进而保障该工程处于安全、可靠的运行模式,为人们提供更加舒适的环境。

(3)噪声处理技术

噪声问题是供热通风与空调工程中比较重要的问题,如果施工中不够注重噪声处理工作,势必在后期使用过程中,会发生震动情况,甚至对整个工程的性能造成严重的影响。所以,该工程在施工时,要注重噪声处理技术的应用,以保障整个施工效率。具体可以从以下几方面着手。其一,供热通风与空调工程在实际噪声处理时, 根据施工要求使用环保的消声材料,如隔音原材料、软管原材料等,以达到减少噪声的目的。与此同时,工程在施工时,要充分结合工程特点与作用,开展消除噪音施工操作,最大程度地减少噪声。除此之外,在进行噪声处理过程中,要充分了解工程中的所有结构,对其结构开展细致、严谨的分析工作,规避碰撞等情况的出现,从而达到理想的施工效果,发挥其最大作用,促使供热通风与空调工程的相关功能更加健全。其二,就管道安装而言,要充分结合施工规范,将管道吊架尽可能地安装到房梁位置,而且要严格将管道进行相关固定作业,最大程度地规避异常情况的发生。并且要注重管道吊架材料的选取工作,尽量选择弹簧材料以及具有一定减震效果的材料,从而能够有效地减少振动情况分发生,进而有效地避免噪声问题。

(4)结露现象处理技术

供热通风和空调工程施工时期比较容易产生结露情况,在处理这种问题的时候需要仔细地分析产生的因素,明确问题所在,选择合理的措施进行应对:在工程施工时期选择合理的保温方法,检查顶棚龙骨和管道试压等工作,保温材料的厚度和密度等参数都需要满足施工标准,进而实现对于结露问题的控制,保障风管板材厚度和下料的合理性,在这个时期也需要正确封堵好预留孔,避免产生漏风的情况;隔离风管以及吊架,防止两者直接进行接触进而出现冷桥面,如此也可以防止出现结露的情况;需要保障管道接缝部分的密封性,避免强力对接传动设备,防止钢管管道焊口尺寸出现误差的情况,如此也可以避免管道接缝部分产生渗水的问题。

第3节　绿色建筑施工及采暖通风与空调施工技术要点

城市化建设速度的快速增长为民用建筑行业的不断发展奠定了坚实的基础,国民经济水平的不断提高为绿色理念的应用与推广注入了源源不断的活力。现阶段,随着我国能源转型步伐的逐渐加快,节能环保逐渐成为各行各业实现可持续发展的重要手段。暖通设计作为民用建筑工程的重要组成部分之一,给人们带来更为舒适的居住环境的同时,也为生态环境造成了一定的不利影响。与此同时,不断出台的能源领域专业报告指出,人类活动是造成全球增温现象日益严重的关键因素。建筑行业作为我国经济发展的支柱性产业,不仅为人们的日常工作和生活提供了便利,也对社会活动及经济活动的开展提供了重要保障。然而,建筑工程作为高耗能行业,想要在激烈的竞争中占据一席之地,相关设计人员应在保证使用性能的同时,将更多的关注点放在绿色环保理念的落实方面,降低资源消耗水平的同时,最大程度的降低对环境所产生的影响。

1. 绿色建筑施工及采暖通风与空调施工技术应用现状

随着我国政府及相关管理部门对于生态环境重视程度的不断提高,各行各业都在推广绿色环保技术及材料的应用,相应推动了民用建筑暖通的节能性发展。现阶段,绿色建筑管理技术被广泛的应用于公共建筑的暖通设计中,为民用建筑暖通设计提供一定参考依据的同时,也为建筑设计师创新设计理念提出了更高的要求,避免出现不必要资源浪费的同时提高节能效率。然而,由于我国人口众多且节能技术发展起步较晚,因此还存在一系列亟待完善的问题,主要包括以下几个方面:

(1)公众认识程度不高

现阶段,我国民用建筑绿色环保理念的落实尚处于发展阶段,在一定程度上对绿色环保施工技术与材料的应用产生一定的阻碍作用,其原因主要包括以下两部分内容:一是政府及相关管理部门对于绿色环保理念的宣传力度较为薄弱,从而导致人们对于节能技术与材料的应用还仅仅依靠节能设备的使用来实现,没有对绿色理念的内涵进行深入了解;二是建筑行业作为我国传统产业,在暖通设计过程中不可避免的会受到传统理念的影响,而将更多的关注点放在短期经济效益上,从而影响相关技术及材料的使用。

(2)暖通设计水平不高

暖通设计作为建筑设计过程中的重要环节,很多建筑设计师为了更好的满足人们对于居住舒适度的要求而沿用传统的设计理念,从而对绿色环保施工技术及材料的应用产生一定的阻碍作用,也影响了暖通系统绿色设计理念的落实。不仅会造成大量不必要的浪费,还有可能由于过度的消耗能源对生态环境产生较为严重的影响。

（3）节能技术应用不高

众所周知，绿色环保施工技术及材料的应用通常需要建筑企业耗费较高的成本投入，且由于我国对于绿色理念的落实及节能技术的应用起步较晚，进一步增大了使用成本及后期维护费用。除此之外，虽然绿色环保技术越来愈多的应用于建筑行业中，但由于政府及相关管理部门对于暖通设计的重视程度小，从而导致相关设计师对于相关技术与材料的应用水平较为薄弱，进而阻碍了暖通系统的节能发展，也不利于我国建筑行业可持续发展的实现。

2. 绿色建筑施工及采暖通风与空调施工技术应用要点

（1）分户采暖

在供热通风和空调工程施工的过程中想要做好节能工作，减少采暖过程中的能源消耗，就可以选择分户采暖的形式，既能满足用户的供暖需要，又能实现节能的目的。这种供暖的方式工序比较简单，可以省去建设管道和锅炉房环节，采暖需要的煤炭量会有大幅度的下降，不但可以节省供暖的造价成本，还能起到节能减排的作用，这样就能更好的保护环境。另外，分户供暖系统受外界条件影响十分小，比如时间和温度，是国家大力推广的一种采暖方式，在供暖的时候不需要大量的散热器，在一定程度上拓展了居住空间。

（2）安装可变压力空调

空调工程施工不是很复杂，是有内机、外机、管线组成的，施工人员可以根据实际需要选择空调类型，比如卧地式、悬挂式等，同时还要尽可能的选择四季都能用的室内机，也就是说其要同时具备制冷和供暖的功能。可变压力空调不需要占用居住空间，不但可以拓展使用面积，同时还具有减少噪音的作用，可以有效的防止空调运行产生噪音污染。可变压力空调的节能效果比较突出，能减低空调运行过程中水泵和风机的能量耗损，还可以实现分户管理，用户可结合自己的实际需要控制空调，避免出现不必要的浪费。

（3）安装太阳能热水系统

人们在生活的过程中需要大量热水,需要耗费的电能十分巨大,同时还会造成环境污染。因此,供暖通风和空调工程施工节能控制就必须要合理设置热水系统,使用太阳能热水系统,太阳能是一种自然资源,也是绿色无污染的,通过将太阳能转化为热能来维持热水系统运转,从而减少电能和燃气耗损,以达到节能减排的目的,同时还能降低热水供应的成本投入。

3. 绿色建筑施工及采暖通风与空调施工技术应用优化策略

(1) 优化暖通空调系统设计

系统设计作为民用建筑暖通绿色环保施工技术与材料应用的前提条件,相关设计人员需要在对工程布局情况、能耗水平等进行全面考量的基础上,科学的对相关参数进行设计。因此,在设计过程中主要应注意以下几方面内容:一是严格遵循暖通系统的设计原则,提高其经济性、适用性及环保性,在保证其使用性能的同时更好的帮助建筑企业实现成本控制,推动能源转型的发展;二是提前对工程所在地的自然资源、天气情况、气候条件等进行较为全面且科学的评估,在充分了解节能技术及材料特点的基础上,对暖通系统进行设计,提高绿色环保措施应用的精准度。

(2) 优化建筑气流组织设计

地下车库作为现代化建筑工程中必不可少的部分,为人们提供了更为便利的居住环境的同时也为暖通系统设计提出了更高的要求。由于其通风环境较差,因此极易导致车辆自燃等问题的产生,从而给人们的生命财产安全带来安全隐患。因此,相关设计人员在对暖通系统进行设计过程中,应充分考虑其车辆出入情况,将地下车库作为设计重点进行排风装置的合理布置,从而更好的保证其空气流通情况。

(3) 优化环境协调发展设计

民用建筑暖通系统的节能设计,不仅需要相关设计人员对系统进行较为全面的了解,还需对相关绿色环保施工技术有着科学的计算。因此,在设计过程中,首先需要对暖通系统的高能耗部分进行优化设计,降低能耗水平的同时避免对环境产生不利影响;其次还需结合工程所在地的能源水平、资源情况等进行合理分析,在设计中充分融入绿色设计理念的同时,加强与当地生态环境的协调发展,从而更好的推动城市文化建设。

第4节　节能建筑施工及采暖通风与空调施工技术要点

1. 节能建筑施工及采暖通风与空调施工技术应用原则

通常情况下，暖通是指为建筑提供热量的同时满足通风需求的设施，主要包括采暖、通风及空气调节三个部分。作为影响居住用户舒适度的关键因素,对其进行合理设计就显得尤为重要。特别是在当前背景下,在保证其使用性能的同时推广节能技术及材料的应用逐渐成为相关设计人员的首要关注问题。近年来,随着我国科技水平与自动化控制技术的飞速发展,越来越多的先进暖通空调系统出现在市面上,为相关设计师提供了更多选择的同时,推动了民用建筑行业的节能降耗发展。这就要求相关设计人员在民用建筑暖通设计过程中,充分利用先进的节能技术及材料,根据工程实际需要优化设计理念,并遵循以下几方面设计原则:

经济性。众所周知,对于建筑企业来说,最大化经济效益是管理层的首要关注要素。因此,在民用建筑暖通设计过程中,相关设计人员应在保证其使用性能的同时,最大程度的帮助建筑企业实现成本控制。随着节能技术及材料的不断更新,根据工程预算进行合理选择就显得尤为重要。

节能性。建筑行业作为高耗能产业,日益严重的能源危机问题在一定程度上凸显了节能技术应用的必要性。因此,相关设计人员应对我国目前新能源及可再生能源利用水平进行全面考虑与分析,在满足工程要求的前提下降低暖通系统对于不可再生能源的消耗水平,避免对环境所造成的不利影响。

低碳性。节能减排的根本目的是降低碳排放情况,因此,低碳性逐渐成为民用建筑暖通节能设计的重要目标。因此,相关设计人员在保证其节能效率的同时,应充分考虑其碳排放量,从而更好的帮助民用建筑实现人与自然的协调发展。

协调性。随着人们对于高质量生活向往的日益增加,民用建筑已经不仅仅停留在使用要求上,还对其美观性有着更高的要求。虽然暖通系统的结构较为简单,但为了更好的推动节能技术及材料的应用,相关设计人员还需对其内部结构进行合理设计,为人们营造更为舒适的居住环境。

适应性。我国幅员辽阔的地理特征导致不同区域之间有着较为明显的气候差异,因此,对于民用建筑暖通设计来说,应根据当地的气候条件对其功率等参数进行合理控制,从而更好的满足人们对建筑内部温度及湿度的要求。

循环性。循环经济的不断推广推动了节能技术的发展,因此,在民用建筑暖通设计过程中,相关设计人员可按照循环性的原则,建立能力回收再利用系统,从而降低对环境造成损害的同时提高资源与能源的利用效率,更好的帮助建筑企业降低成本。

2. 节能建筑施工及采暖通风与空调施工技术要点

(1) 热泵技术的应用

热泵作为民用建筑暖通空调系统应用最为广泛的技术,其工作原理主要是将自然资源作为热源,在压缩机的作用下将低温热能转化为高温热能,从而为人们提供舒适的居住环境。其优势主要包括以下三方面:一是该技术可以长时间利用自然资源所提供的热能来满足暖通系统的用能需求,降低能源消耗水平的同时最大程度的避免了对于环境所带来的不利影响;二是该技术的应用可以同时实现加热与制冷的双重功能,且具有较好的节能效果,为我国建筑行业实现节能减排奠定坚实的基础;三是该技术的应用较为广泛,因此其应用技术水平较高且较为先进,因此可以更好的帮助建筑企业控制成本。

(2) 排风余热回收技术的应用

我国四季分明的气候特点导致夏季与冬季有较为明显的温度差异,因此,对于民用建筑暖通设计来说,排风余热技术的应用可以更好的帮助建筑内部实现较为稳定的环境温度与湿度,最大限度的利用设备所产的热量,从而起到节能的效果。现阶段,我国对于该技术的应用范围较为广泛,不仅可以应用于民用建筑中,还可以运用到大型工业建的空调系统中,不仅起到了良好的空气净化效果,还降低了不必要的能源浪费,因此具有较为广阔的发展前景。

（3）变流量技术的应用

民用建筑暖通系统的应用水平很大程度上取决于当地的天气情况及气候条件，因此，根据温度与湿度情况合理的对其能耗水平进行调整就显得尤为重要。便流量技术的应用很好的解决了这一问题，通过对空气流动情况进行动态控制，满足人们对其使用需求的同时最大程度的实现节能控制，为我国暖通节能技术的发展奠定良好的基础。

（4）蓄能空调技术的应用

蓄能空调技术主要是通过减少能源供应量的方式来实现节能，避免城市用电量超过额定负载，该技术现阶段发展较为成熟且应用较为广泛。现阶段，随着我国科技水平的不断提高，即能空调技术得到了越来越多的关注，该技术可以根据实际能耗情况自行使用蓄能技术。比如在蓄热过程中，可以利用水分进行蓄能，从而降低噪声污染及对环境所造成的损害；在蓄冷过程中，可以在冷水主机、蓄冷装置等的作用下，利用冰块等来进行蓄能，从而提高蓄能空调技术的利用水平及节能效率。

（5）热电冷三联供技术的应用

热电冷三联供技术的应用主要是对天然气生产过程中所产生的热能进行二次利用的过程，从而提高能源利用效率。该技术的应用不仅可以很好的解决电力负荷所产生的问题，还可以降低电力输送过程中所产生的损耗，从而降低暖通系统的能耗水平同时，更好的帮助建筑企业实现经济收益，最大程度的降低对环境所造成的不利影响。

（6）变频调节技术的应用

变频调节技术的应用主要是根据能耗实际水平调整能源消耗结构，从而保证暖通系统正常运行的同时，降低其能耗水平。现阶段，该技术在我国空调设备生产过程中得到了较为广泛的应用，为了更好的推动变频调节技术的发展，在其应用过程中合理控制加热速度具有十分重要的意义。

（7）太阳能技术的应用

随着我国新能源及可再生能源利用水平的不断提高，太阳能技术逐渐成为民用建筑暖通系统节能技术应用的主要发展方向,一方面该技术的应用可以很好避免传统能源给环境所带来的不利影响,降低对传统能源的依赖程度,推动我国实现能源转型;另一方面,太阳能技术作为一种清洁能源,应用范围较广,可以通过太阳能热水器等装置对其光热技术进行利用,也可以通过太阳能电池板对其光伏技术进行应用,因此,随着我国太阳能相关技术的进一步发展,其在民用建筑暖通系统中的应用也会越来越广泛。

(8)新型材料的应用

现阶段,随着政府及相关管理部门对于生态环境重视程度的逐渐增加,越来越多的环保型材料出现在市面上,为暖通系统相关设计人员提供了更多选择的同时,也进一步推动了新型材料的应用范围。对于暖通系统来说,新型保温材料的使用可以最大程度的提高通风管道的保温效果,从而避免不必要的能源浪费,帮助建筑企业控制成本。当前应用较为广泛的是橡塑制品,该材料凭借其良好的抗腐蚀性能、较长的使用寿命、较好的隔热效果、较小的环境污染得到了相关设计人员的广泛关注。因此,为了更好的发挥其使用效果,相关设计人员应根据实际需求进行科学技术,合理控制其材料厚度,避免破损等问题的出现,影响建筑安全。

第十四章　第四代建筑中采暖通风与空调技术发展方向及技术应用

中国城镇供热行业从20世纪50年代开始起步，经历了从无到有、从小到大、从弱到强的发展历程。80、90年代以来,集中供热已经成为中国北方地区城镇冬季采暖的主导模式;随着供热系统的不断发展壮大,自动化控制开始取代人工控制,组态软件开始在我国供热行业普及,实现对供热系统的远程控制,以及站内的自动化运行。

在能源转型及清洁供热的新时代背景下,尤其是国家碳达峰碳中和的提出,国家加大对环境保护力度,间接导致产热能源成本增加,加之热力公司供热规模的不断扩大，热力行业普遍存在的水力失调等一系列问题,使得供热行业的技术急需改变。在21世纪初,供热行业开始向智能化控制的方向发展;随着2010年IBM正式提出智慧城市愿景,智慧供热平台应运而生,将PLC系统、DCS控制系统与业务系统打通,形成了智慧供热平台,智慧供热平台不仅保留了控制系统的数据采集、命令下发,并增加了数据统计、分析功能,借助大数据、物联网等高新技术实现了供热行业技术的全面升级。

随着碳达峰、碳中和目标的出现,集中供热存在的高耗能、高污染、低效率等问题都必须被解决，智慧供热平台迎合当代发展趋势，将政府、企业、用热群体紧密联系,体现了“政府可管、企业可省、百姓可感”多方价值。在节能降耗、绿色低碳大背景的推动下,实现全国智慧供热已成为必然趋势。

第1节　BIM技术在建筑工程暖通设计优化中的应用

建筑行业作为我国国民经济发展的支柱性产业,推动了社会经济发展的同时,为人们生活水平的不断提高奠定了坚实的基础。现阶段,随着我国科技水平与信息化技术的飞速发展,BIM技术的应用越来越多的出现在各行各业中。暖通设计作为建筑工程的重要组成部分,不仅对工程质量有着较为直接的影响,也是衡量人们居住环境舒适度的重要标准。因此,对BIM技术在建筑工程暖通设计优化中的应用进行研究具有十分重要的意义与价值。与此同时,随着全球信息化脚步的逐渐加快,建筑企业之间的竞争已经不仅体现在工程质量与安全生产方面,而是更多的体现在设计效率与节能优化方面。现阶段,随着我国建筑工程复杂程度以及人们对高质量生活向往的不断增加,充分利用现代化技术,对建筑工程暖通系统进行优化设计,保证使用性能的同时提高运行效率就显得尤为重要。

1. BIM技术的内涵及应用优势

(1) BIM技术的内涵

BIM技术又可被称之为建筑信息模型技术,相关设计人员在对所需要信息进行收集后进行具体的设计与建模工作,并利用相关软件将传统的二维平面示意图转换为三维模型,从而更加直观的帮助设计师展现设计理念。现阶段,我国建筑行业对于BIM技术的应用更多的停留在设计阶段,对于建筑工程暖通设计来说,该技术的应用不仅可以提高设计的准确性及效率,还可以更好的对设计过程中所选择设备的合理性进行审查。

(2) BIM技术在建筑工程暖通设计中应用的优势

众所周知,建筑工程暖通设计覆盖范围较广,通常需要建筑设计人员综合考虑多方面因素进行相关工作。BIM技术的应用可以更好的帮助相关设计人员应用不同领域的专业知识,从而保证设计方案满足工程要求的同时提高资源利用效率。因此,该技术的应用对于建筑工程暖通设计来说具有十分重要的意义,其应用优势主要包括以下几个方面:

直观可视。随着我国城市化建设速度的不断加快,建筑工程项目的复杂程度也在日益增加,相应导致暖通系统管道设计等变得更为复杂,为建筑设计人员带来一定挑战的同时也增加了设计方案的展示难度。BIM技术的应用通过三维立体图像的展示可以更为直观的展现复杂的结构特性及管道分布情况,同时可以通过不同色彩的运用更为明确的表示暖通系统中各设备之间的联系，从而更好的帮助相关技术人员了解暖通设计相关内容，从而更为及时的发现其中存在的问题并提出相应的解决方案，提高工作效率与设计水平。

协同优化。BIM 技术在建筑工程暖通设计过程中进行应用的最大优势就是简单便捷，不仅可以提高设计人员的工作效率，还可以为设计人员与项目负责人之间建立高效的沟通平台，确保建筑企业可以全面了解施工计划及设计方案的同时，更好的对其进行调控。与此同时，对于设计方案中存在的问题，相关技术人员也可以更为直接的进行指出，并利用相关软件对优化方案进行模拟，从而保证设计方案的最优性。

模拟精确。传统的建筑工程暖通设计需要相关设计人员根据收集到的信息利用 CAD 等进行画图，不仅具有较低的工作效率，还有可能由于人为计算误差导致重大安全事故的发生。BIM 技术的应用则很好的避免了这一问题的出现，通过相关人员对前期基础信息进行收集与整理，设计人员可以利用相关软件精准计算暖通系统所需材料及设备，提高准确性的同时更好的帮助建筑企业控制施工成本。与此同时，随着数据库平台的不断增多，越来越多的建筑企业通过网络平台实现了资源共享，从而为建筑工程暖通设计人员提供较为全面的参考案例，从而更好的对设计方案进行优化。

2. 我国建筑工程暖通设计发展现状及存在问题

建筑行业的飞速发展为暖通系统的广泛应用与推广奠定了良好的基础，在不断发展的同时，也推动人们将更多的关注点放在了建筑工程整体设计相关工作方面，特别是影响人们居住舒适度的暖通系统设计。随着我国政府及相关管理部门对于安全生产及节能降耗重视程度的不断增加，暖通系统作为建筑工程中的高耗能部分，在保证其良好使用性能的同时降低对环境所产生的不利影响逐渐成为相关设计人员需要优先考虑的关键因素。然而，当前阶段，由于建筑工程暖通系统设计不合理而引起的安全事故时有发生，从而对人们的生命财产安全带来较大威胁，因此，还存在一系列亟待完善的问题，主要包括以下几个方面：

（1）暖通系统设计合理性待提高

暖通系统通常包括供暖、通风、空调三部分,通风系统作为重要组成部分,需要相关设计人员给予较多的关注。然而,在对其进行具体设计时,很多设计人员存在专业知识不足、工作责任意识淡漠等问题,导致设计方案的合理性及科学性较低,从而在后续的使用过程中由于通风系统的不正常运行引发火灾等重大安全事故,给人们的生命财产带来重大损失。除此之外,暖通系统极易受到外部环境因素的影响而导致使用效果的无法发挥,而相关设计人员由于缺乏全面的专业知识,极易导致不合理的设计出现,在一定程度上增大了事故发生的概率。

(2)系统设计图纸规范性待加强

对施工单位来说,暖通系统设计图是其编制施工方案、控制施工进度的主要依据。因此,建筑工程暖通系统相关设计人员应严格按照国家相关规范及标准进行设计并制图,为后续施工奠定良好基础的同时,更好的提高人们居住环境的舒适度。然而,现阶段,很多设计人员在准备阶段,并没有对建筑工程的实际情况进行全面勘查,仅仅凭借自身经验进行设计,不仅容易导致最终的设计方案与图纸有着较为明显的差异,也对暖通系统的作用效果产生一定影响。除此之外,还有部分设计人员由于自身测量参数的误差以及制图能力的缺失,从而导致相关施工作业人员无法按照设计图纸进行作业,进而影响施工进度。

(3)附加部分设计综合性待完善

如上文所述,建筑工程暖通系统涉及专业内容较广,通常需要相关设计人员充分掌握流体力学、热能等专业知识,从而更好的保证系统设计满足工程的使用需求,同时也可更好的实现节能降耗,推动我国资源节约型社会的建设。因此,相关设计人员应在设计准备阶段对工程所在地的自然资源、气候条件、地理特征等有着较为全面的勘查与了解,并根据工程实际情况对暖通系统进行设计,科学的选择设备参数及管道布置方式,从而保证各项设施可以最好的发挥效果,同时还需对其附加设施相关设计内容进行综合考虑,提升居住环境舒适性的同时最大程度降低对环境所造成的损害。

3. BIM 技术应用的必要性

随着 BIM 技术应用范围的不断增加,越来越多的研究人员开始对其进行研究与推广,从而推动了各行各业的信息化发展。建筑行业作为我国的传统产业,要想在全球信息化的时代占有一席之地,首先要提高自身的综合能力,提高设计水平与工作效率。特别是现阶段,随着我国建筑工程对于暖通系统设计要求的不断提高,相关设计人员充分利用先进的技术手段,选择合理的建模方式,保证暖通系统具有良好工作性能的同时最大程度的降低能耗水平就显得尤为重要。因此,在现代化建筑工程暖通设计中应用 BIM 技术的必要性主要体现在以下几个方面:

有利于设计人员提高工作效率。众所周知,建筑工程通常具有较长的施工周期与施工流程,特别是对于暖通系统的设计,通常需要设计人员综合考虑多方面因素进行统筹规划。传统的设计模式与方法需要相关人员花费大量的时间在前期数据的收集与整理上,还容易由于人为因素导致误差的产生。BIM 技术的应用则很好的避免了这一问题的出现,相关设计人员只需要将建筑工程真实数据上传到软件中,即可进行相应的建模与设计工作。不仅避免了人工绘图与计算过程中所产生的误差,还可以帮助设计人员节省大量的时间,从而更好的提高工作效率。

有利于建筑企业控制施工成本。对于建筑企业来说,实现经济效益通常是管理人员的关注焦点。BIM 技术的应用可以更好的帮助设计人员对暖通系统所需设备及材料投入进行计算,从而避免大量不必要资源的浪费,更好的帮助建筑企业控制施工成本,也为我国建设资源节约型社会奠定良好的基础。除此之外,现代化信息技术的应用也可以更好的帮助建筑企业提前预判资金使用过程中可能出现的问题,并提出相应的解决措施,从而避免建筑工程由于资金不足等问题而影响施工进度。

有利于施工企业实现规范施工。对于施工企业来说,规范的施工流程是控制施工进度的重要保障。BIM 技术的应用帮助建筑工程暖通系统设计人员更为直观的对设计方案进行展示,从而帮助项目负责人更好的编制施工方案,更为合理的调控建筑资源,同时在施工过程中对于施工进度进行实时掌握,更为及时的根据工程情况调整施工流程。与此同时,该技术的应用也可更好的帮助项目复杂人发现施工过程中可能出现的问题,并提出相应科学的解决方案,不仅提升了建筑暖通设计的工作效率与专业水平,也更好的帮助建筑行业走向智能化与科学化道路

有利于建筑行业推动建模发展。对于建筑行业来说,随着建筑工程项目复杂程度的逐渐提高,相应对其暖通系统设计的专业性有了更高的要求。BIM 技术的应用加强了设计人员与技术人员之间的沟通交流,对于软件使用过程中所存在的问题也可以及时与开发商进行探讨,从而更好的推动建筑行业实现信息化发展。与此同时,该技术的应用通过不断积累工程数据,从而帮助我国建筑行业建立暖通设计标准化数据库,更好的帮助设计人员对暖通系统中的设备性能、型号参数等进行更为全面的了解,从而更好的推动其优化设计方案。

4. BIM 技术在建筑工程暖通设计中的具体应用

(1) BIM 技术在暖通管道布置中的应用

随着建筑工程复杂程度的日益增加,其暖通系统管道布置方式也变得日益复杂,这就要求各部分设计人员提升自身专业水平,在设计过程中加强沟通交流,确保设计方案的科学性。BIM 技术在暖通管道布置中的应用主要体现在以下三个方面:一是对于设计人员来说,可以利用三维立体模型更为直观的对设计方案进行展示,对管道布置情况进行更为清晰的标注与优化,提高设计精准性,避免发生管道碰撞等问题;二是在设计过程中,该技术的应可以更为灵活的为设计人员提供所需要的视图,为优化工作提供方便的同时更好的提高设计效率,缩短设计周期;三是 BIM 技术的应用可以帮助设计人员更为精准的测量管道通风系统的风量损失情况,并对各设备选择的科学性进行审查,从而优化设计方案的同时为建筑企业增加经济收益。

(2) BIM 技术在产品库设计中的应用

随着越来越多的建筑暖通设计单位体会到信息化技术应用所带来的便利性及高效性,相关产品的数据库平台也在不断进行完善。相关设计人

员可以按照工程需要,科学的对所需产品进行调用,确保其结构、参数等信息符合要求的同时提高设计方案的合理性。与此同时,在实际设计过程中,相关人员还可以对其中设备的尺寸参数等进行修改,确保设计方案的最优性。因此,BIM 技术在产品库设计中具有较为广泛的应用范围。

（3）BIM 技术在压力计算中的作用

在暖通系统设计过程中,相关人员需要对相关设施的风量及风速进行准确计算,从而为人们提供更为舒适的居住环境的同时避免不安全因素的出现。因此,在压力计算中应用 BIM 技术可以显著提高其精准度,确定管道直径范围的同时避免不必要的资源消耗,从而更好的帮助建筑企业控制成本投入。

（4）BIM 技术在暖通系统机房设计中的作用

对于建筑工程暖通系统来说,其机房空间较小,因此,需要相关设计人员对机房进行合理划分,从而提升暖通系统的运行效率,降低噪声及振动等问题的产生。现阶段,由于我国对于暖通空调的尺寸尚未出台统一的标准,这就给设计师带来了较多的不确定因素。BIM 技术的应用则很好的解决了这一问题,相关工作人员可以更为直接的对机房结构进行分析,从而根据空调型号与尺寸规格进行合理安排,提升设计方案的可行性。

（5）BIM 技术在工程协调中的作用

建筑工程暖通系统作为一个整体，需要相关设计人员进行统筹考虑。BIM 技术的应用更为直观的对各部分进行了统一展现,从而更为全面的帮助空调、供暖、通风系统的设计人员了解管道布置方式、设备安装信息等,推动各部门人员之间的交流,最大程度的避免碰撞等问题的出现,更好的保障人们的生命财产安全。

第 2 节　第四代建筑中采暖通风与空调技术发展方向及技术应用

1. 第四代建筑含义

住房走到今天,已经历了三代：第一代.茅草房;第二代.砖瓦房;第三代.电梯房,包括到目前为止的所有住房。第三代电梯房,又称鸟笼式住房,人们只有透过窗户才能看到外面的世界,才能呼吸到新鲜空气,并不是人们最终的理想住房。人们都喜欢别墅,但因占地太大,又大都在荒凉郊区,不但使受众人群极少,而且因生活及工作均不方便,很少有人真正居住。人们都喜欢北京的胡同街巷及四合院,很方便居住,又有街坊四邻以及生活气息,更方便进出家门停车,但因占地太大,随着城市化人口越来越多,更无法再造和普及。如果,有一种全新的建筑方法,能将上述别墅、北京胡同街巷以及四合院都整合在一起,搬到空中,建成一座座空中城市,这样,使居住既实现了别墅和四合院的全部功能,又使建设不占地方,可建在城市中心任何地方,这便是第四代住房“庭院房”,又称“空中城市森林花园”。其主要特征是每层都有公共院落,每户都有私家庭院,可种花种菜、遛狗养鸟,可将车开到每层楼上的住户门口,人和动物和谐共生。

城市森林花园所涉及的花草树木的养护浇灌,是采用自动滴灌系统(这是一个很成熟的技术)进行自动浇灌,住户只需要每两三个月修剪一次枝叶即可,并且修剪枝叶也可请专业人士来修剪。在设计方案中,所有院子的混凝板都是下沉板上翻梁,就像卫生间的结构一样。下沉板有 60cm 左右深度,也就是说可以回填土 60cm 厚,在靠墙栽种大树的地方还可做一个向上 50cm 的树池,这样,在靠墙的地方便有 1 米多深的覆土,即可以栽种 4-5m 高的树,并将树干固定在墙上,以防大风将树刮倒或使其摇晃,在其它不靠墙的地方才栽种 1-2m 的低矮植物、果树或灌木,这样,整个庭院的花草树木便显得错落有致,任何大风也没问题。

2. 第四代住房的创新优势

(1) 彻底改变目前鸟笼式的居住环境:

每栋楼的每层楼内都有一条街巷和一座公共院落,房屋都建在街巷两边或院落四周,人们就如同住在传统的四合院里,使老人儿童都有了一个更健康的活动休闲平台,使居住重新有了街坊四邻。

(2) 每家都有一座私人小院:

建筑外墙不但全部长满植物,而且每家都有一座两层楼高的空中室外私人小院,一块几十平米土地,覆土 0.5~1m,可种树、种花、种菜、遛狗、养鸟……使住在繁华城市中心的人们,不用到乡下买地,都能实现“家园”和“回归大自然”的梦想。特别说明:(这并不只是把阳台做高做大这么简单,这是所有设计大师都面临的世界级难题,只有采用第四代住房的多项创新方法,才能实现其目标,才能完美,否则就会像国内外许多“著名楼盘”,又要做新颖独特但又找不到创新方法,就硬弄个挑高两层大阳台或拙劣的在外墙弄些绿色植物,结果都会很失败,一一会出现每家人的主要房间都被大阳台遮挡而成为黑房子、上下层住户之间可相互对望无私密性、左右邻居可攀爬翻越无安全感等诸多缺陷,以及植物养护成本高昂需住户承担,但住户并无法实际享用等弊端)。

(3)开启空中停车时代:

住户车辆及访客车辆都可通过小区外围道路及智能载车系统,一分钟内即可开到所去任何楼层的公共院落里,停在所去屋前的停车位上,方便了人们回家停车和驾车出行,彻底解决了住户停车难问题! 行人则走小区内道路及载人电梯,实行人车分流及小区内无车辆通行,同时彻底告别空气污浊黑暗的地下停车时代,节省了 24 小时的地下停车照明和排风能源。

(4)不再建地下停车场:

只开挖主楼的基础部分做人防层及布置设备,不用再往下大开挖两三层建停车场,可节省 90%的地下工程量,缩短工期。

(5)使房屋面积凭空增值 15%以上:

住户从载人电梯出来即在所去楼层的室外街巷里,从街巷直接进出自家大门,没有了传统的电梯厅及过道,减少了公摊,使房屋公摊面积下降到 10%以下,这是了不起的创新成果。

(6)不增加占地和建筑成本:

它可建设高层、中高层、多层等所有建筑和所有户型及大小面积,可采用框架、框剪、钢构等任何建筑形式;容积率可建到 1.0~6.0,它建“空中街巷、空中停车及每层公共院落”的成本,与大开挖建“地下室停车场”的成本基本相当,甚至还略有减少。(地上空中停车建筑与地下停车建筑一样,不计容积率。)

（7）使投入与产出比发生质的变化：

即投入普通建筑的占地和建造成本，却得到比别墅更好的房子。

（8）具有非凡品质，却可造福亿万百姓：

它与别墅一样都有家有院，但却可建在城市中心任何地方，更方便人们上班、上学、休闲、医疗和出行，同时它比别墅居住更安全、更私密、视野更广阔、不荒凉和更有生活气息。它最令人惊喜之处还在于，虽然具有比别墅更高的品质，但其建筑占地和建造成本却只与普通住房相当，销售价格也亦相当，房屋户型及面积大小均有，是所有老百姓都买得起和住得起的房子，这就是创新发明所带来的神奇力量。

（9）更适宜人类居住：

第四代住房由清华大学建筑研究院设计，拥有多项原创核心技术，其中任何一项都将颠覆传统的住房模式，都将使人惊叹不已，因此被业界誉为“中国第五大发明”。它将彻底改变城市钢筋水泥林立的环境风貌，彻底改变第三代住房鸟笼式的居家环境，使家变成家园，使城市变成森林，使人类居住与自然完美契合并和谐共生。

3.第四代建筑中采暖通风与空调技术发展方向

目前建筑节能实施主要对建筑规划设计、建筑外墙、屋顶、门窗等围护结构的保温隔热以及采暖、通风、空调系统等方面进行控制，建筑节能的发展带来了新的建筑技术，这些技术实施不仅可以降低建筑物本身的能耗，同时也提高了室内居住的舒适性，大大提高了生活的品质。

（1）建筑体形及围护结构构造设计

节能建筑的规划设计就是说在冬季最大限度地利用自然能来取暖，多获得热量和减少热损失；夏季最大限度地减少得热和利用自然能来降温冷却。基于能量损耗的考虑，设计者应该在科学、可靠的基础上优化对建筑位置、建筑形体、建筑朝向的设计，必要时利用建筑能耗模拟软件对设计方案进行模拟预测与优化。

（2）改善建筑围护结构的保温隔热性能

众所周知，对于采暖、通风、空调系统而言，通过围护结构的冷(热)负荷占有很大比例，而围护结构的保温性能决定围护结构传热系数的大小。所以在国家建设部出台的建筑节能设计规范和标准中，首先要求的就是提高围护结构的保温隔热性能。众所周知对于采暖、通风、空调系统而言，通过围护结构的冷（热）负荷占有很大比例，而围护结构的保温性能决定围护结构传热系数的大小。所以在国家建设部出台的建筑节能设计规范和标准中，首先要求的就是提高围护结构的保温隔热性能。提高围护结构的保温隔热性能，是靠降低墙体、门窗、屋顶、地面得热量以及减少门窗空气渗透热来实现。因此要通过增大外墙体热阻，使窗户具有较好的朝向，较合适的窗墙比以及提高屋面保温隔热能力等途径来实现。

（3）暖通空调系统节能技术措施

合理降低空调系统的设计负荷，正确地计算负荷对整个系统的设计十分重要，负荷直接决定空调系统设备和容量的大小。负荷算大了会导致投资运行费用增大，耗能增大，算小了则不能满足功能要求。然而，目前我国多数设计院在负荷计算这一重要环节上，计算结果普遍偏大。为了消除不必要的损耗，节约能源，我们可以采取合理降低室内给定值标准与适当的减少新风量的方法。

合理选择冷热源系统。目前的空调建筑中，选用的冷热源设备多元化，能源利用途径、品种数量和利用效率都大大提高，但还是主要集中在常规能源方面，节能的措施有很多种，但是采用时必须因地制宜，根据设计地点的气候情况和能源结构情况来选择。

减少冷(热)媒介输送过程中能耗。①选用保温性能好的新型保温材料对管道进行处理有利于节能。②利用计算机对供暖系统进行全面的水力平衡调试，改善供暖质量。采用以平衡阀及其专用智能仪表为核心的管网水力平衡技术，实现管网流量的合理分配，提高输送能量的效率。③选择合理的泵与风机的规格。比如：如扬程过高时，靠减小阀门开度来调节系统的水力平衡，使得系统的能耗过多的消耗在阀门和过滤器上。④在满足空调精度、人体舒适度和工艺要求的前提下，通过提高供回水温差、选用低流速、输送效率高的载能介质和效率高、部分负荷特性好的动力设备，可以减少输送过程的能耗,从而提高输送效率。

合理选择采暖、通风与空调系统。在选择系统形式时,应在满足规范要求的前提下,充分分析人工环境控制场所的特点,注意朝向、周边区与内区、使用功能的差异,分开设置或分环设置以便于控制、调节及管理,避免不同区域出现过冷或过热的能量浪费现象,使其与系统能够相互配合达到最佳效果,从而达到既经济又节约的目的。

冷热回收装置。目前许多空调系统冷热回收利用研究也在蓬勃开展,如空调系统排风的全热回收器,夏季利用冷凝热的卫生热水供应等,都是对系统冷热的回收利用,显著提高了空调系统能源利用率。就排风热回收而言,国内目前已研制成功蜂窝状铝膜式、热管式等显热回收器,以及可同时解决夏季全热回收的纸质和高分子膜式透湿型全热回收器。

4. 第四代建筑中采暖通风与空调技术应用

第四代城市住宅通过提高建筑的高气密性,给房子穿了一件高效的防护服, 把 PM2.5 挡在房屋之外。同时, 通过四效新风系统过滤空气中的 PM2.5。在 CO2 方面,第四代城市住宅通过新风系统实现室内空气的更新,有效降低室内 CO2 浓度。在用水健康方面,第四代城市住宅为客户提供了软水解决方案,这就意味着客户在家洗毛巾,不会再发生变硬的问题。此外,厨房配备了专用的直饮水装置,客户可以直接饮用。

(1) 室内空气质量控制的一个细节:厨房排风

除了对影响室内空气质量的重要污染物进行控制, 第四代城市住宅同样不放过任何的人性化细节。大家一定有这样的经历,妈妈在厨房做饭,如果厨房门敞开,整个屋子都会弥漫浓重的油烟味,如果关上厨房门,隔一会就会听见里面传来母亲的咳嗽声。厨房的空气环境在前三代城市住宅大多没有得到很好的考量。为了给家里的大厨营造一个健康的烹饪环境,第四代城市住宅产品中,针对中国人的烹饪习惯,在厨房设置了补风装置,确保烹饪时产生的油烟(PM2.5)会迅速被油烟机带走,不会对厨房以外的功能房间造成污染,也不会让大厨有吸入有害物质的任何可能。

(2) 人居舒适度的核心价值点:湿度控制

南方一到梅雨季，空气湿度能达70%-80%以上，潮湿环境易滋生细菌，控制不好还会造成财产损失，比如皮质鞋包会发霉，名贵字画也易受潮，其他像家具腐蚀、墙体剥落等等问题更是层不出穷。相比南方，北方虽不用经历雨季的潮湿，但一年四季都处于异常干燥的状态，尤其一到冬季，随着暖气的长时间运行，室内空气非常干燥。

目前国内的普通住宅，基本都是通过空调来调节室内温度，但对室内湿度，则很少有应对的方案。在第四代城市住宅产品中，将采用被动式建筑技术将室温控制在20℃-26℃，为业主提供四季如春的体验。在此基础上，对于湿度问题，也给出了相应的解决方案。通过借鉴世界卫生组织WHO对健康住宅的要求，并引入了被动房的技术体系和带有湿度控制新风系统在湿度的角度全面提升室内的舒适度。不论是南方的梅雨季节，还是北方的干燥冬季，通过建筑本身优异的保温隔热性能，结合高气密性建筑特点，全年大部分时间，仅需四效新风系统就能把室内湿度保持在40%-60%，为住户提供润而不燥的室内环境。

（3）室内舒适度控制的一个细节：温差控制

不同房间的温差，不同高度的温差，壁面温差等都是我们生活中经常会遇到的问题，第四代住宅产品通过新风系统采用下送上回，使整个住宅内部自下而上形成气流更换，气流均匀，不用担心会有传统空调那种强烈的吹风感，也不会靠太近过于凉快，离太远没效果的现象。此外，还设置有局部采暖技术，这意味着当你冬天起夜，双脚触碰地面，不会因为寒冷而缩回床上，反而会感到丝丝暖意；进入到淋浴房，光脚踩在瓷砖上不会感觉冰冷，反而会爱上赤脚站在地面的舒畅感。房间各个面的温度和人体的感知温度差控制在3℃的范围内，从而保证温度感受更加均匀。冬天在室内伏案工作，手部和桌面接触后，不会觉得寒冷，在窗边看室外风景，也不再会有寒意。

第3节　第四代建筑中采暖通风与空调技术智能化发展方向

现代智能化楼宇系统结合了现代电子技术、计算机技术、自动控制技术、网络通信技术和综合布线技术，构成了所谓的智能楼宇 5a 系统。5a 是指由楼宇自动化（ba）、信息自动化（ca）、办公自动化（oa）、消防自动化（fa）、保安自动化（sa）所构成相配套的综合物业系统。在目前的这 5a 中，自动控制系统基本上很少包括智能暖通的概念。我们可以这样比较狭义地理解，所谓的智能暖通指楼宇或者家居的暖通系统就是综合了环境的、能源的、人性的、舒适的等基本因素后，进行人因小环境或者人工小气候的的创造。

1. 暖通家居智能化

暖通智能化的概念目前尚处于概念的设计与发展阶段，但我们可以将暖通智能化理解为暖通环境所营造的居住/家居小环境，这个小环境或者小气候综合考虑了环保、能源、人性、舒适等基本因素，从理论上看，对于楼宇来讲，暖通智能化应该属于楼宇智能化的范畴，对于家居，暖通智能化应该属于智能家居的范畴。

举个具体的例子来讲，对于北方的天气冬天比较冷，但是对于许多分户供暖的人来讲，白天在外面上班，如果烧着暖气，则会造成很大的资源与成本浪费，如果根据主人的意愿和暖通系统的暖通特性，在下班之前通过电话或者网络指令启动供暖系统，使系统自动运行到主任希望的温度，则既避免了无谓的资源与成本浪费，又有效地满足了主人对环境的要求。此外，对于办公环境来讲，也可以根据进入的人员的喜好和进入的人员的多少以及喜好分析自动控制环境温度，达到智能环境的目的。根据智能暖通的系统要求，未来的智能暖通系统可以采用如下技术实现暖通智能化的功能需求。即电话远程控制包括预先程序控制、对讲机远程控制、网络控制与人员自动识别控制。现在分别简述如下：预先程序控制即是根据预定的时间和环境参数在离开居室等环境前定时定温启动暖通系统，达到节能、适时取暖的要求。这种系统已经设定，无法远程更改与控制。如空调的定时启动。电话和对讲机系统，通过语音或者按键等操作控制家居里预先设置的程序，触发系统进行主人缺位工作或者预工作，以便控制者在一段时间后到达系统工作环境后，即可以满足预定的环境要求。由于受到技术等限制，对讲机对于距离等会受到一定的限制，技术要求也会更高一些。网络控制：

即主人可以通过远程网络向家中等环境的控制系统发出控制指令,来完成环境的预制工作。系统不一定要求家中的计算机系统必须在线,可以远程进行计算机上/下线控制。暖通百科人员自动识别控制:可以采用不同的自动识别技术,系统自动识别进入环境的人员的喜好记录,自动调整环境温度与湿度,如果是多人进入,则根据少数服从多数、民主集中的原则,按照一定的集合原理,设定符合大多数人利益同时又兼顾个别人的特殊需求的人工环境。可以采用门禁卡等自动识别技术。

2. 暖通产品智能化

随着市场的扩大和竞争的加剧,任何一个行业的产品生产与销售商都无可避免地要进行创新,包括管理创新、制度创新和技术创新。其中,技术创新又是处于基础性的地位,只有产品具备了足够的技术含量,能够符合现代生活要求,节省能源,降低购置成本与,具有良好的性价比,才能具备市场强势产品的基础条件。暖通产品的智能化体现在产品本身的智能化与产品作业的智能化。产品本身的智能化包括环境自动感应等,而产品作业的智能化则指暖通产品的物流特性、易安装性、防伪性、可维修性与信息易得性等。

产品的易安装性比较容易理解,包括拆和装两个作业过程。对于产品的其他特性,举个例子来讲,条码和其他自动识别技术在暖通产品上的应用可以大大简化物流与销售过程,而防伪技术的应用则可以保证厂家的利益与品牌,销售、维修等信息的易获取性能则大大简化了产品生命周期的全程跟踪与维护。是既有利于商家、销售商与用户事情。综合以上特点,rfid技术是最能满足以上需求的技术,在实际应用中,可以将 rfid 卡制作成集诸多功能于一体的多功能卡一卡通的概念。暖通销售业态的变化近十年来,北京乃至全国各地的商品销售业态发生了很大的变化,从百货商店向超市的发展速度超乎人们的预期。超市销售的产品种类也发生了很大的变化。于是,前些年,北京又出现了家装市场与建材市场,也具有强烈的超市经营特征。随着人们生活水平的提高与社会的发展,社会的分工越来越细,越来越专业化,于是乎,超市也出现了专业分工,如家电专卖店、服装市场等等，几乎可以肯定的是，超市性质的专卖店都取得了很好的市场效果与经济效果。

前几年，北京出现了一个圣火暖气超市，将暖通产品销售专业化、超市化，取得了很好的社会经济效果，获得了良好的社会经济效益。暖通产品销售将向门店化与超市化的方向发展，这是因为：

（1）生活水平与家居水平的提高使人们对暖通产品的要求越来越高，需要可视化销售，以满足对所采购的产品的鉴赏心里和满足癖好；

（2）产品的多样化使得暖通产品得超市化销售成为可能。多样化的产品使得人们具有了挑选的条件和基础；

（3）未来对智能化暖通产品的亲身体验也促使暖通产品销售的超市化；

（4）产品竞争的不断加剧也要求商家结成不同形式的门店或者超市联盟，集体造势与托市；暖通百科；

（5）各种应用技术的发展特别是自动识别技术的发展为商业超市化提供了操作上的技术保证，反过来，零售业态的超市化也促进了若干应用技术的发展。暖通空调在线；

（6）整个社会商品销售的趋势是专业化与超市化，也不可避免地影响到暖通行业这个和人们生活习习相关的领域。

3. 暖通文化的发展与弘扬

相对于 IT、家电等行业，应该承认，暖通行业属于比较土的行业。即使对于家装市场来讲，暖通还是有些土。但是，作为一个行业，她不可避免地存在本身的文化，有着浓厚的暖通文化底蕴。说到暖通文化，就不免能够和北京窦店农村的土炕结合起来。两顷田，一头牛，饱时候的古代意境演绎成两亩田，一头牛，老婆孩子热炕头，既是对温饱生活的向往，又可以看作是早期暖通文化的写照。新技术的发展与时代的进步，又赋予了暖通行业文化新的含义。暖通网络本身就赋予了这个行业文化以新的内涵。圣火暖气的模特秀又秀出了暖通的另类文化气息。

第4节 第四代建筑中采暖通风与空调技术智慧化发展方向

从智能化到智慧化，已经成为了暖通空调行业升维之路上的新思考，并在2021年呈现出了一系列显著的成果。可以发现，近几年来，暖通空调行业从最初的远程控制功能的融入，到各类智能功能的结合，再到如今，越来越多的企业尝试着将自身的产品、系统、解决方案提升在“智慧”上的能力，从而为生活空间和建筑，构建起更缜密的管理逻辑以及更人性化的控制手段。最终，这份设备与生俱来的“智慧”的能力正在积极反馈给用户，除了实现了智能化控制的交互，也同样对建筑的运维管理工作以及远程管理和售后服务架起了加速器。

2021年，“智慧”的翅膀插在了暖通空调行业更多的应用领域，更是从制造，从安装，从应用的源头，让这份智慧的能力开始与生俱来，比如一台智慧化的空调外机，可以联动起家庭的各类智能设备，并针对用户需求的场景进行学习和应用，再比如，一栋建筑用智能化的管理平台，实现了对于整栋建筑的自动控制和运营管控，更能进一步实现建筑环境的节能优化等等。可以发现，在强调场景化的时代当下，探索智慧型解决方案，所期待解决的已经不再仅仅是设备的功能本身，而是希望用算法，用逻辑，用物联互联，去创造出适应每一个消费者个性，每一个生活空间使用习惯，每一栋建筑运营模式的差异化需求。其所实现的，是使用者与应用场景交互的全新体验，或者说其所致力于达到的，是让机器更懂人。

有趣之处在于，这份智慧所能够创造的应用边界仍在持续放大和扩张，更伴随着越来越多的产品的投入，构建起一个智慧型的管理平台，在克服不同产品通信协议的壁垒后，实现自身应用体系的持续扩容。举例来说，小到一个单体空间的空气调解，延展到将家庭中的智能设备实现联动，大到整栋建筑的机电设备，消防安防的一体化智能化控制和管理，智慧的能力让人在这些场景中的使用和工作出错的代价越降越低，同时又在建华的过程中实现了与智慧平台的交互学习，并最终实现持续的迭代和升级。

如果再加上“双碳”使命，再考虑到消费升级的潮流，再融入“信息化”

“数字化”“智能化”的时代潮流，智慧所呈现出的价值，已经不再是简单的“自动化”这一项基础功能的升级上。暖通空调行业本就是与人类的生活息息相关，更是始终致力于改善人类的生活和工作的环境，而通过智慧的融入，实现改善目标的升维空间就可以持续向上延伸。更加值得一提的在于，在终端用户认知已经随之产生变化并达成了更高的认可度的时候，机器所能够学习并实现自我迭代的空间和机会也就越来越多，并最终会让更多的消费者为其买单。

总的来说，当科技的迭代发展为人类的想象创造了无限可能，传统的暖通空调行业就在这场科技的碰撞中，迸发出更多的创意火花。未来，互联与物联技术还会不断成熟，AI 智能的技术也会持续成长，给冰冷的机器赋予更多的“智慧”的道路还将向前延伸，并会推动着建筑和空间走向了全新的局面。在人与设备，设备与场景，场景再放大到整个建筑，建筑又升维至整个区域甚至是远程的互动，网络成为了连接起万物的桥梁，当智慧的风拂过，万物的生机将在暖通空调行业中跃然而起。

1. 智慧供热发展的必要性

区域供热是城市能源建设中的一项重要举措，以热水或蒸汽为介质，经过供热管网向全市或某一区域的用户供应生活、生产用热，主要应用在工业和民用建筑的采暖、通风、空调和热水供应以及各种生产过程中。集中供热具有能源利用率高、燃料消耗量少、环境污染程度低、供热成本低的优点。

随着我国城镇化进入提质升级的发展阶段，我国的供热能力与供热总量发展迅速。根据《中国统计年鉴 2021》城市集中供热情况，2020 年全国供热总量为 410058 万 GJ、热水供热总量为 345004 万 GJ；而 1981 年全国蒸汽供热总量为 824 万 GJ、热水供热总量为 183 万 GJ，年复合增长率分别为 17.3%、21.3%。随着供热的迅速发展，产生了污染严重、能源浪费、设备效率低、检修困难、人员工作量大等一系列问题。

2021 年 10 月 24 日，中共中央、国务院印发《关于完整准确全面贯彻新发展理念做好碳达峰碳中和工作的意见》，提出了构建绿色低碳循环发展经济体系、提升能源利用效率、提高非化石能源消费比重、降低二氧化碳排放水平、提升生态系统碳汇能力等5个主要目标，确保如期实现碳达峰、碳中和；同时明确了工作重点任务，即推进经济社会发展全面绿色转型、深度调整产业结构、加快构建清洁低碳安全高效能源体系等10个方面。

供热作为构建“清洁低碳、安全高效”现代能源体系的重要组成部分，是关系国计民生的生命线工程。伴随着碳达峰与碳中和的目标，在节能减排、大气雾霾治理治理形式下，北方地区采暖能耗巨大，供热行业通过新技术进一步降低能源消耗是节能减排、雾霾治理的重要手段。在“双碳”目标、能源变革与绿色发展的大时代背景下，智慧供热利用人工智能、云计算、大数据、仿真系统及物联网和GIS定位等技术，建立供热感知体系，对供热系统的生产和调度运行进行一体化管理，实时监控系统内重要设施设备和运行参数，通过负荷预测、数据分析和运行策略优化，提高系统安全运行管理水平，实现按需供热和精准供热。

随着“双碳”概念的提出及“互联网+”的发展，供热行业涉及能源领域，传统行业间壁垒越来越薄弱，如何将能源、互联网、物联网、优质服务、民生幸福相互结合成为关注焦点。

2. 智慧供热发展目标与途径

智慧供热是以供热物理设备网为基础，以供热信息物联网为支撑，通过智能决策系统为运行管理人员提供辅助决策支持，形成在保证室内舒适度的前提下，降低运行能耗的供热系统形式。智慧供热总体发展目标是向着人性化、智能化、效率化、精细化、一体化发展，关注供热服务的全生命周期，满足政府监管、企业高效、用户舒适等多方业务价值，通过数据治理和智能算法分析能力、一次网/二次网/供热用户室温采集等感知手段，结合全网供热数据的全融合和全网平衡调控，实现政府监管的“人治”到“数治”，服务热企的“人控”到“智控”，在保障居民供热均衡、居住满意度的同时，促进“双碳”背景下的能源融合发展。

（1）智慧设备网

智慧设备网将热源、热网、热力站、热用户等4部分进行“智慧化”，热源是指将能源形态转化为符合供热要求的热能形态的设施，其智慧化是指采集热源内介质温度、压力、流量等数据，并进行学习、分析和预测，对所有动力设备实现智能化控制和安全管理。热网是指连接热源和热力站，以及热力站和热用户的供热管线的总称，前者为一次网、后者为二次网，其智慧化包括关键节点数据远程监测、管线测漏、井室智能监测和井盖防盗报警等。热力站亦称换热站，是指将热源提供的高参数热量转换为适用于热用户的低参数热量的设施，其智慧化是指采集热力站内介质温度、压力、流量等数据，并进行学习、分析和预测，对所有动力设备实现智能化控制和安全管理。热用户是指从二次网获得热量的供热系统终端，包含楼栋热力入口、楼栋内公共管道和住户系统，其智慧化是指采集楼栋热力入口的供回水温度、压力、流量等关键数据和能够反映建筑内部温度的典型住户室温数据，对楼栋热力入口或住户进行智能化控制和安全管理。

智慧设备网的建设从热源、管网、热力站及热用户出发，从基础方面设置智慧化供热关键设备。智慧设备网作为智慧供热的基础，以实现设备网的可调可控、管网平衡与自动调节为目标。热源智慧化设备包括在线远传温度、湿度、压力、烟感、水浸传感器，有毒有害气体检测，水、电、热数据远传表，变频器及配套变频柜、电动阀等一系列锅炉自控设备，以及数据采集器、通信网关、热源智能控制系统等新能源设备。热网智慧化设备包括在线远传温度、湿度、液位、压力、位移传感器，管道泄漏报警系统等管网感知设备。热力站智慧化设备包括在线远传温度、湿度、压力、水浸传感器等传感设备，以及远程电动调节阀等调节设备。热用户智慧化设备包括室温采集器等采集设备，电动调节阀、平衡阀、电控箱等热用户设备以及热表扩展模块等单元阀设备。

(2) 信息物联网

信息物联网的建设从网络层、边缘层、Laas 出发，实现数据的采集、传输、存储与核查。信息物联作为智慧供热的途径，以实现数据传输完整、稳定、可靠为目标。

信息物联网的网络层通过通信网络进行信息传输，将感知设备获取的信息安全、可靠地传输到平台应用层，实现接入功能与传输功能，包括固网、4G、5G、物联网 NB-IoT 等方式，承担着巨大的数据量，面临更高的服务质量要求，利用新技术以实现更加广泛和高效的互联功能。边缘层基于高性能计算、实时操作系统、边缘分析算法等技术支撑，在靠近设备或数据源头的网络边缘侧进行数据预处理、存储以及智能分析应用，提升操作响应灵敏度、消除网络堵塞，与云端数据分析协同。Lass 层是云服务中的基础设施即服务，包括处理、存储、网络和其他基本的计算资源，用户能够部署和运行任意软件，包括操作系统和应用程序。

（3）智慧应用平台

智慧应用平台的建设从供热应用系统、平台服务出发，建立政府供热监管系统、供热生产系统、供热运营管理系统、供热人工智能服务、供热数据服务、通用平台服务、数据平台服务。智慧应用平台作为智慧供热大脑，以实现供热系统智能、安全、高效运行与管理，提供满意服务为目标。供热应用系统服务于政府监管、供热生产及运营单位，可实现检测管理、服务监督、安全检查、应急指挥调度、生产监控、能耗分析、智能客服、收费管理、报表分析、供热计量等一系列功能。平台服务包括人工智能服务、数据服务、安全监测服务，主要通过建立预测模型、控制模型、联动模型、仿真模型等提供人工智能服务，通过对数据的计算、处理、诊断、分析等，提供数据服务与安全服务。

（4）智慧供热平台

智慧供热平台主要包括：热网监控、生产调度、能耗分析、地理信息、计量管控、动态设备、基础系统、收费系统、客服系统、移动 APP 等。从采（数据获取）、控（远程控制）、研（数据分析）、展（结果展示）4 大方向不断衍生。

数据获取：平台包容 modbus、PLC、OPC、M-bus、DTU、无线、NB-IOT 等协议，对接 API 运行商包括：阿里云、华为云服务、OMG50/20、各大银行、微信、支付宝等等以获取设备或用户供热数据。

远程控制：支持手动远程控制及自动远程控制，例如：机组的调度曲线启动自动控制后，可自动学习修正温度，结合二网反馈室温，依据预测天气下发供水温度调度命令。支持手动对阀门、泵、采集器、集中器等设备进行单个或批量远程控制。

数据分析:包括对生产供热数据分析和用户用热数据分析;生产供热数据主要包括了耗热、耗电、耗水、耗煤、耗气,支持对每个换热站进行纵向、横向评估及优化建议;对成本进行预估核算,并根据目前热源、换热站、锅炉房的实际运行情况自动生成来年能耗标准及指标;用户用热数据分析主要包括:居民/非居民的缴费进度、小区/换热站/公司的停/供面积及相关费用(采暖费/基础采暖费/滞纳金/稽查罚款/入网费等相关金额)等;汇总欠费用户,支持管理者制定对应的催缴方案,分析供暖质量、分析来电事件;对工单爆发的区域进行定位筛查,为来年"冬病夏治"提供数据支持等。

结果展示:通过二维、3D 工艺、地图(GIS)、3D 模型、热力大屏、驾驶舱等形式,将指标型数据、或采集数据形象化、直观化、具体化的形式展示。

3. 智慧供热发展趋势

(1) 智慧供热是社会全面发展的过程

随着城市的发展,实现精准供热、按需供热是行业发展的目标与使命。发展智慧供热是漫长与渐进的过程,随着社会全面发展,需要互联网、物联网、大数据、人工智能、设备制造等先进技术参与和融合。智慧设备网作为智慧供热发展的基础,需要解决端网信息采集、通信设备与智控设施等智慧化设备的使用问题;信息物联网作为智慧供热发展的媒介,通过数据采集、控制指令下发、有线传输完成"端基础"与"云大脑"联系,需要解决互联网、物联网、大数据的完整、可靠、稳定及数据的建设问题;智慧应用平台作为智慧供热的大脑,利用新一代物联网、人工智能等技术对智能算法、模型构件进行智慧化分析、学习与决策,需要进一步提升智慧水平。智慧供热任重道远,需要城市各行业智慧化建设共同发展。

(2) 智慧供热建设需要建立国家标准与规范

目前,供热行业暂无智慧供暖国家统一行业标准,国家应出台智慧供热建设标准与规范,进而指导智慧供热行业健康发展。随着各地城市智慧供热技术标准的发布,解决了部分城市间智慧供热壁垒。智慧供热作为智慧城市建设的重要一环，服务民生，节能增益，是未来供热行业的发展。在碳达峰、碳中和背景下，以解决供热行业的痛点和难点为出发点，可为智慧供热系统相关的设计、规划、施工与运维提供行之有效、科学且具有通用性的指导工具，更好地引导智慧供热技术的研发与市场应用推广，引领和推动供热行业全面转型升级，对促进智慧城市建设、居民生活舒适性、能源利用和提升行业管理水平具有重要的意义。

（3）智慧供热建设将大大助力“双碳”实施

智慧供热的特点是“智慧”，在端—网—云全生命周期的各个环节中体现。智慧供热具有人性化、智能化、效率化、精细化、一体化发展特点，城市供热节能减排问题随着供热行业的发展将逐渐减弱。智慧供热集“精准计量、全网监测、诊断分析、治理调节、节能提升”于一体，将供热系统从信息感知、信息获取、分析处理、决策执行四方面入手，形成完整、安全、高效、可靠的运行体系，帮助供热企业启动全流程数据检测，并根据数据调整供热方案，最大限度地提升供热效率，改善客户用热体验，助力国家“双碳”政策实施。